AF252869

DE L'EXPLOITATION DES BOIS.

SECONDE PARTIE.

DE L'EXPLOITATION DES BOIS,

OU

MOYENS DE TIRER UN PARTI AVANTAGEUX

DES TAILLIS, DEMI-FUTAIES

ET HAUTES-FUTAIES,

ET D'EN FAIRE UNE JUSTE ESTIMATION:

Avec la Description des Arts qui se pratiquent dans les Forêts :

Faisant partie du Traité complet des BOIS & des FORESTS.

Par M. DUHAMEL DU MONCEAU, *de l'Académie Royale des Sciences ; de la Société R. de Londres ; de l'Acad. Imp. de Pétersbourg ; des Académies de Palerme & de Besançon ; Honoraire de la Société d'Edimbourg, & de l'Académie de Marine ; de plusieurs Sociétés d'Agriculture ; Inspecteur Général de la Marine.*

OUVRAGE ENRICHI DE FIGURES EN TAILLE-DOUCE.

SECONDE PARTIE.

A PARIS,

Chez H. L. GUERIN & L. F. DELATOUR, rue S. Jacques, à S. Thomas d'Aquin.

M. DCC. LXIV.

Avec Approbation & Privilege du Roi.

TABLE

DES CHAPITRES ET ARTICLES
du Traité de l'Exploitation des Bois.

SECONDE PARTIE : Livres IV & V.

TABLE. ix

II. Partie. b

EXPLICATION des Planches & des Figures du Livre IV.

LIVRE CINQUIEME.

De l'Exploitation des Bois-Quarrés,

CHAPITRE I. *Méthode pour équarrir les Bois-droits,*

CHAPITRE II. *Dimenfions des Pieces qu'on débite pour les Bâtiments Civils,*

CHAPITRE III. *Des Bois pour la Marine,*

Fin de la Table de la feconde Partie.

TRAITÉ
DE L'EXPLOITATION
DES BOIS.

LIVRE QUATRIEME.

De l'Exploitation des Futaies.

En ſuppoſant une forêt abattue, il s'agit d'en exploiter les arbres & d'en tirer tout le parti poſſible; mais avant de donner le détail de tous les objets d'uſage auxquels ils peuvent être employés, je crois devoir diſcuter deux queſtions importantes. La premiere conſiſte à ſavoir ſi, après que les arbres ont été abattus, il eſt à propos de les laiſſer quelque temps avec leurs branches & dans leur écorce; ou s'il convient mieux de les équarrir ſur le champ. Cette premiere queſtion nous conduit à en diſcuter une ſeconde non moins importante: ſavoir, quelle eſt la cauſe des fentes & des éclats qui ſe trouvent dans le bois, & qui endommagent ſi conſidérablement ceux de la meilleure qualité: Après avoir traité à fond ces queſtions, nous

parlerons de l'exploitation des hauts taillis , ou des demi-
futaies ; & nous terminerons ce Livre par les bois qui se vendent en grume , c'est-à-dire , en rondins simplement écorcés.

CHAPITRE PREMIER,

*Où l'on examine si , lorsque les Arbres ont été
abattus , il convient de retrancher leurs branches , de les écorcer , de les équarrir sur le
champ , même de les débiter en quartelage
ou en planches ; ou s'il y a un avantage réel ,
ou un dommage évident , à les laisser quelque
temps avec leurs branches soit dans leur
écorce , soit du moins dans leur aubier , &
sans être équarris.*

Dans le Chapitre qui traitoit de la saison convenable d'a-
battre les arbres , il a été question d'une proposition qui sem-
bloit devoir être adoptée sans aucune discussion , non-seulement parce qu'elle est généralement reçue par ceux qui sont
le plus au fait de l'exploitation des forêts (par les maîtres de
l'art) , mais encore parce qu'elle paroissoit être fondée sur des
raisonnements Physiques très-séduisants : j'avoue que je ne me
suis livré à l'examen de cette question , que parce que je
m'étois fait une loi de n'embrasser aucun sentiment qui ne fût
appuyé sur des preuves expérimentales que je me proposois
d'établir avec toute l'exactitude dont je peux être capable.
Mes recherches ont combattu si solidement en différents points
les pratiques reçues & mes propres préjugés , que j'ai été
obligé de réformer mes anciennes idées , & de conclure plusieurs fois contre le sentiment le plus généralement établi.

Il

Il n'en eſt pas de même de la queſtion que je me propoſe d'examiner dans ce Chapitre, ſur laquelle les ſentiments ſont fort partagés. Chacun croit cependant avoir en ſa faveur des raiſons Phyſiques & des expériences; mais comme il s'agit de parvenir à une ſolution, il eſt néceſſaire, avant tout, de peſer les raiſons des uns & des autres, pour diſcerner celles qui ſont d'accord avec la bonne Phyſique, & en même-temps (ce qui eſt bien plus important) examiner la valeur des expériences que l'on objecte, ſoit en les répétant pour en conſtater l'exactitude, ſoit en les comparant avec d'autres, qui, ayant été exécutées dans la ſeule vue d'éclaircir un fait particulier, ſe trouvent ordinairement plus exactes & plus concluantes que ne le peuvent être des obſervations vagues que peut fournir une pratique journaliere, dans laquelle il eſt rare que l'on faſſe attention à des circonſtances qui peuvent varier les effets, & rendre les obſervations défectueuſes. Pour entrer en matiere, je vas commencer par expoſer d'une maniere générale les différents ſentiments qui partagent les Auteurs, & les perſonnes expérimentées que j'ai conſultées ſur le point dont il s'agit ici.

1°, Tout le monde convient qu'on ne peut trop tôt retrancher les branches à un arbre qui vient d'être abattu.

2°, Mais il y en a qui voudroient qu'on l'équarrît auſſi ſur le champ.

3°, Quelques ‑ uns prétendent qu'il eſt plus avantageux de le laiſſer pendant huit ou dix jours dans ſon écorce.

4°, D'autres eſtiment qu'il y a de l'avantage à ne l'équarrir qu'au bout d'un mois, de ſix ſemaines & même de deux mois.

5°, D'autres ſoutiennent qu'on devroit le laiſſer beaucoup plus long-temps dans ſon écorce.

6°, Enfin d'autres décident qu'il faut écorcer les arbres immédiatement après qu'ils ont été abattus, mais ne les équarrir que quelque temps avant qu'on veuille les employer.

Voilà les différentes opinions qui partagent ceux qui ſont dans l'uſage de faire exploiter les bois : les vues générales qui ont donné naiſſance à tant de ſentiments divers ſe réduiſent, foit à conferver au bois fa bonne qualité, abftraction faite de toute autre chofe, foit à prévenir que les arbres ne deviennent inutiles à caufe des fentes & des éclats qui ne manquent gueres d'arriver quand ils fe deffechent ; & ceux-là ne font gueres attention à la qualité intrinfeque du bois. Nous avons cru qu'il étoit important, de prêter également attention à ces deux objets ; cependant pour obferver un ordre dans cette matiere, nous diviferons notre travail en deux parties, pour confidérer féparément ce qui regarde la qualité du bois & ce qui appartient aux fentes. Mais il faut reprendre chaque fentiment en particulier, rapporter les raifons que leurs auteurs alleguent, & les expériences qu'ils propofent pour s'autorifer dans leur avis ; il faut que le détail de nos obfervations & de nos expériences fuive de près celles des autres, pour fe trouver en état d'en tirer des conféquences qui puiffent conduire à l'éclairciffement de notre queftion : c'eft ce que nous allons effayer de faire. Nous terminerons enfin ce Chapitre par donner des regles de pratiques fondées fur ce que nous aurons établi auparavant.

ARTICLE I. *Quel peut être l'effet que l'écorcement & l'équarriffage des arbres abattus peuvent produire fur leur bois, relativement à leur qualité.*

CEUX qui foutiennent qu'il faut ébrancher & équarrir fur le champ les arbres qu'on abat, pofent pour principe :

1°, Que le bois des arbres qui meurent fur pied eft de mauvaife qualité, & que ces arbres font prefque toujours remplis de défauts : généralement parlant il en faut convenir.

2°, Qu'un arbre qu'on abat & auquel on conferve les branches & l'écorce, ne meurt que peu à peu : il faut encore accorder cette propofition qui a été fuffifamment prouvée dans le Livre précédent, ainfi que dans la *Phyfique des Arbres.*

De ces principes, ils concluent qu'il faut (auffi-tôt qu'un arbre a été abattu) lui retrancher fes branches & fon écorce, afin, difent-ils, de le tuer, & pour empêcher que fon bois ne tombe dans un état d'appauvriſſement ſemblable à celui des arbres qui meurent ſur pied.

On voit bien que ceux qui adoptent ce ſentiment, comparent les végétaux aux animaux ; & qu'ils regardent tout arbre qu'on élague & qu'on équarrit auſſi-tôt qu'il a été abattu, comme un animal que l'on auroit tué ; & qu'ils comparent les arbres qu'on laiſſe avec leurs branches & leur écorce, à tout animal qu'on laiſſeroit mourir d'inanition. Il eſt aſſez généralement vrai que la chair d'un animal qu'on auroit ainſi laiſſé périr de langueur, ne ſe conſerveroit pas auſſi long-temps que celle d'un autre que l'on auroit tué, & qu'on auroit ſur le champ dépecée par morceaux.

Pour mettre ce ſentiment dans tout ſon jour, & lui donner même toute la force qu'il peut avoir, nous ajouterons, en ſuivant la même comparaiſon qui vient d'être employée, que le ſang & les autres liqueurs étant dans les animaux les parties qui ſe corrompent le plus aiſément, les Anatomiſtes qui ſe ſont propoſés de conſerver la chair des animaux pour avoir des miologies ſeches, ont imaginé différents moyens pour extraire, le plus qu'il leur a été poſſible, ces liqueurs des parties muſculeuſes & charnues qu'ils vouloient préſerver de la corruption. Maintenant ſi l'on regarde la ſeve des végétaux comme une liqueur aſſez ſemblable au ſang des animaux, c'eſt-à-dire, comme la partie des arbres qui a le plus de diſpoſition à fermenter & à ſe corrompre, (ce qui a été déja prouvé & qui le ſera encore par des expériences que nous rapporterons dans la ſuite) on ſera déterminé à conclure que tout ce qui précipite l'évaporation de la ſeve, eſt avantageux à la conſervation du bois. Il reſte donc à s'aſſurer préciſément ſi l'on parvient à accélérer conſidérablement l'évaporation de la ſeve, lorſqu'on élague & qu'on équarrit les arbres auſſi-tôt qu'ils ont été abattus ; c'eſt ce que nous avons tâché d'éclaircir par pluſieurs expériences, dont nous ne rapporterons cependant que quelques-unes à la fin de cet article, réſervant les autres pour le Chapitre où il doit être queſtion du deſſéchement des bois. Mais avant que d'entreprendre le détail de nos expé-

I i i ij

riences, il eft bon de revenir pour un inftant à la comparaifon que l'on fait des arbres qu'on laiffe abattus avec leurs branches & leur écorce, avec ceux qui périffent d'eux - mêmes fur leur fouche : nous ne la trouvons pas fort exacte ; & pour mieux faire comprendre quel eft fur cela notre fentiment, nous partagerons en deux claffes les caufes qui font périr les arbres fur pied : dans la premiere, nous comprendrons les arbres qui meurent de vieilleffe ou de maladie ; & dans la feconde, les arbres qui meurent de quelques accidents particuliers, tels que les gelées exceffives, la trop grande tranfpiration, qui, dans les années très-chaudes & très-feches, font mourir fubitement les arbres ; les vers qui rongent l'écorce des racines ; les coups de vent qui rompent, qui déracinent, qui renverfent les arbres, &c. Dans tous ces cas, j'ai trouvé des arbres morts fur pied, dont le bois étoit fort bon ; j'ai même fait débiter quelques-uns de ces arbres qui étant reftés long-temps fur leur fouche, quoique morts, avoient perdu prefque toute leur écorce, & dont cependant le bois étoit extrêmement dur & bon. Au refte, fi l'on confidere ce qui a fait périr ces arbres, on reconnoîtra que ce n'eft ni une altération des liqueurs, ni un vice des parties folides, mais le défaut de nourriture qui a fait que ces arbres fe font deffé-chés fur pied & même plus promptement qu'ils n'auroient fait fur le chantier ; & cela ne doit leur porter aucun préjudice.

Ceci fera bien prouvé fi l'on cherche à connoître ce qui eft arrivé aux arbres que nous avions écorcés fur pied.

Quant aux arbres qui meurent par la rigueur de la gelée, je prévois qu'on aura peine à m'accorder que leur bois foit de bonne qualité. Nous avouons que nous n'avons pas eu occafion d'examiner des Chênes morts par la gelée, pour pouvoir être certains de la qualité de leur bois ; mais l'Hiver de l'année 1709 ayant fait périr tous nos Noyers, nous en avons fait débiter deux ou trois cens pieds en planches, en membrures & en quartelages ; cette opération nous a fourni une ample matiere à obfervations : il eft vrai que parmi ce bois il s'en eft trouvé de vermoulu ; mais la plus grande partie du reste qui a été employée à différents ouvrages, est demeurée jusqu'à présent très-saine & très-bonne : le bois des Cyprès gelés s'est aussi trouvé très-bon. Au surplus, si l'on peut comparer les arbres qu'on laisse dans leur écorce avec les arbres morts sur pied, ce doit être certainement avec ceux qui se trouvent les moins défectueux ; car les arbres qui restent en grume, ne peuvent l'être à ceux qui meurent de vieillesse.

En effet, pour peu qu'on y prête attention, on doit sentir que ceux qui meurent de vieillesse, étant déja altérés dans le cœur, & long - temps avant leur mort, ainsi que je l'ai prouvé dans le premier Livre, ils portent intérieurement un vice essentiel, qui ne se trouve pas dans les arbres sains qu'on laisse dans leur écorce après qu'ils ont été abattus ; il en est de même des arbres qui meurent à la suite d'un long dépérissement causé par quelque maladie ; car, soit que le vice réside seulement dans les liqueurs, soit qu'il ait endommagé les parties solides, c'est toujours un commencement d'altération & un acheminement à la corruption, mais qui n'existe point dans les arbres sains qu'on laisse dans leur écorce après les avoir abattus.

Mais, dira-t-on, cette altération (quoique d'une maniere moins sensible) se forme peut-être dans les arbres après qu'ils ont été abattus, à cause de l'obstacle que l'écorce oppose à l'évaporation de la seve : c'est ce qui reste à examiner, parce qu'en cela consiste principalement l'éclaircissement qu'on doit attendre de nos expériences.

Avant que d'en donner le détail, il est nécessaire de rapporter encore un autre sentiment sur ce qui occasionne la précipitation de l'évaporation de la seve. Ceux qui l'ont adopté, prétendent qu'il faut écorcer les arbres aussi-tôt qu'ils sont abattus, mais ne les point équarrir que quand on veut les employer : en suivant cette pratique (disent-ils), 1°, les bois se dessechent promptement ; 2°, ils sont moins exposés à être attaqués des vers & de la pourriture ; 3°, ils doivent moins se tourmenter, & être moins exposés à s'échauffer.

Ce qui concerne les gerces & les éclats sera traité à part; nous renvoyons ce qui regarde l'attaque des vers à un endroit de cet ouvrage où nous aurons occasion d'en parler; ainsi nous ne rapporterons ici que les expériences que nous avons faites, pour constater si l'écorcement ou l'équarrissage aident beaucoup au desséchement des bois.

D'après ce que nous avons dit plus haut, une des choses qui se présentent à éclaircir d'abord, c'est de savoir si la seve s'échappe plus promptement d'une piece de bois écorcée que d'une autre qui conserve son écorce; ou ce qui est la même chose, si les pieces de bois écorcées se dessechent plutôt que celles qu'on réserve avec l'écorce.

On trouve dans la *Physique des Arbres* quantité d'expériences qui prouvent qu'il s'échappe beaucoup plus de transpiration des arbres auxquels on a fait des plaies, ou qu'on a écorcés, que de ceux dont l'écorce est restée entiere. L'écorce, en faisant un obstacle à la dissipation de la transpiration, ne l'empêche donc pas entiérement. Nous avons remarqué dans toutes nos expériences, qu'il s'échappe plus de seve dans certaines saisons que dans d'autres; beaucoup plus dans la grande force de la végétation, que dans le temps où les arbres ne sont point en seve; quand l'air est chaud & sec, que quand il est frais & humide.

Il s'échappe sur-tout beaucoup de transpiration dans les temps chauds, où, comme l'on dit, l'air est pesant; c'est-à-dire, que l'air ayant perdu de son élasticité, le mercure du barometre descend.

Ainsi quand on observe avec attention & pendant long-temps l'évaporation de la seve, on apperçoit bien que la cause qui la détermine à s'échapper, est compliquée, & qu'elle dépend de plusieurs circonstances qui sont les mêmes que celles qui occasionnent le jeu des Thermometres, des Barometres & des Hygrometres; d'où il résulte cependant une combinaison si bizarre par la prédomination d'une de ces causes, qu'on ne peut pas dire que la formation des vapeurs suive exactement la marche d'aucun de ces instruments; & un instrument qui réuniroit les effets du Thermometre, du Barometre & de l'Hygrometre, auroit certainement une marche bien irréguliere, mais qui cependant pourroit suivre assez celles de l'évaporation de la seve; encore faudroit-il que les différentes causes qui occasionnent chacun de ces effets, fussent, relativement les uns aux autres, également proportionnés dans un pareil instrument, & dans les arbres dont on voudroit observer le desséchement; car il est clair que si cet instrument tenoit plus du Barometre que du Thermometre ou de l'Hygrometre, pendant que l'arbre qu'on observeroit, seroit plus Thermometre ou plus Hygrometre que Barometre, alors la marche de l'un & de l'autre seroit bien différente. Comme j'ai cru appercevoir que la seve s'échappoit en grande quantité dans les temps les plus favorables à la végétation, j'aurois desiré pouvoir imaginer un instrument qui pût être à la fois sensible au poids de l'atmosphere, à la chaleur & à l'humidité de l'air; mais comme il ne m'a pas été possible de saisir ce point de conformité, avec les végétaux, j'ai échoué dans toutes les tentatives que j'ai faites pour avoir un pareil instrument capable d'indiquer avec précision, les temps & les circonstances les plus favorables à la végétation; quand même je serois parvenu par hazard à en construire un dans un rapport assez exact avec tel arbre que ce soit, il est probable que ce rapport ne seroit pas indistinctement le même avec tous autres arbres, & dès-là il n'auroit été d'aucune utilité.

On a vu dans les expériences que nous avons détaillées dans la *Physique des Arbres,* que dans les arbres qui végetent, la transpiration traverse l'écorce, mais qu'elle sort avec bien plus d'abondance des endroits où elle a été enlevée que des autres; & qu'outre cette liqueur ténue, il s'échappe encore des endroits écorcés une substance gélatineuse; ce qui prouve sensiblement que l'écorce peut bien ralentir l'évaporation de la seve, mais non pas l'arrêter entiérement.

Nous prévoyons qu'on pourroit nous reprocher d'avoir fait nos expériences sur de jeunes arbres dont l'écorce étoit lisse, unie, & bien différente de celle des gros arbres, qui est raboteufe, pleine de gerces, & d'une texture irréguliere. Nous convenons fans difficulté qu'il s'échappe plus de tranfpiration des bourgeons herbacés, que des jeunes branches, & qu'il s'en échappe fort peu par les groffes écorces ; & c'eft pour prévenir cette objection, que je n'ai pas oublié de conftater, par quelques expériences, qu'il s'échappe de l'humidité des plus groffes écorces : voici en peu de mots quelles font ces expériences.

§. 1. *Expérience qui prouve que la feve peut s'échapper à travers la groffe écorce.*

DANS le mois de Septembre, j'ai choifi plufieurs rondins de Chêne, tout récemment abattus & en grume, de trois pieds de longueur & de huit à neuf pouces de diametre ; j'en ai fait poiffer quelques-uns par les bouts ; d'autres n'ont point été poiffés ; j'ai dépouillé quelques-uns de leur écorce ; j'ai fait pefer enfuite ces différents morceaux de bois, & j'ai continué de les faire pefer tous les huit jours à différents mois de l'année. J'ai connu très-évidemment que la feve s'échappoit de ces morceaux de bois, mais fenfiblement moins de ceux dont les bouts étoient poiffés, que de ceux en grume, & moins promptement de ceux-ci que des écorcés.

§. 2. *Obfervations relatives au même objet.*

LE détail exact de nombre d'expériences qui prouvent toutes ce que je viens d'avancer, fatigueroit le Lecteur, ainfi je me contenterai de rapporter feulement & fort en abrégé, quelques faits où la différence s'eft trouvée plus confidérable qu'elle ne l'eft ordinairement.

Un rondin de Chêne en grume qui, tout frais abattu, pefoit 45 liv. une once un gros, un mois après s'eft trouvé pefer 44 liv. quatre gros : ainfi il n'avoit diminué en un mois que d'une liv. cinq gros.

Un pareil rondin auffi en grume, mais dont on avoit poiffé les

les bouts, & qui pefoit 31 liv. 3 onces 2 gros ; au bout d'un mois pefoit 31 liv. 2 onces 2 gros & demi; ainfi dans le même efpace de temps, il n'étoit diminué que de 7 gros & demi.

Un pareil rondin écorcé, qui pefoit, lors de fon abattage, 29 liv. 3 onces 4 gros, un mois après ne pefoit plus que 24 liv. cinq onces 2 gros; ainfi il étoit diminué de 4 liv. 14 onces 2 gros Il eft bon de remarquer que dans cette expérience, tous ces rondins avoient été dépofés dans un grenier fort fec; mais les deux fuivants ont été dépofés dans un fellier frais & humide.

Un rondin femblable aux précédents, pefoit, lors de fon abattage, 29 liv. 12 onces 6 gros ; ayant refté un mois dans fon écorce, 29 liv. 7 onces 3 gros ; ainfi il n'a diminué dans ce temps que de 5 onces 3 gros.

Mais un pareil rondin qui, fans écorce, pefoit 25 liv. 4 onces, un mois après ne pefoit plus que 24 liv. 1 once 5 gros ; ainfi il étoit diminué dans ce lieu humide de 1 liv. 2 onces 3 gros.

D'où l'on peut conclure, que quoique l'écorce dure & raboteufe du Chêne faffe un obftacle à la diffipation de la feve, ce fluide parvient cependant à fe frayer des paffages au travers de fes pores : c'étoit le but de l'expérience que nous venons de rapporter.

§. 3. *Expérience faite fur des tronçons d'arbres femblables, les uns équarris, les autres reftés en grume.*

Peut-etre traitera-t-on cela de pure curiofité ; mais nous avons cru qu'il ne fuffifoit pas de favoir que la feve s'échappoit plus promptement d'une piece de bois écorcée, que de celle qu'on auroit laiffée avec fon écorce ; qu'il étoit encore avantageux de connoître le plus exactement qu'il nous feroit poffible, en quelle proportion la feve s'échappe d'un morceau de bois écorcé, relativement à celui qui feroit refté en grume. Comment effectivement pouvoir, fans une pareille connoiffance, fe décider fur les avantages ou fur les rifques

K k k

qu'il peut y avoir à conferver les bois en grume, ou à les dépouiller de leur écorce, auffi-tôt qu'ils ont été abattus.

Le 15 du mois de Février, nous choisîmes dans un même
terrein deux Chênes du même âge, & comparables, autant
qu'il étoit poffible ; ils avoient 15 à 20 pieds de tige , & environ 14 à 15 pouces de diametre par le pied : nous les fîmes
abattre dans le même temps ; & fur le champ l'un d'eux fut
marqué d'un *A*, & l'autre d'un *B*, (Voyez *Pl. XVII. fig. I*);
nous fîmes couper leur tronc par billes de trois pieds de longueur; chaque arbre nous en fournit 4 que nous numérotâ-
mes 1, 2, 3, 4. Ces huit billes furent voiturées fur le champ
au Château de Denainvilliers, lieu où fe devoit fuivre l'expérience (*) : la bille, numéro 1, de l'arbre *A*, refta en grume;
la bille, numéro 2, du même arbre fut équarrie; la bille, numéro 3, refta en grume ; & la bille, numéro 4, fut équarrie.
En même temps on équarrit la bille, numéro 1 , de l'arbre *B*;
on écorça la bille, numéro 2 ; on équarrit la bille, numéro 3,
& on écorça la bille numéro 4 : tout cela fut exécuté dans la
journée ; le foir, on les pefa toutes, & on les dépofa fous un
hangar fort ouvert, mais expofé au Nord.

On continua à les pefer tous les jours depuis le 21 Février
jufqu'au premier Mars, puis on les pefa tous les deux jours
jufqu'au 28 Mars, enfuite on les pefa tous les huit jours, ce
qui fut continué jufqu'au 20 Juin; enfin on ne les pefa plus
que tous les mois, ce qu'on continua jufqu'au 24 Janvier
1738.

Voici le Journal de ces pefées, tel qu'il fe trouve fur le
regiftre de nos expériences : nous dirons, dans le paragraphe
fuivant, quelles font les conféquences qu'on en peut tirer.

(*) Voyez *Pl. XVII, fig.* 1. tant pour la piece *A* que pour la piece *B.*

B.

Mois & Dates.	1 EQUARRI. Liv.	Onc.	2 ECORCE'. Liv.	Onc.	3 EQUARRI. Liv.	Onc.	4 ECORCE'. Liv.	Onc.	Temps.	Vent.	Thermom.
Février. 21	98	6	159	0	89	0	167	12	B.	N.	6
22	97	4	158	0	87	8	166	1			7
23	96	0	157	0	86	4	166	0	C.	S.	5
24	95	4	157	0	86	0	165	8	B.	S.	5
25	95	4	157	0	86	0	165	0	C.	S.	5
26	95	4	156	8	86	0	165	0	P.	S.	5
27	95	4	156	0	85	12	164	8	B.	S.	6
28	95	4	155	8	85	12	164	4	P.	S.	6
29	95	4	155	0	85	12	164	4	C.	S.	7
Diminué.	3	2	4	0	3	4	3	8			
Mars. 1	95	4	155	0	85	12	164	4	C.	S.	7
2	95	4	155	0	85	12	164	0	B.	S.	7
Nota. Le 6	94	4	154	0	84	12	163	0	B.	S.	8
résultat des 8	93	14	152	12	84	8	161	14	P.	O.	7
observations 10	93	8	151	4	83	8	159	12	B.	N.	7
du 4 a été 12	93	0	150	4	83	8	158	12	B.	N.	7
perdu. 14	92	8	149	4	83	0	158	0	C.	O.	7
16	92	4	149	0	83	0	157	8	P.	S.	6
18	92	0	148	8	83	0	157	8	B.	N.	7
20	91	14	147	8	82	12	156	0	C.	S.	7
22	91	8	147	0	82	4	155	8	C.	S.	8
24	91	0	147	0	82	0	155	4	B.	S.	8
26	91	0	147	0	81	12	154	4	C.	S.	8
28	91	0	146	4	81	8	153	8	P.	S.	7
Diminué.	4	4	8	12	4	4	10	12			
Avril. 8	90	0	145	12	81	12	153	4	B.	S.	9
16	88	8	141	4	80	0	148	12	B.	S.	10
24	87	0	139	4	78	4	146	4	C.	S.	10
30	86	0	137	4	77	4	144	4	C.	S.	11
Diminué.	4	0	8	8	4	8	9	0			
Mai. 8	85	0	135	0	76	8	143	4	B.	N.	11
16	84	0	134	0	75	12	141	12	C.	S.	10
24	83	2	133	0	75	0	140	8	P.	O.	10
Diminué.	1	14	2	0	1	8	2	12			
Juin. 4	82	8	131	12	74	4	139	0	C.	N.	
12	81	11	131	11	73	8	138	8	P.	O.	13
20	80	4	130	0	71	2	137	1	P.	S.	13
Diminué.	2	4	1	12	3	2	1	15			
Juillet. 20	79	8	128	2	70	12	135	8			
Diminué.	0	12	1	14	0	6	1	9			
Août. 20	77	14	126	4	70	8	132	4			
Diminué.	1	10	1	14	0	4	3	4			
Septembre. 22	76	4	125	4	69	4	131	8			
Diminué.	1	10	1	0	1	4	0	12			
Dimin. totale.	22	2	33	12	19	12	36	4			
Novembre. 20	76	12	124	8	69	8	130	12	C.	S.	8
	Augm. 8		Dim. 12		Augm. 4		Dim. 12				
Décembre. 20	77	0	125	0	69	8	131	0	B.	N.	4
	Augm. 4		Augm. 8		0	0	Augm. 4				
Janvier. 24 1738.	77	4	125	4	70	0	131	4			
	Augm. 4		Augm. 4		Augm. 8		Augm. 4		B.	O.	2

A.

Mois & Dates	1 — Grume Liv.	Onc.	2 — Equarri Liv.	Onc.	3 — Grume Liv.	Onc.	4 — Equarri Liv.	Onc.	Temps.	Vent.	Thermom.
Février. 21	216	4	102	0	155	8	100	0	B.	N.	6
22	215	12	101	8	155	8	100	0	B.	N.	7
23	215	8	101	0	155	0	99	8	C.	S.	5
24	215	8	101	0	155	0	98	12			
25	215	8	101	0	155	0	98	8	C.	S.	5
26	215	8	101	12	155	0	98	8	P.	S.	
27	215	8	100	8	155	0	98	8	B.	S.	6
28	215	8	100	0	155	0	97	12	P.	S.	6
29	215	8	100	0	154	12	97	8	C.	S.	7
Diminué.	0	12	2	0	0	12	2	8			
Mars. 1	215	8	100	0	154	8	97	4	P.	S.	7
2	215	8	99	12	154	8	96	14	B.	S.	7
Nota. Le 6	214	4	97	8	154	0	96	4	B.	S.	8
résultat des 8	214	0	97	0	154	0	95	12	C.		7
observations 10	213	8	97	0	153	4	95	0	B.	N.	7
des 4 & 16 12	213	0	97	0	152	12	94	4	B.	N.	7
a été perdu. 14	213	0	97	0	152	4	94	0	C.	O.	7
18	212	8	97	0	152	4	94	0	B.	N.	7
20	212	0	96	12	152	0	93	0	C.	S.	7
22	212	0	96	12	152	0	93	0	C.	S.	8
24	211	12	96	8	151	12	92	12	B.	S.	8
26	211	8	96	4	151	8	92	8	C.	S.	8
28	211	4	95	12	150	12	92	8	P.	S.	7
Diminué.	4	4	4	4	3	12	4	12			
Avril. 8	209	4	95	0	149	12	91	12	B.	S.	9
16	207	4	93	6	148	4	89	8	B.	S.	10
24	205	4	92	4	146	4	89	4	C.	S.	10
30	203	0	91	4	144	3	88	4	C.	S.	11
Diminué.	6	4	3	12	5	9	3	8			
Mai. 8	201	0	90	0	147	12	88	8	B.	N.	11
16	199	0	89	8	147	8	86	12	C.	S.	10
24	198	0	89	0	147	8	86	0	C.	N.	10
Diminué.	3	0	1	0	0	4	2	8			
Juin. 4	196	0	88	4	141	0	85	0	C.	N.	
12	195	0	87	8	140	0	84	8	C.	O.	13
20	194	4	86	4	139	0	83	4	C.	S.	13
Diminué.	1	12	2	0	2	0	1	12			
Juillet 20	190	8	85	0	137	0	82	8			
Diminué.	3	12	1	4	2	0	0	12			
Août. 20	187	0	84	4	135	0	81	0			
Diminué.	3	8	0	12	2	0	1	8			
Septembre. 22	186	0	84	0	135	0	80	8			
Diminué.	1	0	0	4	0	0	0	8			
Diminué en tout	30	4	18	0	20	8	19	8			
Novembre. 20	184	4	83	4	132	12	82	0	C.	S.	8
Diminué.	1	12	0	12	2	4	Au. 1	8			
Décembre. 20	185	0	83	6	132	8	80	0			
	Augm. 12		Augm. 2		Dim. 4		D. 2				
Janvier. 24	184	0	80	8	132	8	80	4	C.	S.	8
Diminué.	1	0	Di. 2	14	0	0	Aug.	4			

§. 4. *Conséquences des Expériences précédentes.*

Pour peu qu'on y prête d'attention, on voit par le journal d'expériences que nous venons de rapporter, que l'évaporation eft bien plus prompte dans les morceaux de bois équarris, que dans ceux qui font reftés en grume, quoiqu'elle foit moindre dans les premiers : l'un & l'autre doit arriver. Premiérement, elle doit être moindre dans les morceaux équarris, non-feulement parce qu'il y a moins de bois, puifqu'on en a retranché par l'équarriffage ; mais encore parce que le bois qui refte, eft du bois du cœur qui ne contient pas tant d'humidité que l'aubier & que le bois de la circonférence, comme nous croyons l'avoir prouvé par les expériences que nous avons rapportées ci-devant ; fecondement, le morceau de bois équarri doit plutôt perdre fa feve que l'autre ; non-feulement parce que l'écorce ralentit fon évaporation, mais encore parce que, par l'équarriffage, on augmente la furface proportionnellement aux maffes, & nous prouverons dans un autre Chapitre, que l'évaporation de la feve fe fait en raifon des furfaces.

En attendant le détail de nos expériences, on voit encore, comme nous venons de le dire, que l'écorce fait un obftacle confidérable à l'évaporation de la feve, puifque cette liqueur, la maffe & la furface étant pareilles, s'eft échappée beaucoup plus vîte des morceaux dépouillés de leur écorce, que des autres.

Mais une chofe fort finguliere que nos expériences apprennent encore, c'eft que l'écorce fe charge plus de l'humidité de l'air que ne fait l'aubier, & que l'aubier s'en charge plus que le bois.

Enfin on voit que les bois équarris ou écorcés, diminuent d'abord plus que les bois qui ont leur écorce ; mais enfuite, & quand ils font parvenus à un certain degré de féchereffe, ce font les bois en grume qui diminuent à leur tour plus que les bois écorcés ou équarris.

Tout cela fe peut reconnoître par le journal de nos expériences, fi l'on veut y prêter un peu d'attention ; cependant, pour rendre la chofe plus facile, nous donnerons ici la comparaifon de la piece *A*, nº 3, avec la piece *B*, nº 2 ; celle de la piece *A*, nº 1, avec la piece *B*, nº 4 ; & celle de la piece *A*, nº 2 ; avec la piece *B*, nº 2.

Le diametre du rondin en grume *A*, nº 3, eft de 11 pouces 2 lignes ; celui du rondin *B*., nº 2, dépouillé de fon écorce, eft de 11 pouces 9 lignes ; la hauteur des deux rondins eft de 36 pouces, & la furface entiere du rondin en grume eft à celle du rondin écorcé, comme 943 : 1000. Le folide ou volume du rondin en grume, eft au volume du rondin pelé, comme 903 : 1000. Ainfi le rapport de leurs poids ayant été trouvé par l'expérience de 155, 5 à 159, il s'enfuit, qu'à volume égal, le poids du rondin en grume, eft au poids du rondin dépouillé, comme 155, 5 ou $\frac{5}{10}$: 143, 5, ou $\frac{5}{10}$ à peu de chofe près.

Pendant les deux premiers jours où il fit beau temps, l'évaporation du rondin en grume, fut de 8 onces, celle du rondin pelé fut de 32 onces ; donc, à furfaces égales, les évaporations étoient comme 8, 4 : 32 ; &, à volume égal, comme 8, 9 : 32 ; par conféquent l'évaporation du rondin pelé étoit prefque quadruple de celle du rondin en grume.

Du 23 Février au 8 Mars, l'évaporation du rondin en grume fut de 16 onces, & celle du rondin pelé de 68 onces ; donc les évaporations, à furfaces égales, étoient comme 16, 9 : 68 ; &, à volume égal, comme 17, 7 : 68 ; l'évaporation du rondin pelé étoit donc, encore à très-peu-près, quadruple de celle du rondin en grume.

Du 8 Mars au 24 inclufivement, le rondin en grume perdit 36 onces, & le rondin pelé 92 onces : donc, à furfaces égales, les évaporations furent comme 38, 1 : 92, & à volume égal, comme 40 : 92 : l'évaporation du rondin écorcé étoit donc beaucoup plus que double.

Pendant les quinze jours fuivants, c'eft-à-dire, du 24 Mars au 8 Avril, l'évaporation fut de 32 onces pour le bois en grume, & de 20 onces pour le bois écorcé ; donc, à furfaces égales, les évaporations étoient comme 33, 9 : 20, &, à vo-lume égal, comme 35, 4 : 20.

Depuis le 8 Avril jusqu'au 24 du même mois, le bois en grume perdit 56 onces, pendant que le bois écorcé en perdit 104; par conséquent, à surfaces égales, les évaporations étoient comme 59, 3 : 104, &, à volume égal, comme 62 : 104.

Dans les quinze jours suivants, c'est-à-dire, du 24 Avril au 8 Mai, l'évaporation du rondin en grume étoit nulle; au contraire il se chargea de 24 onces d'humidité, pendant que le rondin, dépouillé de son écorce, en perdit 68 onces; ce qui confirme bien ce que l'on a avancé dans la comparaison précédente, que le bois n'attire pas l'humidité à beaucoup près comme l'écorce: pour continuer ce parallele des évaporations, il faut donc prendre un intervalle de temps plus considérable.

Du 24 Avril au 4 de Juin, le bois en grume perdit 84 onc. & le bois écorcé en perdit 120 : donc, à surfaces égales, les évaporations étoient comme 89, 0 : 120; &, à volume égal, comme 93 : 120.

Pendant les seize jours suivants, depuis le 4 Juin jusqu'au 20 du même mois, l'évaporation du rondin en grume fut de 32 onces, & celle du rondin pelé de 28 onces: ainsi le rapport des évaporations étoit, à surfaces égales, de 33, 9 : 28, &, à volume égal, de 35, 4 : 28.

Dans le mois suivant du 20 Juin au 20 Juillet, l'évaporation du rondin en grume de 32 onces, & celle du rondin pelé de 30 onces; donc, à surfaces égales, les évaporations étoient comme 33, 9 : 30; &, à volume égal, comme 35, 4 : 30, ce qui approche de l'égalité.

Depuis le 20 Juillet jusqu'au 20 Août, l'évaporation du bois en grume fut de 32 onces, & celle du bois écorcé de 30 onces : les évaporations furent donc dans les mêmes rapports que celles du mois précédent.

Pendant le mois suivant, depuis le 20 Août jusqu'au 22 Septembre, le bois en grume n'eut aucune évaporation; mais le bois écorcé perdit 16 onces; il faudra donc prendre depuis le 20 Août jusqu'au 20 Novembre; alors on trouve que le bois en grume a perdu 36 onces, & que le bois écorcé en a perdu 28 ; donc, à surfaces égales, les évaporations ont été comme 38, 1 : 28 ; & , à volume égal, comme 40 : 28, ce qui s'éloigne de l'égalité.

Dans le mois suivant, du 20 Novembre au 20 Décembre, le bois en grume perdit 4 onces, le rondin pelé se chargea de 8 onces d'humidité ; du 20 Novembre au 24 Janvier, le rondin en grume perdit 4 onces, & le rondin pelé se chargea de 12 onces d'humidité, ce qui n'est plus susceptible de comparaison.

Le diametre du rondin en grume A, n° 1, est de 13 pouces 6 lignes ; celui du rondin pelé B, n°, 4, est de 12 pouces 4 lignes ; leur hauteur commune est de 36 pouces ; ainsi la surface du rondin en grume est à la surface du rondin écorcé, comme 1000 : 901, & le solide ou volume du rondin en grume, est au solide ou volume du rondin pelé, comme 1000 : 834 ; mais par l'expérience, le poids du rondin en grume est au poids du rondin écorcé, comme 216, 2 : 167, 7 ; donc, à volume égal, les poids de ces deux rondins seroient entr'eux, comme 216, 2 est à 201 ; rapport qui ne peut pas être fixé bien précisément, parce que les épaisseurs des écorces & leurs pesanteurs spécifiques ne sont pas données.

L'évaporation, pendant les deux premiers jours où il fit beau temps, fut de 12 onces pour le rondin en grume, & de 28 onc. pour le rondin pelé ; donc, à surfaces égales, leur évaporation fut comme 10, 8 : 28, &, à volume égal, comme 10 : 28, ce qui fait une évaporation presque triple dans le bois écorcé.

Pendant les huit jours suivants il plut beaucoup, & le bois en grume ne se dessécha en aucune maniere ; au lieu que celui qui étoit écorcé perdit encore 28 onces ; ce qui prouve que le bois n'attire pas l'humidité, & ne s'en charge point à beaucoup près comme l'écorce : ne pouvant donc comparer les évaporations pendant ces huit jours, puisque l'une est zéro par rapport à l'autre, je prends un intervalle de quinze jours du 23 Février au 8 Mars : l'évaporation du rondin en grume fut de 24 onces, & celle du rondin pelé de 66 onces ; donc, à surfaces égales,

leur

leur évaporation fut comme 21, 6 : 66, à volume égal, comme 20 : 66, & celle du rondin pelé un peu plus que triple.

Dans *les* feize jours fuivants, du 9 Mars au 24 incluſivement, l'évaporation du rondin en grume fut de 36 onces, & celle du rondin pelé de 106; donc, à ſurfaces égales, les évaporations étoient comme 32, 4 : 106, à volume égal, comme 30 : 106 : l'évaporation du rondin écorcé étoit donc beaucoup plus que triple.

Dans les quinze jours fuivants, c'eſt-à-dire, du 24 Mars au 8 Avril, l'évaporation du rondin en grume fut de 40 onces, & celle du rondin écorcé fut de 32 onces; par conſéquent, à ſurfaces égales, les évaporations ſont comme 36 : 32, &, à volume égal, comme 33, 3 : 32; ce qui s'approche de l'égalité.

Dans les feize jours fuivants, depuis le 8 Avril jufqu'au 24 de ce mois, l'évaporation du rondin en grume fut de 64 onc. & celle du rondin pelé de 112; donc, à ſurfaces égales, l'évaporation fut comme 57, 6 : 112; &, à volume égal, comme 53, 3 : 112; celle du rondin écorcé fut donc à peu-près double.

Dans les quinze jours fuivants, depuis le 24 Avril jufqu'au 8 Mai, l'évaporation du rondin en grume fut de 68 onces, & celle du rondin pelé de 48 onces; donc, à ſurfaces égales, l'évaporation eſt comme 61 ; 2 : 48 ; &, à volume égal, comme 56, 7 : 48 ; ainſi voilà un rondin en grume qui perd plus de ſon poids que le rondin écorcé.

Pendant les feize jours fuivants, du 8 Mai au 24 du même mois, l'évaporation du rondin en grume fut de 48 onces, & celle du rondin pelé de 44 onces; donc, à ſurfaces égales, les évaporations ſont comme 43, 2 : 44, &, à volume égal, comme 40 : 44; ce qui commence à s'éloigner de l'égalité.

Dans les onze jours fuivants, depuis le 24 Mai jufqu'au 4 Juin, l'évaporation du rondin en grume fut de 32 onces, & celle du rondin pelé de 24 onces; donc, à ſurfaces égales, l'évaporation étoit comme 28, 8 : 24; &, à volume égal, comme 26, 6 : 24; ce qui tend encore à l'égalité.

Dans les feize jours fuivants, depuis le 4 Juin jufqu'au 20 du même mois, l'évaporation du rondin en grume fut de 28 onces, & celle du rondin pelé de 31 onces ; donc, à surfaces égales, l'évaporation eſt comme 25, 2 : 31 ; &, à volume égal, comme 23, 3 : 31 ; ce qui commence de nouveau à s'éloigner de l'égalité.

Dans le mois ſuivant du 20 Juin au 20 Juillet, l'évaporation du rondin en grume fut de 60 onces, & celle du rondin pelé de 25 onc. donc l'évaporation, à ſurfaces égales, étoit comme 54 : 25 ; &, à volume égal, comme 50 : 25 ; l'évaporation du rondin pelé n'étoit donc plus que la moitié de celle du rondin en grume.

Pendant le mois ſuivant, depuis le 20 Juillet juſqu'au 20 Août, l'évaporation du rondin en grume fut de 56 onces, & celle du rondiné corcé de 52 onces ; donc, à ſurfaces égales, l'évaporation eſt, comme 50, 4 : 52 ; &, à volume égal, comme 46, 7 : 52 ; ce qui ſe rapproche de l'égalité.

Dans le mois ſuivant, depuis le 20 Août juſqu'au 22 Septembre, l'évaporation du rondin en grume fut de 16 onces ; celle du rondin pelé étoit de 12 onces ; donc, à ſurfaces égales, l'évaporation étoit comme 14, 4 : 12 ; &, à volume égal, comme 13, 3, 12 ; elles étoient donc preſque égales.

Dans les deux mois ſuivants, du 22 Septembre au 20 Novembre, l'évaporation du rondin en grume fut de 28 onces, & celle du rondin pelé de 12 onces ; donc, à ſurfaces égales, l'évaporation eſt comme 25, 2 : 12 ; &, à volume égal, comme 23, 3 : 12 ; celle du rondin en grume ſe trouve donc preſque double.

Du 20 Novembre au 20 Décembre, l'évaporation du rondin en grume a ceſſé, & il s'eſt au contraire chargé de 12 onc. d'humidité, pendant que le rondin pelé s'eſt chargé de 4 onc. d'humidité ; d'où il ſuit que le rondin en grume qui avoit été juſques-là dans l'état d'une plus grande évaporation que le rondin écorcé, s'eſt plus chargé de l'humidité de l'atmoſphere que le rondin écorcé ; ſans doute parce que l'écorce eſt un corps ſpongieux.

Le diametre du rondin écorcé *B*, n° 2, eſt de 11 pouces 9 lignes ; le côté de la baſe de la piece équarrie *A*, n° 2, eft de 8 pouces 2 lignes ; leur commune hauteur eft de 36 pouces ; ainfi le volume du bois écorcé eft au folide, ou volume du bois équarri, comme 1000 : 614 ; & la furface du premier eft à la furface du fecond comme 1000 : 846 ; or le poids de ces deux folides étant entr'eux comme 159 : 102, il s'enfuit, qu'à volume égal, le poids du bois écorcé feroit au poids du bois équarri dans le rapport de 97, 6 : 102, ce qui n'eft pas éloigné de l'égalité.

Les deux premiers jours où il fit un beau temps, le bois écorcé évapora 32 onces, & le bois équarri en perdit 16 ; donc, à volume égal, les évaporations furent comme 19, 6 : 16 ; à furfaces égales, comme 27 : 16 ; & la tranfpiration fut plus grande dans le bois écorcé que dans le bois équarri.

Pendant les huit jours fuivants, où le temps fut couvert & pluvieux, l'évaporation du rondin écorcé fut de 68 onces, & celle de la piece équarrie fut de 64 onces ; donc, à volume égal, le rapport d'évaporation fut comme 41, 7 : 64 ; &, à furfaces égales, comme 57, 5 : 64 ; elle devint donc plus grande dans le bois équarri.

Du 9 Mars au 24 de ce mois, le rondin pelé perdit 92 onc. & la piece équarrie perdit 8 onces ; donc, à volume égal, l'évaporation fut comme 5, 64 : 8 ; &, à furfaces égales comme 77, 8 : 8 ; l'évaporation étoit donc, à raifon des furfaces, environ dix fois plus grande dans le bois écorcé que dans le bois équarri.

Du 24 Mars au 8 Avril, la tranfpiration fut de 20 onces pour le bois écorcé ; elle fut de 24 onces pour le bois équarri ; donc, à volume égal, le rapport de l'évaporation fut de 12, 2 : 24 ; &, à furfaces égales, de 16, 9 : 24 ; ainfi la tranfpiration redevint plus grande dans le bois équarri.

Depuis le 8 Avril jufqu'au 24 Avril, le bois écorcé perdit 104 onces, & le bois équarri en perdit 44 ; donc, à volume égal, l'évaporation étoit comme 63, 8 : 44 ; &, à furfaces égales dans le rapport de 87, 9 : 44, l'évaporation étoit donc, à furfaces égales, à peu près double dans le bois écorcé.

Pendant les quinze jours fuivants, c'eft-à-dire, dans l'intervalle du 24 Avril au 8 Mai, le rondin pelé avoit perdu 68 onces, & la piece équarrie en avoit perdu 36 ; donc, à volume égal, leur évaporation fut comme 41,7 : 36, &, à furfaces égales, comme 57, 5 : 36 ; l'évaporation eft donc encore plus grande dans le bois écorcé que dans le bois équarri.

Du 8 Mai au 4 de Juin, la tranfpiration du bois pelé fut de 52 onces, celle du bois équarri de 28 ; donc, à volume égal, les évaporations étoient comme 31, 9 : 28 ; &, à furfaces égales, comme 43 , 9 : 28.

Du 4 Juin au 20 du même mois, le poids du rondin écorcé diminua de 28 onces, & le poids du bois équarri diminua de 32 ; donc, à volume égal, les évaporations étoient dans le rapport de 17, 1 : 32 ; &, à furfaces égales, de 23, 6 : 32 ; ainfi la tranfpiration devint plus grande dans le bois équarri.

Du 20 Juin au 20 Juillet, le bois écorcé perdit 30 onces ; le bois équarri en perdit 20 ; donc, à volume égal, les évaporations furent comme 18, 4 : 20 ; &, à furfaces égales, comme 25 , 3 : 20 ; ce qui s'approche de l'égalité.

Depuis le 20 Juillet jufqu'au 20 Août, le bois écorcé perdit 30 onces, le bois équarri en perdit 12 : ainfi les évaporations furent comme 18, 4 : 12, à volume égal ; &, à furfaces égales, comme 25 , 3 : 12 ; donc la tranfpiration étoit double, à raifon des furfaces , dans le bois écorcé.

Du 20 Août jufqu'au 22 Septembre, l'évaporation fut de 16 onces dans le bois écorcé, & de 4 onces dans la piece équarrie ; donc, à volume égal, les évaporations étoient comme 9, 8 : 4 ; &, à furfaces égales, comme 15 , 5 : 4 ; c'eft-à-dire, plus que triple dans le bois écorcé.

Dans les deux mois fuivants, du 22 Septembre au 20 Novembre, le bois écorcé perdit 12 onces , le bois équarri en perdit autant ; donc, à volume égal, l'évaporation du bois écorcé étoit à celle du bois en grume, comme 7, 3 : 12 ; &, à furfaces égales, comme 10, 1 : 12 ; ce qui fe rapproche de l'égalité.

Dans le mois fuivant du 20 Novembre au 20 Décembre, le rondin pelé fe chargea de 8 onces d'humidité, & le poids du bois équarri étoit augmenté de 2 onc. ; fuppofant donc que dans cet état l'évaporation eft la même dans le bois écorcé & dans le bois équarri, on trouve que leur attraction d'humidité, à furfaces égales, eft à peu-près dans le rapport de 3 : 1.

Du 20 Décembre au 24 Janvier 1738, le poids du bois écorcé augmenta de 4 onces ; celui du bois équarri diminua de 46 onces ; ce qui n'eft plus fufceptible de comparaifon.

§. 5. *Expérience fur de petits cylindres, dont les uns étoient écorcés, & les autres avoient leur écorce.*

Quoique les expériences que nous venons de rapporter foient très-concluantes, je ne crois cependant pas devoir négliger d'en rapporter une que j'ai faite, fort en petit à la vérité, mais qui concourt à prouver les mêmes vérités.

Le 14 Mars 1738 j'abattis un jeune Chêneau ; & dans la partie de fa tige qui étoit la plus cylindrique & la mieux arrondie, je coupai deux petits cylindres de deux pouces de longueur chacun : celui qui étoit le plus près de la cime de l'arbre, fut confervé avec fon écorce ; & l'autre pris plus près des racines pour l'avoir plus gros, fut dépouillé de fon écorce, ce qui le rendit, à très-peu de chofe près, de même groffeur que le premier ; ainfi j'avois deux cylindres pareils en fuperficie que je pouvois comparer l'un avec l'autre.

Je les ajuftai chacun à une petite balance qui trébuchoit à la fixieme partie d'un grain.

Celui qui avoit fon écorce pefoit 1 once 4 gros 16 grains.

Celui qui étoit écorcé pefoit . 1 ⁒ . . 3 . . 14 . . . .

Pour pouvoir connoître felon quelle proportion l'évaporation fe faifoit dans l'un & dans l'autre cylindre, je les ai toujours tenus en équilibre, en ajoutant des grains dans le plateau de la balance où ils étoient : outre cela j'ai eu foin de marquer l'élévation de la liqueur du Thermometre de M. de Réaumur, toujours en comptant au-deffus du point de la congellation, parce qu'elle n'a jamais été au-deffous pendant tout le temps que l'expérience a duré.

J'ai aussi examiné l'élévation du mercure dans le Barometre; mais pour éviter la confusion, je me contentois de marquer du chiffre 1, quand je le trouvois bas; quand il étoit dans un état moyen, je le marquois 11; & quand il étoit haut, je le marquois 111: enfin j'ai encore eu l'attention de marquer chaque jour quel temps il faisoit: voici maintenant le journal de cette expérience.

Mois & Dates.	Bois écorcé. Grains.	Bois en grume. Grains.	Différence de poids. Grains.	Thermometre.	Barometre.	Temps.
Mai. 15	70	31	39	10	II	Sec.
16	80	30	50	11	II	Sec.
17	50	25	25	11	II	Sec.
18	46	22	24	10	II	Sec.
19	81	45	36	10	II	Sec.
20	31	29	2	10	I	Humide.
21	11	20	+ 9	8	I	Humide.
22	10	14	+ 4	8	I	Humide.
23	8	17	+ 9	8	II	Sec.
24	6	15	+ 9	9	II	Sec.
25	8	18	+ 10	10	II	Sec.
26	8	17	+ 9	11	I	Humide.
27	6	21	+ 15	10	I	Humide.
28	14	36	+ 22	9	II	Sec.
29	25	15	10	11	II	Sec.
30	3	6	+ 3	11	I	Humide.
31	1	7	+ 6	12	I	Humide.
Avril. 1	8	15	+ 7	12	III	Sec.
2	10	12	+ 2	14	III	Sec.
3	10	10	= 0	14	III	Sec.
4	20	24	+ 4	15	III	Sec.
5	18	20	+ 2	15	II	Sec.
6	4	11	+ 7	15	II	Sec.
7	4	10	+ 6	16	II	Sec.
8	4	18	+ 14	16	III	Sec.
9	2	10	+ 8	14	II	Humide.
10	2	3	+ 1	13	III	Humide.
Mai.	{ *Nota.* Que comme je n'ai ensuite pesé ces bois que tous les huit jours, il m'a paru inutile de marquer les observations du Barometre, ni celles météorologiques.					
1	3	12	+ 9	13		
8	5	3	2	14		
15	4	3	1	13		
23	3	5	+ 2	15		
31	6	12	+ 6	20		
Juin. 7	4	12	+ 8	15		
14	9	14	+ 5	15		
20	0	7	+ 7	15		
28	7	7	= 0	15		
Juillet. 5	7	4	- 3	20	*Nota.* Que le 5 Juillet le poids du cylindre écorcé est augmenté de 7 grains; & celui en grume de 4.	
13	1	13	+ 12	20		
21	10	15	+ 5	22½		
28	15	13	2	21½		
Août. 5	6	6	= 0	51		

On voit par cette expérience que le cylindre écorcé a confidérablement diminué le poids dans les premiers jours ; & que l'autre a été long-temps à perdre la même quantité de feve ; ce qui auroit encore été bien plus fenfible, s'il ne s'étoit pas échappé de la feve par les extrémités de ces cylindres, qui étant coupées & pareilles dans l'un comme dans l'autre, laiffoient une libre fortie à la feve : la fomme des bafes de ces cylindres eft, dans cette expérience, très-confidérable, par proportion à leurs côtés. Il eft vrai que j'aurois pu vernir l'aire de ces bafes ou coupes, pour empêcher que la feve ne s'échappàt par-là ; mais cette précaution ne m'eft pas venue à l'efprit, & je rapporte naturellement ce que j'ai fait ; heureufement que cette expérience offroit une différence affez confidérable pour m'exempter de la recommencer.

Nous devons maintenant être bien certains par les expériences ci-deffus, que la feve s'échappe plus promptement des billes de bois équarries, ou fimplement écorcées, que de celles qui reftent en grume ; & en fe rappellant ce que nous avons dit au commencement de ce Chapitre, que la feve eft une liqueur capable de fermentation & prompte à fe corrompre, il femble qu'on peut conclure fans craindre de fe tromper, qu'il faut équarrir, ou du moins écorcer les bois auffi-tôt qu'ils ont été battus, afin de les priver promptement de cette liqueur corruptible, qui peut, par fon altération, porter un préjudice confidérable aux fibres ligneufes. Tout cela fera encore plus exactement difcuté dans le Chapitre où nous traiterons du defféchement des bois.

§. 6. *Expériences faites fur des bois blancs, pour reconnoître s'ils s'alterent fous leur écorce.*

Nous ne pouvons nous difpenfer de rapporter ici quelques expériences que nous avons faites fimplement pour connoître fi, en ralentiffant l'évaporation de la feve par le moyen de l'écorce, on eft fondé à craindre l'altération de cette liqueur qui endommage les fibres ligneufes. Dans cette vue, & comme

les bois blancs font plus fufceptibles de cette altération que le
bois de Chêne, j'ai fait abattre pendant l'Hiver de 1733, plufieurs gros Aunes : j'en ai laiffé une partie dans leur écorce, &
j'ai fait écorcer les autres ; ces arbres ont tous été mis fous
un hangar où ils ont refté jufqu'au Printemps de 1735, que
je les ai fait fendre pour examiner avec plus de commodité
quelle pouvoit être la qualité de leur bois : je l'ai trouvée telle
qu'on le voit ci-après.

	Aunes avec leur écorce.	*Sans leur écorce.*
Nᵒ 1.	Bois très-échauffé	Bon bois.
2.	De même	Bois très-peu échauf- fé par un bout.
3.	De même	Bon bois.
4.	Bois qui commençoit à s'échauffer.	Bon bois.
5.	Bois un peu échauffé	Très-bon bois.
6.	Bon bois	Bon bois.
7.	Bois qui commençoit à s'échauffer.	Bon bois.

Cette expérience prouve inconteftablement que les bois
écorcés fe font mieux confervés que ceux qui font reftés dans
leur écorce. Refte maintenant à examiner fi la même chofe
arrivera au Chêne.

§. 7. *Semblable Expérience faite fur le Chêne.*

L A bille marquée *A*, dont nous avons parlé, pourra encore
nous fournir un exemple.

Ce Chêne avoit été abattu dans le mois de Février, & les
pieces marquées 1 & 3 font reftées en grume, & celles marquées 2 & 4, ont été équarries fur le champ. On a examiné ces quatre pieces dans le mois de Décembre de l'année
fuivante ; l'aubier des billes 1 & 3 s'eft trouvé beaucoup meilleur que celui des pieces 2 & 4 ; peut-être cela venoit il de ce
qu'il avoit encore retenu de l'humidité ; car on fait que l'aubier fe réduit en pouffiere, quand une fois il a perdu toute fa
feve,

seve ; c'est par cette raison que les Marchands conservent leurs bois équarris , plutôt à l'humidité qu'au sec, afin que l'aubier reste sain. Mais une seule expérience ne suffit pas ; & pour faire voir que, généralement parlant, le bois s'altere plus promptement sous l'écorce que quand on l'en a dépouillé, il nous suffira d'assurer que nous avons, dans cette vue, fait abattre plus de 90 jeunes Chênes pendant l'Hiver, & que nous avons constamment reconnu que l'aubier des arbres en grume s'altéroit plutôt que celui des arbres qui avoient été écorcés.

Deux ans après, quand nous les avons fait fendre pour les examiner, nous avons trouvé que le bois d'une partie de ceux qui avoient été écorcés étoit bon ; au lieu qu'il y en avoit quantité de mauvais dans les arbres restés en grume.

Conclura-t-on delà qu'il faille écorcer les arbres si-tôt qu'ils sont abattus ? Je serois pour l'affirmative, s'il ne s'agissoit que de conserver au bois toute la bonne qualité qu'il peut avoir; & cela avec d'autant plus de raison, que les bois que j'ai fait écorcer aussi-tôt qu'ils ont été abattus, m'ont paru plus durs que ceux qui avoient été conservés en grume. Mais que serviroit-il de ménager avec tant de soin la bonne qualité du bois, si, en l'exposant à un desséchement si précipité, il se fend & s'éclate à un tel excès, qu'il n'est presque plus propre à rien ? C'est ce que nous examinerons dans le Chapitre suivant ; car il est nécessaire auparavant de terminer la matiere de celui-ci, & d'achever de discuter les autres sentiments que nous nous sommes proposés d'examiner.

ARTICLE II. *En laissant les Arbres dans leur écorce pendant un court espace de temps, peut-on en attendre un effet sensible ?*

Il y a quelques personnes habiles dans l'exploitation des forêts, qui soutiennent qu'il faut laisser les arbres passer huit ou dix jours dans leur écorce après qu'ils ont été abattus ; ce délai, disent-elles, est nécessaire, parce que les arbres, dans les premiers jours qu'ils ont été coupés, donnent encore des signes de vie, & que pendant cet intervalle de temps, le mouvement de leur seve se ralentit, les fibres ligneuses s'affaissent, ce qui empêche que les arbres ne se fendent, ne s'éclatent & ne se tourmentent à l'excès ; mais il ne faut pas, ajoutent-elles, les laisser plus long-temps sans les équarrir, si l'on veut découvrir promptement les vices intérieurs qui continueroient à faire du progrès jusqu'à ce qu'ils soient éventés. Nous examinerons dans le Chapitre suivant, si un délai de huit ou dix jours est capable d'empêcher les bois de s'éclater ; mais il est certain qu'il est avantageux de mettre promptement en évidence les caries intérieures qui se trouvent dans les arbres, parce que ces parties de bois pourri se chargent de beaucoup d'humidité, qui ne pouvant se dissiper aussi aisément que celle qui est répandue dans les parties saines, à cause de la désorganisation qui se rencontre dans ces endroits défectueux, cette humidité y occasionne une corruption qui endommage les parties saines qui se trouvent dans leur voisinage. C'est une raison de plus, de faire équarrir les arbres aussi-tôt qu'ils ont été abattus ; mais on ne peut adopter celles qu'on a rapportées, pour persuader qu'il est à propos de laisser les arbres huit ou dix jours dans leur écorce ; car il est certain que quand les Printemps ne sont pas fort secs, les arbres qu'on laisse avec leur écorce, sont encore en état de végéter pendant trois ou quatre mois après qu'ils ont été abattus, puisqu'on les voit pousser des feuilles, des fleurs & des bourgeons.

Quant à ce qu'on dit que la seve s'échappe pendant cet intervalle de temps, il ne faut, pour prouver que cette allégation est purement imaginaire, que faire voir combien peu il s'évapore de seve du corps des arbres qui restent en grume pendant l'Hiver, temps où l'on a coutume de les abattre : c'est ce que nous allons démontrer par quelques expériences que nous avons faites à ce sujet.

§. 1. *Expériences qui prouvent qu'il s'échappe peu de seve des Arbres qui restent en grume pendant l'Hiver.*

Pendant les neuf derniers jours du mois de Février, un rondin de Chêne tout nouvellement abattu & en grume, qui avoit trois pieds de longueur, plus d'un pied de diametre, & qui pesoit avec son écorce 216 livres 4 onces, n'a diminué que de 12 onces : un autre rondin un peu moins gros, qui pesoit 155 livres 8 onces, n'a diminué non plus que de 12 onces pendant ce même espace de temps. Il faut ajouter à cela, qu'il ne se seroit certainement pas échappé 4 onces de seve de chacun de ces morceaux de bois, si les arbres dont on les avoit tirés, étoient restés avec toutes leurs branches, parce qu'il n'est pas douteux que c'est par les extrémités coupées qu'il s'échappe le plus de seve ; & l'on conviendra que plus les billes de bois sont courtes, plus l'aire de leurs extrémités coupées se trouve être considérable, relativement au volume total du morceau de bois. Mais en supposant qu'on ne voulût pas avoir égard à cette raison, toute solide qu'elle est, cette quantité de 12 onces de seve est peu de chose, en comparaison de 45 à 50 livres d'humidité, qui ont dû s'évaporer de ces billes, avant qu'elles eussent pu être réputées seches.

§. 2. *Conséquences qu'on peut tirer de cette Expérience : diversité d'opinions sur cette matiere.*

Nous croyons qu'on peut conclure de l'expérience précédente, que les changements qui arrivent au bois pendant un espace de huit ou dix jours d'Hiver, qui est le temps où l'on exploite ordinairement les forêts, ne sont pas capables de produire un grand effet.

C'est sans doute pour ces raisons qu'il y a beaucoup de personnes qui prétendent qu'il convient de laisser les arbres pendant un mois, six semaines ou deux mois dans leur écorce après qu'ils ont été abattus.

Il faut, difent quelques-uns, laiffer le temps aux arbres de *reffuer*, de laiffer échapper leur feve, & de raffermir leur bois.

D'autres veulent qu'on les laiffe pendant le même efpace de temps dans leur écorce, pour les garantir du grand air & du foleil; ou, fuivant d'autres, pour les mettre à couvert des grandes gelées. Et fi quelques-uns prétendent qu'en les confervant dans leur écorce, ils reftent dans un état d'organifation qui favorife l'évaporation de la feve, il y en a d'autres auffi qui penfent que l'écorce ne doit être confervée que dans la vue de ralentir cette évaporation.

Enfin plufieurs envifagent l'écorce comme une ceinture qui s'oppofe à la défunion des fibres ligneufes, & qui par conféquent empêche les bois de fe fendre : nous ne croyons pas que cette idée mérite d'être approfondie.

Après avoir rapporté les raifons qui ont engagé à conferver les pieces de bois dans leur écorce, pendant l'efpace de fix femaines ou deux mois, examinons maintenant quelles font les raifons qui déterminent à ne les y pas laiffer plus long-temps.

C'eft, dit-on, parce qu'il s'engendre des vers dans l'écorce, fur-tout quand elle commence à fe détacher du bois ; & que dans ce cas on trouve entre le bois & l'écorce, une humidité rouffe & puante qui peut endommager le bois, & que, généralement parlant, l'écorce eft une forte d'éponge qui fe charge de l'humidité, & qui la porte dans la fubftance du bois : outre cela, un arbre abattu auquel on laifferoit toutes fes branches & fon écorce jufqu'au Printemps, poufferoit des fleurs, des feuilles & des jets, fur-tout lorfque le Printemps eft humide. Or, ajoute-t-on, comme ces arbres ne peuvent rien tirer de la terre, c'eft aux dépens de leur propre fubftance que fe font ces productions qui lui caufent une forte d'épuifement.

Toutes ces raifons font autant d'objections contre le fentiment de ceux qui prétendent qu'il eft très-avantageux de conferver l'écorce aux arbres abattus, au moins pendant l'efpace d'un an ; je dis au moins, car quelques-uns penfent qu'on ne devroit les dépouiller que lorfqu'on veut les mettre en œuvre.

Après les expériences que nous avons rapportées, on sent bien que ceux qui veulent qu'on laisse les bois dans leur écorce pour les conserver dans un état d'organisation qui favorise leur desséchement, se trompent grossiérement, & qu'ils font connoître qu'ils ne parlent pas d'après des expériences bien faites ; puisque l'on a vu dans les nôtres, qu'ayant équarri quelques tronces de bois, & en ayant conservé d'autres du même arbre dans leur écorce, nous avons reconnu que les bois équarris se font desséchés bien plus promptement que ceux qu'on avoit laissés en grume. En effet, & nous le prouverons bientôt en parlant du desséchement des bois, puisque de deux solides de bois pareils qui ne different que par leurs surfaces, c'est celui qui a le plus de surfaces, relativement à sa masse, qui se desseche le plus promptement, on doit en conclure que l'équarrissage diminuant la masse, & augmentant les surfaces, il doit s'en suivre un desséchement bien plus prompt.

Ceux donc qui different l'équarrissage des bois dans la vue de ralentir l'évaporation de la seve, paroissent mieux fondés ; mais comme ils ne cherchent à diminuer l'évaporation que pour prévenir les gerces, nous remettons à discuter leur avis dans le second Chapitre.

On a enfin cru trouver un avantage à ne pas laisser bien long-temps les arbres abattus dans leur écorce ; cet avantage consiste, comme nous l'avons dit, à empêcher qu'ils ne poussent quelques jets au Printemps, ce qui arrive souvent aux arbres qu'on laisse avec leur écorce, sur-tout quand cette saison est humide, dans la crainte que ces pousses ne se fassent aux dépens d'une substance huileuse, raisineuse & gélatineuse, qu'on dit, & avec raison, être très-utile à la conservation du bois. Mais si l'on fait attention à la petite quantité de ces substances qui s'échappent par cette voie, on sentira, sans qu'il soit nécessaire d'avoir recours à l'expérience, que cette déperdition est peu de chose en comparaison du volume de l'arbre qui auroit pu produire ces foibles bourgeons.

§. 3. *Expérience pour connoître si les bourgeons que produisent les arbres après qu'ils ont été abattus, méritent quelque considération.*

J'ai tenté de reconnoître à quoi pouvoit à peu-près monter ce déchet : pour cet effet, j'ai fait abattre deux jeunes Chênes à la fin de l'Hiver ; j'en ai exactement mastiqué la coupe, & je les ai fait placer sous un hangard assez frais & à l'ombre : ces arbres ont poussé au Printemps quelques feuilles & quelques jets. Quand ces productions ont commencé à se faner, je les ai coupées, & je les ai fait sécher, pour voir quelle proportion il pouvoit y avoir entre leur poids, & celui des arbres mêmes que j'avois eu la précaution de peser ; mais les feuilles & les bourgeons, en séchant, se sont réduits à si peu de chose, que je n'ai pas daigné les peser.

§. 4. *Conséquences de l'Expérience précédente.*

Cette expérience prouve sans réplique, que le déchet de la substance qui peut être utile au bois, & qui est celle qui reste après le desséchement, est si peu de chose, en comparaison du volume de l'arbre, qu'on peut la regarder comme zéro.

D'ailleurs, est-il bien certain que la substance qui a formé les bourgeons, se fût fixée dans les pores du bois de ces arbres s'ils eussent été écorcés ? N'est-il pas probable au contraire qu'elle se feroit échappée avec l'humidité qui, dans ce cas, s'évapore avec une extrême rapidité, comme le prouvent les expériences précédentes ? Ajoutons à cela que si ces bourgeons tirent principalement leur nourriture des écorces & de l'aubier, comme cela est probable, on ne doit plus y prêter aucune attention, puisqu'il est indifférent que l'un ou l'autre soient de bonne ou de mauvaise qualité, ces parties devant être rejettées comme inutiles.

Nous savons maintenant à quoi nous en tenir au sujet des

bourgeons que les arbres pouffent après qu'il ont été abat-tus ; examinons pareillement le dommage que les vers peuvent produire fur les arbres qui ont leur écorce, & celui que peut produire l'eau rouffe & puante, qui féjourne entre l'écorce & l'aubier des arbres qui font abattus depuis long-temps.

§. 5. *Expériences pour connoître fi les bois en grume qu'on laiffe expofés aux injures de l'air, s'alterent beaucoup.*

POUR parvenir à cette connoiffance, j'ai pris plufieurs ron-dins de Chêne ; j'en ai écorcé une partie, & j'ai laiffé le refte avec fon écorce : quelques-uns de ceux qui avoient leur écorce, & d'autres qui en étoient dépouillés, ont été couchés par terre, expofés à l'air le long d'une muraille au Nord ; j'ai fait placer le refte dans un lieu fec & fous un hangar. Après avoir vifité à plufieurs fois ces morceaux de bois, voici le réfultat des obfervations que j'ai faites à ce fujet.

1°, Les morceaux de bois qui avoient leur écorce & qui étoient expofés à l'air, ont été attaqués de gros vers dès le Printemps, & bien plutôt que ceux qui étoient dans un lieu fec : aucun de ceux qui étoient écorcés n'a été attaqué de ces gros vers.

2°, Les rondins en grume qui étoient à couvert, n'ont, pour la plupart, été attaqués de ces petits vers qui moulinent le bois, que dans la feconde année.

3°, L'écorce s'eft bien plutôt détachée des bois conf.ervés à l'air, que de ceux qui étoient reftés à couvert ; à ceux-ci, l'écorce n'a quitté feulement qu'après que les vers ont eu réduit le deffous en pouffiere ; aux autres, elle a commencé à fe détacher par parties dès le premier Eté, & elle s'eft détachée prefque par-tout après le fecond Printemps ; dans ce cas, on trouvoit fous l'écorce de la moififfure, des champignons & une eau rouffe qui avoit même altéré la fuperficie de l'aubier.

4°, Les vers étoient conftamment plus gros & mieux nour-ris dans les rondins qui étoient expofés à l'humidité, que dans

les autres ; & au lieu que dans ceux-ci, les vers ne détruisent
que l'écorce & la superficie de l'aubier ; dans les autres, ils
avoient entiérement percé l'aubier, & fait même beaucoup
de chemin dans le bois quand ils y avoient trouvé des veines
tendres : j'ai vu des trous de gros vers où l'on auroit aisément
mis le petit doigt.

§. 6. *Conséquences des Observations précédentes.*

On voit par ces observations que, généralement parlant,
l'écorce est préjudiciable au bois ; mais beaucoup plus quand
ils sont exposés à l'humidité que quand ils sont conservés à
couvert & dans des lieux secs : l'humidité attendrit le bois, &
le rend sans doute plus propre à être rongé par les vers ; outre
cela, on peut regarder l'écorce comme une éponge qui se charge de l'humidité, qui la conserve, & qui porte en premier lieu
la corruption dans l'aubier, ensuite & à la longue, dans le
bois, pour peu sur-tout qu'il y ait quelques veines tendres qui
lui en permettent l'entrée.

5°. Rarement les plus gros vers, ces chenilles de bois qui
produisent le capricorne, se trouvent-ils dans les bois qu'on
a tirés des forêts immédiatement après qu'ils ont été abattus ;
au lieu que ces mêmes vers dévorent les bois qu'on laisse en
grume dans les ventes : peut-être faut-il plus d'humidité à
ces insectes ; & communément il y en a davantage dans les
forêts que dans les chantiers ; il se peut faire aussi que les vers
passent d'une piece dans une autre, & cela reviendroit à ce
que rapportent plusieurs voyageurs des Isles de l'Amérique,
qui assurent que si après avoir abattu un chou-palmiste, on fait
plusieurs entames à son écorce, & qu'on le laisse dans la forêt, on trouve au bout de quelque temps cet arbre percé
& rempli de gros vers qui sont fort bons à manger ; mais que
si l'on transporte cet arbre dans les habitations, ces mêmes
vers ne viennent point l'y attaquer.

Aussi les Marchands de bois sont-ils dans la pratique de
faire exploiter promptement les bois qu'ils destinent à faire
de la

de la fente, parce qu'ils en conservent l'aubier, & qu'ils le vendent comme le bois du cœur ; c'est sur-tout ce qu'ils pratiquent pour la latte & les échalas, les serches, &c ; mais il faut dire aussi que le bois verd se fend mieux que le sec.

Toutes les expériences, toutes les observations que nous avons rapportées, & les réflexions que nous avons faites sur les différentes opinions qui sont venues à notre connoissance ; en un mot, tout ce que nous avons dit jusqu'à présent, concourt à prouver qu'il y a un avantage considérable, lorsqu'on veut ménager la bonne qualité des bois, à écorcer, ou même à équarrir les arbres aussi-tôt qu'ils ont été abattus. Il me reste maintenant à examiner si, en suivant cette pratique, on ne les rend pas inutiles, à cause de la quantité de fentes & d'éclats qu'elle peut occasionner : c'est ce qui va faire le sujet du Chapitre suivant.

CHAPITRE II.

Quelle est la cause des gerces, des fentes & des éclats qui endommagent si souvent les bois de la meilleure qualité ? Pourquoi ces mêmes bois sont-ils les plus sujets à se voiler & à se tourmenter ? Dans quels cas ces accidents sont-ils principalement à craindre ? Quels sont les moyens de prévenir leur progrès ?

Les bois se gercent, se fendent & s'éclatent, ou ils se voilent, se courbent & se tourmentent, à proportion qu'ils perdent de leur seve, ou qu'ils se dessechent.

On sait aussi que les arbres abattus diminuent de volume, à mesure qu'ils perdent l'humidité qu'ils avoient lorsqu'ils étoient encore sur leur souche.

Je me suis assuré par des expériences, que dans les bois de la même qualité, ce sont ceux qui contiennent le plus d'humidité, qui perdent le plus de leur volume.

Je m'explique : le bois du cœur des arbres qui sont en crûe, est plus dense que celui de la circonférence ; il contient dans un même espace plus de fibres ligneuses & moins d'humidité : quoique ce point ait été déja prouvé ci-devant, je vais encore le prouver par de nouvelles expériences.

Or, je dis que dans ce cas, le bois de la circonférence qui perd le plus de son poids en se desséchant, diminue aussi plus de volume que le bois du centre.

Il n'en est pas tout-à-fait de même, lorsque ce sont des bois de différente qualité ; car les bois très-vieux, très-usés, les bois qui sont venus dans des pays froids, ou dans des terreins humides ; en un mot ces bois, que les Ouvriers appellent *Bois gras*, perdent beaucoup de leur poids en se séchant ; mais cependant il m'a paru qu'ils ne diminuent pas beaucoup de volume.

Ce qu'il y a de certain, c'est que les bois extrêmement forts, ceux qui sont de la meilleure qualité, les Chênes de Provence, par exemple, se fendent & s'éclatent beaucoup ; les bois d'une qualité médiocre, ceux de Bourgogne, & encore plus ceux du Nord, se fendent beaucoup moins : les bois très-gras ne se fendent presque pas ; le bois pourri ne se fend point du tout.

Après qu'un arbre a été abattu, il se desseche à mesure qu'il perd de son humidité, il perd aussi de son volume, & les fentes se forment dans le bois à proportion qu'il diminue de volume.

Je ne m'arrêterai point à examiner comment se fait le desséchement du bois ; il est le même que celui de tous les autres corps ; la même cause Physique fait qu'un morceau de drap & un morceau de bois se dessechent ; ainsi il me suffira de renvoyer à ce qui a été dit de plus probable sur l'évaporation des liqueurs, sur la formation des exhalaisons, des vapeurs, &c.

Mais pour savoir d'où peut dépendre la diminution du volume du bois lorsqu'il se desseche, il faut d'abord concevoir qu'un tronc d'arbre est composé de différentes couches *d, d, d*

(*Pl. XIV. fig. 1*), formées de fibres ligneuses qui s'étendent dans toute la longueur du tronc *e e e e* ; ces fibres longitudinales font jointes les unes aux autres, non-feulement par des fibres qui les coupent à angle droit, & qu'on voit former des rayons *f, f, f,* fur l'aire de la coupe d'un morceau de bois (ce font les *véficules* de Malpighi, les *infertions* de Grew, & ce que les Marchands de bois appellent *la Maille*), mais encore par quelques fibres longitudinales qui paffent obliquement d'un faifceau dans un autre, ou d'une couche à l'autre ; cette méchanique s'apperçoit aifément, & la communication latérale de la feve qui eft prouvée par tant d'expériences, démontre la néceffité de l'union intime des fibres longitudinales les unes avec les autres.

Il s'en faut cependant beaucoup que cette force qui unit les fibres longitudinales, & que j'appellerai leur *force de cohéfion*, ne foit auffi puiffante que la force même de ces fibres ; car ces deux forces font entr'elles comme la force qu'il faut pour rompre un morceau de bois, eft à la force qu'il faut pour le fendre ; ou comme la force d'un barreau de bois de fil *c c* (*fig. 1*), eft à la force d'un barreau *b b*, de pareille dimenfion, mais levé dans le diametre d'un gros arbre, tel que celui de la figure 1, fur lequel ces deux barreaux font ponctués, l'un fur la coupe, & l'autre dans la direction du tronc.

Maintenant que nous avons une idée de la difpofition des fibres ligneufes dans un arbre, confidérons quelle eft la nature de ces fibres.

Elles ne font point rigides comme le feroit un faifceau de fils de métal, ou comme des fils d'émail ; elles font originairement formées d'une matiere mucilagineufe, gommeufe ou réfineufe ; & quoiqu'elles aient en quelque façon changé de nature, elles confervent néanmoins le caractere de leur origine, puifqu'elles s'attendriffent à la chaleur & à l'humidité, & que le froid & la féchereffe les endurcit : ce font donc des fibres élaftiques qui fe refferreront, & qui fe contracteront à mefure qu'elles perdront de leur humidité, & qui fe gonfleront & s'étendront lorfqu'elles s'imbiberont d'humidité ; cela doit fuffire pour expliquer les phénomenes dont il eſt ici queſtion, & il n'eſt pas néceſſaire de recourir, comme ont fait de grands Phyſiciens, à certaines véſicules ovales qui deviennent ſphériques par le deſſéchement. On ſait que les matieres mucilagineuſes ſe gonflent par l'humidité, & qu'elles ſe reſſerrent quand elles ſe deſſechent : un morceau de gomme adragante, de colle forte, &c, ſe gonfle dans l'eau, & ces matieres reviennent à leur premier volume, quand on les dépoſe enſuite dans un lieu ſec. Je m'en tiens à ces faits, & je ne cherche point pour le préſent à expliquer comment les parties de la colle peuvent ſe contracter dans un cas, & ſe dilater dans un autre ; mais comme j'ai prouvé ailleurs que les fibres ligneuſes étoient originairement formées de matieres mucilagineuſes, & qu'elles retiennent encore (lorſqu'elles ſont converties en bois), quelque choſe de la nature de ces matieres, je me contente de ſoupçonner que ces fibres ſe dilatent ou ſe contractent par une méchanique ſemblable à celle des matieres mucilagineuſes.

On ſait qu'une corde humectée ſe gonfle, & qu'elle diminue de groſſeur quand elle ſe deſſeche : je crois que le gonflement de la corde dépend de la même cauſe qui fait monter l'eau dans les tuyaux capillaires ; & je penſerois auſſi que cette cauſe influe dans l'augmentation ou la diminution du volume des bois qu'on humecte & qu'on fait deſſécher ; mais il faut qu'il y ait quelque choſe de plus ; car la corde, lorſqu'elle ſe deſſeche, gagne en longueur ce qu'elle perd en groſſeur, au lieu qu'un morceau de bois diminue en tout ſens lorſqu'il perd ſon humidité, ce qui arrive pareillement aux matieres mucilagineuſes.

Je demande cependant qu'on obſerve, que je dis ſeulement que nos fibres ligneuſes retiennent encore quelques-unes des propriétés des matieres dont elles ont été formées ; car je ne prétends pas qu'elles ne ſont que gomme, que réſine, ou que mucilage ; il eſt certain que l'état de bois où elles ſont, eſt très-différent de celui de mucilage où elles ont été ; mais je crois que dans un morceau de bois il y a des parties qui

font vraiment ligneuses, d'autres qui font tout-à-fait mucila-
gineuses, & d'autres enfin qui font dans des états intermédiaires, & que le tout enfemble eft plus ou moins fufceptible
de dilatation & de contraction, fuivant qu'il y a plus ou moins
de parties vraiment ligneufes. Peut-être même pourroit-on
encore foupçonner que les parties les plus ligneufes font un
peu fufceptibles du reffort dont nous parlons ; mais cela eft indifférent à notre fujet.

Au refte, qu'on admette telle explication qu'on voudra ,
il fera toujours certain que les fibres ligneufes fe rapprochent
dans un morceau de bois verd lorfqu'il fe deffeche; je me
fuis affuré différentes fois de ce fait fur un cylindre de bois
verd pris hors le centre d'un arbre, comme vers *aa* (*Fig. 1*),
qui rempliffoit exactement un anneau de fer : quand ce cylindre étoit fec, il s'en falloit affez confidérablement qu'il ne
remplît l'anneau. D'autres fois j'ai fait faire un barreau de bois
verd tel que *b b*, (*Fig. 1*), qui rempliffoit exactement un calibre de bois fec ; mais ce barreau y paffoit librement quand
il étoit devenu fec. Prefque toutes les menuiferies prouvent
bien fenfiblement que les fibres des bois verds fe rapprochent
à mefure qu'ils fe fechent.

Nous ferons voir dans la fuite que, dans ces mêmes circonftances, les fibres ligneufes perdent auffi de leur longueur;
mais il faut examiner auparavant ce qui doit réfulter du rapprochement des fibres. Et pour mieux faire entendre quelle
eft fur cela ma penfée, j'emploierai pour comparaifon , un morceau de terre glaife.

§. I. *Exemple de contraction tiré d'un Cylindre formé de terre glaife.*

JE fuppofe donc un cylindre de terre glaife *a a*, (*Pl. XIV. fig.*
2), fortant des mains du Potier ; ce cylindre, en fe defféchant,
perdra de fon volume dans toutes fes dimenfions.

La quantité de cette diminution eft, dans la glaife qu'emploient les Sculpteurs de Paris pour leurs modeles, d'environ
un douzieme.

Je coupe une tranche infiniment mince de mon cylindre parallélement à sa base ; ou bien sans avoir égard à l'élévation de ce cylindre, je ne considere que ce qui se passe sur sa base, que je divise par des cercles concentriques *a b c d* (*Fig. 3*), & je suppose que la terre qui est auprès du centre, se desseche aussi promptement que celle qui est vers la circonférence, comme cela arriveroit dans une tranche de glaise infiniment mince.

Il est certain que les rayons 1, 2, 3, 4, &c, se rapproche-ront les uns des autres, à proportion que la tranche en ques-tion perdra de son volume en se desséchant, & qu'ils perdront en même temps de leur longueur.

Mais comme je ne veux pas d'abord prêter attention à la diminution du volume qui se fera suivant la longueur des rayons 1, 2, 3, 4, &c, mais seulement à leur rapprochement, je considere la tranche la plus extérieure ou l'orbe *a*, comme enveloppant un cylindre de métal, que je suppose représenté par la tranche *b* ; il est clair que la tranche *a*, en se racourcis-sant, glissera sur le cylindre de métal *b*, & cela, d'autant plus que cette tranche sera plus étendue ; ainsi, si la diminution de l'argile qui se desseche, monte à $\frac{1}{12}$, la tranche *a*, étant sup-posée avoir douze pouces de pourtour, elle diminuera de 12 lignes, & il se formera une fente qui sera ouverte d'un pouce à l'extérieur de la tranche *a*.

Je regarde maintenant la tranche *b*, comme enveloppant un cylindre métallique, qui sera supposé représenté par la tranche *c*.

La tranche *b* diminuera dans les mêmes proportions que la tranche *a*, c'est-à-dire, d'un douzieme ; mais comme la circonférence du cylindre *c* est à la circonférence du cylindre *b*, à peu-près comme 9 est à 12, il s'enfuit que la fente qui se fera à la tranche *b*, n'aura que 9 lignes d'ouverture.

On voit, par ce que je viens de dire, qu'il se formera une fente qui aura 12 lignes d'ouverture à la superficie du cylindre, & qui se réduira à zéro vers le centre : & voilà ce qui doit résulter de la contraction des tranches *a, b, c, d*, quand on supſera que les rayons 1, 2, 3, 4, &c, ne ſe racourciſſent pas.

Mais c'eſt-là une pure ſuppoſition ; car il eſt certain que les rayons perdent de leur longueur, & dans un cylindre de glaiſe & dans un rondin de bois, quand l'un & l'autre ſe deſſechent ; il faut donc avoir égard à leur racourciſſement, & examiner de combien la fente de notre cylindre en ſera diminuée.

Cela eſt aiſé, puiſque ce cylindre étant compoſé d'une matiere homogene, le racourciſſement des rayons, de même que leur rapprochement doit être d'un douzieme : or, comme les rayons des cercles ſont entr'eux comme les circonférences, on doit en conclure que la fente ſera anéantie par le racourciſſement des rayons : je vais rendre cela plus clair.

Pour cela, je reprends ma premiere hypotheſe, & je dis : qu'en ſuppoſant que la contraction des parties latérales ait produit à la circonférence du cylindre un douzieme d'ouverture, *m f*; (*Fig. 3*), il eſt évident que ſi (ces parties reſtant dans cet état), on ſuppoſoit que les rayons 1, 2, 3, 4, &c, ſe racourciſſent d'un douzieme, la fente ſe refermeroit ; car la circonférence *e e e*, qui exprime ce racourciſſement, n'eſt que les $\frac{11}{12}$ de la circonférence 1, 2, 3, 4, &c.

L'expérience eſt d'accord avec ce raiſonnement, puiſqu'il eſt certain qu'on peut, en y apportant les précautions néceſſaires, deſſécher un morceau de glaiſe, ſans qu'il s'y faſſe aucune fente. J'avoue que ces précautions ſont difficiles à prendre ; & je penſe que le ſeul moyen d'y réuſſir ſeroit de prendre une couche de terre aſſez mince, pour que toutes les couches ſe deſſéchaſſent à la fois. Mais il n'en eſt pas de même d'un rondin de bois ; jamais il ne m'a été poſſible d'empêcher qu'il ne ſe gerçât en ſe ſéchant : d'où peut venir cette différence ? Tâchons de la faire connoître d'une façon ſenſible.

J'ai ſuppoſé juſqu'à préſent que le cylindre étoit fait d'une matiere uniforme, tant au centre qu'à la circonférence ; qu'il étoit d'une terre ſemblable, chargée d'une égale quantité d'eau, & dont toutes les parties étoient capables d'une contraction uniformément graduée ; mais une pareille ſuppoſition ne peut avoir lieu à l'égard d'un rondin de bois : on a vu ci-devant, à l'occasion de l'âge des arbres, que le bois du centre des arbres en crûe, est plus dense, moins chargé de seve & moins susceptible de contraction, que celui de la circonférence ; car ce n'est pas sans raison que j'ai avancé ci-devant, & que je prouverai avant de finir cet article, que dans les bois de la même qualité, ce sont ceux qui contiennent le plus d'humidité, qui perdent le plus de leur volume en se desséchant.

Ainsi, pour avoir un cylindre de glaise qui fût à cet égard comparable à un rondin de bois, il faudroit faire ensorte que la terre du centre fût moins humectée que celle qui la recouvre, & ainsi de suite jusqu'à la derniere couche qui seroit plus chargée d'eau que toutes les autres ; ou, ce qui revient au même, il faudroit former ce cylindre de glaises de différentes natures, & mettre au centre celles qui se retirent le moins en se séchant ; & à la circonférence, celles qui se retirent le plus.

On doit déja appercevoir que, lors du desséchement d'un pareil cylindre (n'ayant égard qu'à la seule circonstance que je viens d'établir), les tranches se retirant en proportion de l'humidité qu'elles contiennent, il se formera une fente large à la circonférence, & que cette fente se terminera presque à rien vers le centre ; parce qu'en ce cas, le racourcissement des rayons ne sera pas proportionnel à leur rapprochement.

J'ai essayé de parvenir à déterminer quelle seroit la quantité & la forme de cette fente dans un cylindre de glaise, tel que je viens de le supposer : cette recherche que je n'avois d'abord regardée que comme une simple curiosité, m'ayant ensuite paru de quelque utilité pour l'intelligence de ce que j'ai à dire dans la suite ; j'ai cru qu'il étoit à propos d'en rapporter ici le résultat, mais le plus briévement qu'il me sera possible.

J'ai dit que si un cylindre étoit fait d'une matiere uniforme dans toutes ses parties, & si l'on n'avoit point d'égard au racourcissement des rayons, il se formeroit par le desséchement, une fente qui auroit un douzieme d'ouverture à la circonférence, & qui se réduiroit à zéro au centre ; le triangle *a b c* (*Pl. XV. fig. 1.*) représente cette fente, & les cordes 1, 2, 3, 4, 5, &c.

5, &c, ou les orbes correfpondants, les couches de glaife.

La premiere couche ayant, dans la fuppofition préfente, un douzieme de contraction, la corde 1 confervera fa longueur.

La feconde couche n'eft pas capable d'une auffi grande contraction ; & je fuppofe que cette différence foit $\frac{1}{12}$; ainfi la fente fera moins ouverte de cette fomme qu'il faut fouftraire de la corde 2, ce qui va au point *d*.

La troifieme couche eft encore moins fufceptible de contraction ; je fuppofe que c'eft de $\frac{2}{12}$; il faut donc racourcir la troifieme corde de cette fomme qui répond au point *e*. On peut fuivre ainfi toutes les lignes jufqu'au centre, en fuppofant que la contraction diminue toujours uniformément ; & l'on obtiendra une portion de parabole *a, d, e, f, g, h, i, k, l, m, n, o, b* (*Fig. 1*), qui exprime la valeur de la fente dans l'hypothefe préfente, où l'on a fuppofé que la terre du centre ne fe contractoit point, & que les couches devenoient de plus en plus contractiles, fuivant une progreffion arithmétique fimple, depuis le centre jufqu'à la circonférence où la contraction étoit d'un douzieme ; mais comme jufqu'à préfent nous n'avons eu aucun égard au racourciffement des rayons, il eft bon de faire voir qu'il ne peut pas anéantir la fente, comme cela eft arrivé dans l'hypothefe d'un cylindre fait d'une matiere uniforme.

Suppofons pour cela que le rayon *a, b* (*Pl. XV. fig. 2*), fe foit retiré d'un douzieme, ainfi que dans l'hypothefe d'une matiere uniforme ; les lignes *i i i i i*, 1, 2, 3, 4, &c, fe feront rapprochées d'un douzieme, &c ; mais dans l'hypothefe préfente, il n'y a plus que l'efpace 1, 2, qui fe rapproche d'un douzieme ; ainfi la ligne 1 viendra en *i*, les efpaces 2 & 3 fe contracteront moins ; ainfi il s'en faudra d'un douzieme de l'efpace 2, *i*, que la ligne 2 ne joigne *i* ; par la même raifon, il s'en faudra de deux douziemes, que 3 n'arrive en *i*, & ainfi de fuite jufqu'à *b*, où la contraction étant zéro, il s'en faudra douze douziemes que 12 n'approche de *i*.

En additionnant toutes les différentes contractions, on verra que le rayon *a b*, perd dans cette hypothefe $\frac{6}{144} + \frac{1}{288}$

Ooo

de sa longueur, ce qui fait à peu-près la moitié de la contraction qui seroit arrivée dans l'hypothese d'une terre uniforme ; ainsi le rayon *a b*, (*Fig. 2*), n'aura plus que la longueur *b c*, ce qui fermera de moitié la fente *a c* (*Figure 1*). La *figure 3* rendra cela encore plus clair.

Le rayon *A B* se racourcit lorsque le cylindre se desseche ; mais ce ne sera plus d'un douzieme comme dans l'hypothese d'une terre uniforme. La terre la moins humeétée est celle qui se contraétera le moins ; & ce sera celle qui contient le plus d'eau, qui se contraétera le plus.

Ces principes établis, je suppose que le rayon *A B* est divisé en parties égales, en 12, par exemple ; je sai que la partie du rayon *A D* est plus dense que la partie *D E*, ce qui m'assure que la contraction sera moindre en *A D* qu'en *D E*, en *D E* moindre qu'en *E F* ; ensorte que si *A D* se racourcit d'une certaine quantité, *D E* se racourcira, par exemple, de deux fois cette quantité ; *E F* de trois fois cette quantité ; *F G* de quatre fois, & ainsi de suite jusqu'à *B M* qui se racourcira de douze fois cette quantité.

Je suppose donc à présent que *B M* se contraéte d'un douzieme de sa longueur, c'est-à-dire, de $\frac{12}{144}$ de sa longueur, ou de $\frac{12}{1728}$ parties du rayon *A B* : la contraction de *M* en *N* ne sera que de $\frac{11}{144}$ de sa longueur, ou de $\frac{11}{1728}$ du rayon ; la contraction de la partie *N O*, sera de $\frac{10}{144}$ de sa longueur, ou de $\frac{10}{1728}$ du rayon *A B* ; la contraction de la partie *O P* ne sera que de $\frac{9}{144}$, ou de $\frac{9}{1728}$ du rayon, & ainsi de suite en progression arithmétique simple, jusqu'au point *A*, qui est le terme zéro de la progression. La somme de cette progression sera donc la somme de toutes les différentes contraétions qui se font faites sur les parties *A D*, *D E*, *E F*, &c ; de sorte que si on les souftrait du rayon *A B*, on aura la valeur du rayon, après que toutes les contraétions ont été exercées de *D* en *A*, de *E* en *D*, &c. Or la somme de toute cette progression est $\frac{78}{1728} = \frac{13}{288}$, ce qui approche beaucoup d'un vingt-quatrieme du rayon : supposons-le ainsi pour plus grande facilité.

Ce qu'on dit de ce rayon est commun à tous les autres *A S*,

AT, AB, AV, AQ, AR, & la circonférence $STBVQRS$ se trouvera, par la contraction des rayons plus près du centre d'un vingt-quatrieme en $b\,x\,y\,a$; ensorte qu'elle ne sera que $\frac{23}{24}$ de la circonférence $STBVQRS$. Mais on a déja vu que dans l'hypothese d'une terre uniforme, la contraction latérale ou le rapprochement des rayons, avoit produit une fente d'un douzieme d'ouverture; c'est-à-dire, que l'arc $STBVQ$ étoit $\frac{11}{12}$ ou $\frac{22}{24}$ de l'arc entier $QSTBVQ$; il faudra donc prendre sur le cercle entier $QSTBVQ\,\frac{23}{24}$, ou l'arc $b\,x\,y\,a\,b = \frac{23}{24}$, l'arc $STBVQ$, qui est justement la fente qui, par ces différentes contractions, s'est réduite à $\frac{1}{24}$ de la premiere circonférence, au lieu d'un douzieme, de sorte qu'elle est plus petite de la moitié : ce n'est cependant pas encore là tout ; car cette fente va bientôt prendre une autre forme.

Les cercles concentriques ne se contractent pas uniformément, non plus que les parties des rayons que je viens d'examiner ; car comme il y a plus de densité au centre qu'à la circonférence, il faut que la contraction soit aussi moindre au centre qu'à la circonférence ; & si je divise la base du cylindre en douze cercles concentriques, je puis supposer (comme je l'ai fait en parlant des rayons) que la contraction sera douze fois plus grande à la circonférence extérieure BQ, qu'au centre A; qu'elle sera onze fois plus grande sur la circonférence $a\,b\,M$ qu'au centre, & ainsi de suite jusqu'en g, où elle sera zéro ; c'est-à-dire que l'arc $a\,b$ étant $\frac{1}{12}$ ou $\frac{12}{144}$ de la circonférence, il faut que l'arc $c\,d$ ne soit que $\frac{11}{144}$ de la circonférence, $c\,d\,M\,c\,e\,f$ que $\frac{10}{144}$ de la circonférence $e\,f\,N\,e\,k\,h$, que $\frac{9}{144}$ de la circonférence $k\,h\,O\,k$, & ainsi de suite jusqu'en g, où la contraction sera $\frac{0}{144}$; ce qui donne une courbe $A\,k\,e\,c\,a$ qui est une portion de parabole : ainsi l'espace $A\,k\,e\,c\,a\,b\,d\,f\,h\,A$, sera la fente du cylindre, en supposant toutes les contractions réunies.

Observant néanmoins que la courbe $A\,k\,e\,c\,A$ devroit être partagée en deux, dont une moitié resteroit du côté $A\,a$, & l'autre seroit du côté $g\,b$; mais je l'ai portée toute d'un côté pour la rendre plus sensible dans cette figure, ainsi que dans la premiere.

O o o ij

On pourroit m'objecter que ce que je viens de dire est purement hypothétique, & refuser d'admettre la comparaison du cylindre de glaise, que j'ai faite avec un rondin de bois, si je négligeois de faire connoître en quoi ces deux objets sont comparables, & en quoi ils diffèrent. Par-là je me trouve engagé à examiner ce qui se passe dans le Chêne, & encore à prouver que le bois du centre est plus dense que celui de la circonférence; que le bois de la circonférence est plus chargé d'humidité que celui du centre, & à établir quelle peut être à peu-près la somme de la contraction des couches ligneuses.

§. 2. *Que le Bois du centre est plus dense que le Bois de la circonférence.*

Pour pouvoir connoître à peu-près en quel rapport se trouve la diminution de densité des cercles ligneux, à mesure qu'ils s'écartent du centre, j'ai choisi dix rouelles de Chêne (telles que la figure 1 de la Planche XVI les repréfente), sans nœuds, sans roulures, sans cicatrices, &c, provenant d'autant d'arbres différents.

J'ai levé dans le diametre de ces rouelles des tranches semblables à *bb*, & j'en ai formé des parallélipipedes d'égale dimension 1, 2, 3, 4, 5. Je les ai pesés chacun en particulier, & j'ai fait une somme totale des poids de tous les morceaux numérotés 1, & la même chose des morceaux numérotés 2, 3, 4, 5; ce qui m'a donné les sommes suivantes en grains.

Le numéro un, 4344; le numéro deux, 4225; donc le numéro 1 est plus dense que le numéro 2, de 119.

Le numéro deux, 4225; le numéro trois, 4124; donc le numéro 2 est plus pesant que le numéro 3, de 101.

Le numéro trois, 4124; le numéro quatre, 3891, moins pesant que le numéro 3 de 233.

Le numéro quatre, 3891; le numéro cinq, 2391, moins pesant que le numéro 4 de 1500.

Je compare maintenant les numéros 2, 3, 4, 5, au numéro 1.

Le numéro un, 4344 ; le numéro deux, 4225 : différence 119 que je prends pour diviseur de 4225, poids du numéro deux ; & il me vient au quotient $35 + \frac{66}{119}$.

Le numéro un, 4344, le numéro trois, 4124 : différence 220, que je prends pour diviseur de 4124, & je trouve $18 + \frac{41}{55}$.

Le numéro un, 4344 ; le numéro quatre, 3891 : différence 453, quotient $8 + \frac{89}{151}$.

Le numéro un, 4344 ; le numéro cinq, 2391 : différence 1953, quotient $1 + \frac{146}{651}$.

Il est certain, & nous l'avons remarqué dans le Livre premier sur l'âge des arbres, qu'il est très-rare de trouver des bois qui suivent une dégradation uniforme de densité, depuis le centre jusqu'à la circonférence, mille légers accidents changeant considérablement la densité du bois ; cependant comme dans l'expérience que je viens de rapporter, j'ai choisi mes rondelles avec beaucoup de soin ; & comme la somme qui se trouve sous chaque numéro, est un total de dix morceaux de bois pris d'autant d'arbres différents, je crois avoir quelque raison de penser que la diminution de densité suit, à peu-près, l'ordre que mon expérience indique, sur-tout depuis le numéro 1, jusqu'au numéro 4 ; car comme dans les morceaux de bois numérotés 5, il s'en trouvoit qui avoient de l'aubier, & d'autres qui n'en avoient pas, cela pouvoit contribuer à la grande différence que nous avons remarquée entre le numéro 4 & le numéro 5 : or, en supprimant le numéro 5, il paroît que la densité diminue à peu-près suivant la progression géométrique 1, 2, 4, 8, &c.

Au reste, je ne présente point cela sur le pied d'une précision géométrique ; ce n'est qu'un à peu-près ; & heureusement je n'ai ici besoin que de cela.

J'ai maintenant à examiner en quelle proportion se fait l'évaporation de l'humidité au centre & à la circonférence.

§. 3. *Quelle peut être la proportion de l'humidité contenue dans les différentes couches ligneuses.*

NOUS avons prouvé dans le Livre premier que le bois des nouveaux bourgeons des arbres, eft au bois du centre & du pied des mêmes arbres, comme les dernieres couches d'aubier font au bois du cœur, pris auffi vers la fouche ; ainfi il eft indifférent de comparer la cime d'un arbre avec le cœur de cet arbre pris vers le pied, ou de comparer ce même point pris au pied avec la circonférence.

Cela pofé, pour connoître à peu-près quelle quantité d'humidité il y a de plus dans le bois nouvellement formé, tel qu'eft celui de la cime ou celui de la circonférence des arbres, que dans le bois plus ancien, tel qu'eft celui du centre & du pied, j'ai choifi un jeune Chêneau bien droit, de 8 à 10 ans; j'ai fait enlever avec une varlope le bois de la circonférence, & j'ai fait ménager dans le centre un barreau (*Pl. XVI. fig. 2*), de 4 pieds de longueur, & feulement d'un quart de pouce en quarré; enfuite je l'ai fait fcier en huit parties de demi-pied de longueur, je les ai numérotées, à commencer par le bout de la cime 1, 2, 3, 4, 5, 6, 7, 8.

Ces morceaux avoient toute leur feve : le numéro 8 pefoit 274 grains ; & le numéro un, 256.

Ainfi le numéro 8 avoit, quoique femblable en dimenfions, 18 grains de feve ou de fibres ligneufes de plus que le n° 1, ce qui fait $14 + \frac{2}{3}$.

Je les ai mis dans une étuve ; & quand ils ont été bien fecs, j'ai trouvé que le numéro 8 ne pefoit plus que 200 grains ; donc il avoit perdu 74 grains d'humidité.

Le numéro 1 ne pefoit plus que 164, par conféquent il étoit diminué de 92 ; donc le numéro 8 étoit plus denfe que le numéro 1 de 36 grains ; c'eft-à-dire, de $4 + \frac{1}{2}$; donc le numéro 1 contenoit 18 grains d'humidité de plus que le numéro 8 ; c'eft-à-dire, $14 + \frac{2}{3}$.

Cette différence & d'humidité & de denfité eft confidérable, fur-tout fi l'on fait attention que le barreau de quatre pieds de longueur fur $\frac{1}{4}$ de pouce en quarré, ne répond gueres qu'à un arbre d'un pouce & demi de diametre.

Comme à la feule infpection, le numéro 1 paroiffoit avoir plus diminué de volume que le numéro 8, mais qu'il ne paroiffoit pas que ce fût proportionnellement ni à la denfité, ni à la quantité d'humidité, il étoit donc néceffaire d'employer d'autres moyens pour parvenir à connoître en quelle proportion les couches ligneufes fe contractent.

§. 4. *En quelles proportions les couches ligneufes fe contractent-elles ?*

POUR connoître en général que le bois nouvellement formé & qui n'a pas acquis toute fa denfité, fe contracte plus que celui qui eft mieux formé, il faut fendre en quatre le tronc d'un jeune arbre : alors on verra que les brins s'écarteront en forme de lardoire, de forte que l'écorce fera à la partie intérieure de la courbe, ce qui eft occafionné par la contraction du bois extérieur, qui eft plus grande que celle du bois du cœur : nous rendrons cela plus fenfible dans la fuite, en expliquant les figures de la Planche **XXI**.

Il femble que, pour s'affurer de ce fait, il n'y auroit qu'à mefurer bien exactement un petit cube de bois verd, tel que celui de la figure 1, Pl. **XVI**, n° 5, pris à la circonférence de l'arbre *a b b*, & encore l'autre cube de pareille dimenfion n° 1, pris au centre du même arbre, les laiffer fe fécher l'un & l'autre, & enfuite les mefurer de nouveau.

J'ai employé ce moyen ; mais pour qu'il réuffiffe, il faut prendre bien des précautions.

1°, Il faut que l'arbre dont ces cubes font pris, foit gros, afin que la différence puiffe être bien fenfible ; 2°, il faut que cet arbre foit en crûe, pour que le bois du centre ne foit point altéré ; 3°, pour peu que ces cubes fe gercent en fe féchant, il n'y aura plus moyen de mefurer exactement leurs dimenfions ; 4°, il faut qu'au commencement de cette expérience, ces cubes foient exactement réduits entr'eux à de pareilles dimenfions , & rien n'eft fi difficile que de parvenir à cette précifion quand on fe fert de bois verd comme dans cette occafion ; enfin une gélivure, une roulure, une cicatrice, un nœud, &c ; tout cela dérange abfolument l'expérience.

J'ai néanmoins effayé d'exécuter avec foin ces expériences ; elles m'ont à la vérité perfuadé que le bois de la circonférence fe retire plus en fe féchant, que le bois du centre ; mais c'étoit d'une façon fi peu fenfible, que je n'oferois prefque affurer cette vérité, fi elle ne fe trouvoit pas confirmée par quantité d'obfervations qui fe trouveront répandues dans tout ce Chapitre, & dont je vais préfenter quelques-unes.

Peu fatisfait des expériences dont il eft ici queftion, je pris fix rondins de Chêne de 12 ou 14 pouces de diametre, qui avoient été écorcés tout verds, & qu'on avoit tenus dans un lieu fec, pour qu'ils fe defféchaffent plus promptement.

Je mefurai les diametres de ces fix rondins, & j'en conclus une groffeur moyenne : je mefurai de même toutes les fentes de ces fix rondins, dont je conclus auffi une ouverture moyenne prife à la circonférence ; cette fente moyenne faifoit à peu-près un douzieme de la circonférence moyenne, parce qu'elle fe terminoit à rien vers le centre des rondins.

D'où je conclus que la contraction des couches ligneufes eft en même raifon que l'humidité qu'elles contiennent, & en raifon renverfée de leur denfité, fans cependant être proportionnelle ni à l'humidité ni à la denfité : c'eft-à-dire que, là où il y a plus d'humidité & moins de denfité, il y a plus de contraction. Mais de ce que dans un endroit il y auroit, par exemple, un tiers plus d'humidité, ou un tiers moins de denfité que dans un autre, il ne s'enfuit pas pour cela qu'il y auroit un tiers plus de contraction. En effet, fi dans un morceau de bois fec, la contraction augmentoit en raifon renverfée, & proportionnellement à la denfité, un pouce - cube du bois pris vers la circonférence, devroit autant pefer qu'un pouce-cube du bois du centre, ce qui n'eft pas. Ainfi, tout ce que l'obfervation apprend, c'eft qu'à la circonférence d'un rondin

où

où est la plus grande contraction, le bois se retire à peu-près d'un douzieme.

Quand on voit les fentes s'anéantir entiérement au centre, on en conclut qu'il n'y a point de contraction à cet endroit; jusques-là tout est d'accord avec le cylindre de glaise que nous avons pris pour comparaison, à cela près que, suivant notre hypothese, la fente du cylindre de glaise n'avoit dans sa plus grande ouverture qu'un vingt-quatrieme de la circonférence; au lieu que, suivant notre observation, elle seroit dans un cylindre de bois d'un douzieme de la circonférence.

Mais les couches intermédiaires suivent-elles dans leur contraction le même ordre que nous y avons supposé? C'est ce que je ne suis pas encore en état de prouver exactement par des expériences: peut-être y parviendrai-je dans la suite; en attendant, je ferai ensorte de trouver dans la théorie les lumieres que l'expérience me refuse.

Le centre des rondins est le moins susceptible de contraction; cela est prouvé; donc le bois le plus vieux, le plus anciennement formé, est le moins susceptible de contraction.

Le bois de la circonférence est celui qui se contracte le plus; donc c'est le bois le plus jeune qui est le plus capable de contraction. D'après cela, n'est-il pas naturel de penser que la contraction des couches ligneuses est proportionnelle à leur âge, mais en sens contraire; de sorte que la plus jeune couche est la plus contractile; celle qui suit & qui est plus ancienne est moins contractile, & ainsi des autres jusqu'au centre; ce qui feroit une diminution uniforme de contraction, depuis le centre jusqu'à la circonférence; & c'est cette nuance que j'ai essayé d'imiter par les différentes couches de glaise dont j'ai imaginé que devoit être composé mon cylindre.

Je dis donc: les fibres ligneuses deviennent moins capables de contraction, à mesure qu'elles deviennent plus bois; à proportion qu'elles approchent plus du centre, elles deviennent de plus en plus ligneuses, jusqu'à ce que l'arbre commence à s'altérer de vieillesse, & à tomber en retour; ainsi il faut nécessairement que les couches ligneuses soient d'autant moins

P p p

fusceptibles de contraction, qu'elles feront plus anciennement formées.

Enfin, fi l'on examine avec attention beaucoup de gros bois, & fur-tout des rondines, on verra que les fentes approchent affez de la figure que nous avons déterminée.

On fent bien que pour juger de la figure de ces fentes, il faut, 1°, que l'arbre foit gros; 2°, que la fente foit grande; 3°, qu'elle foit unique, comme dans la Pl. XVI, figure 6; car s'il y a (comme cela arrive ordinairement) de petites fentes à la circonférence qui ne s'étendent pas jufqu'au cœur, telles qu'en *c c*, figure 5, la grande fente en fera diminuée d'autant, & feulement vers la circonférence; 4°, que le bois ne foit pas gras; car ces bois font moins fufceptibles de contraction, & font plus uniformes au centre & à la circonférence, que ne le font les bois forts; 5°, il faut qu'il ne fe trouve ni nœuds, ni roulure, ni retour, ni double aubier, ni couronne de bois dur; car tous ces accidents changent la forme des fentes.

§. 5. *Ce qui arrive au bois lorfque les couches extérieures fe deffechent avant les couches intérieures.*

J'AI fuppofé jufqu'à préfent que les couches ligneufes ou les tranches *a b c d* d'un cylindre, (*Pl. XVI. fig. 3*), fe deffé-choient également dans un même efpace de temps; il eft cependant prefque impoffible que cela arrive ainfi; car c'eft le vent, le foleil, l'air chaud & fec qui caufent le defféchement: les tranches extérieures y étant plus expofées, il faut donc qu'elles perdent les premieres de leur humidité, & qu'elles fe contractent, tandis que celles qui feront vers le centre, refteront dans l'état où elles étoient. Examinons ce qui doit en arriver.

La tranche *a* (*Figure 3*), tendra à fe contracter, pendant que la tranche *b* confervera fon premier volume: la tranche *a* fera donc effort pour gliffer fur la tranche *b*.

Si la force d'union ou de cohéfion des fibres ligneufes qui compofent la tranche *a*, eft fupérieure à la force de contraction de cette tranche, il n'arrivera point de fente jufqu'à ce que quelque caufe extérieure rompe cet équilibre.

C'eft-là ce qui fait que, quand on laiffe tomber fortement fur un corps dur une piece de bois qui eft parvenue à un certain degré de defféchement, ou quand on la frappe avec une maffe, on la voit quelquefois s'ouvrir & s'éclater fubitement.

Mais quand les couches fe font defféchées à un certain point, la force de contraction prend ordinairement le deffus fur celle de cohéfion ; & alors il fe forme une fente.

C'eft quand cette fente s'ouvre, que la tranche *a* fait principalement effort pour gliffer fur la tranche *b*.

Dans les bois de bonne qualité, l'union de la tranche *a*, avec la tranche *b*, eft ordinairement fupérieure à la force de cohéfion des fibres qui forment la tranche *b* ; alors la tranche *a* exerçant fa force de contraction fur la tranche *b*, elle la fait ouvrir ; & de proche en proche, la fente parvient quelquefois jufqu'au centre, comme on le peut voir dans la *Figure 6*.

On conçoit bien qu'en pareil cas, les tranches *b, c, d,* &c. (*Figure 3*), ne fe fendent point par leur propre contraction, mais parce qu'elles font entraînées par la tranche *a* qui eft celle qui fe contracte le plus ; & comme cette tranche *a*, eft capable de la plus grande contraction, il doit en réfulter une fente très-ouverte, & qui le fera d'autant plus que le centre reftant chargé de feve, la contraction ne peut s'exercer vers lui, en fuivant la direction du racourciffement des rayons.

Mais dans la fuite, la feve du centre fe diffipera, la contraction s'exercera en ce fens, & les fentes fe refermeront fenfiblement : c'eft une obfervation que j'ai faite plufieurs fois, furtout fur les bois que j'expofois à un prompt defféchement : on voit alors l'ouverture des fentes diminuer fenfiblement, & à mefure que les bois continuent à fe deffécher.

Je demande qu'on faffe attention que les fentes ne fe referment pas entiérement lorfque les billes font tout-à-fait defféchées, ce qui arriveroit fi la contraction étoit la même au centre & à la circonférence ; & cela démontre à merveille que l'inégalité de l'évaporation de la feve dans les différentes cou-

P p p ij

ches ; n'est pas la seule cause des fentes, comme quelques-uns le pensent.

Enfin, dans les bois qui ont quelque froissure ou quelque disposition à la roulure, la force de contraction de la tranche *a*, & la force de cohésion de la tranche *b*, sont supérieures à la force qui unit la tranche *a* avec la tranche *b* ; alors la tranche *a* se séparera de la tranche *b* ; & elle se contractera en glissant sur la tranche *b*, sans que rien s'y oppose.

C'est ainsi que se forment ces fentes en zigzag, qui sont représentées dans la figure 3, & qui endommagent si souvent les bois : les Potiers de terre éprouvent souvent ces accidents, qui font tomber leurs ouvrages par pieces.

Il arrive très-fréquemment, que quand ces fentes qui suivent la direction des couches annuelles, sont près de la superficie, la portion du rondin qui est entre la fente & la circonférence du cylindre, quitte le bois qu'elle recouvroit & sort en dehors, en faisant une assez grande ouverture. Après ce que nous avons dit plus haut, il me suffit d'avertir que c'est encore là un effet de la contraction des couches extérieures, plus grande que de celles qu'elles recouvrent.

Les bois parfaits sont rarement endommagés par ces fentes en zigzag, parce que la force de l'adhérence des couches ligneuses les unes aux autres, est plus considérable que la force de cohésion qui unit les fibres dont ces couches sont formées ; ensorte qu'il faut plus de force pour fendre un morceau de bois dans le plan des cercles, que par celui des lignes qui les coupent en tendant de la circonférence au centre ; c'est-à-dire, dans le sens des mailles *c* ; & l'on aura plus de peine à fendre le morceau de bois (*Pl. XVI. fig. 4*), suivant la ligne *a b*, que suivant la ligne *c d*. Les Fendeurs de lattes ont sans doute bien reconnu cette différence ; car ils commencent par faire des levées de la largeur de leurs lattes de *e* en *f*, qu'ils refendent ensuite de l'épaisseur que ces lattes doivent avoir, suivant la direction *g h* & *i k* ; de cette façon ils réservent le sens le plus favorable à la fente pour le temps où ils en ont le plus de besoin. Il y a encore d'autres raisons qui peuvent les engager

à en agir ainfi ; mais elles ne font pas de mon fujet. Indépendamment de la plus grande facilité qu'il y a à fendre les bois
plutôt dans un fens que dans un autre, on peut encore donner une bonne raifon de la direction conftante que les fentes
prennent de la circonférence au centre, par préférence à la
direction des couches annuelles.

Pour comprendre cette raifon, il n'y a qu'à examiner la
coupe d'un rondin de bois, on y appercevra aifément des
rayons *c*, *l*, (*Figure 4*), qui partent du centre & qui s'étendent
jufqu'à la circonférence : l'union eft apparemment moins intime
dans ces rayons, qu'on nomme *les mailles* ; car c'eft ordinairement dans quelques-uns d'eux que fe forment les fentes. En
effet, par-tout ailleurs, fi dans un arbre qui végete, les fibres
longitudinales fe féparent, elles ne tardent pas à fe réunir, &
par cette réunion, elles forment un réfeau fur la furface des
rondins ; mais ces réfeaux font interrompus vis-à-vis les cloifons, ou plans de fibres dont je viens de parler : celles-ci paroiffent bien plus fines que les longitudinales, & elles ont une
autre direction, allant du centre à la circonférence. Ces endroits font donc moins fortifiées que les autres ; c'eft donc là
où les fentes doivent fe former & delà fe prolonger jufqu'au
centre, à moins qu'un vice particulier ne les détermine à changer de direction & à fe prolonger entre les couches annuelles.

§. 6. *Des arbres étoilés ou quadranés au cœur.*

Il nous refte encore à expliquer une autre forte de fente qui
fait appeller *étoilés* ou *quadranés au cœur*, les bois qui en font
endommagés : ce qui leur fait donner ce nom, eft une fente
où quelquefois plufieurs qui fe croifent, comme dans la figure
5, fous différents angles, & qui ouvrent le cœur des arbres :
les pieces où fe trouvent de pareilles fentes, quand même
elles ne feroient pas fort grandes, font réputées défectueufes,
& avec grande raifon, puifqu'elles font une marque affurée
que les arbres qui les ont fournis, étoient en retour quand on
les a abattus. Pour concevoir comment fe forment ces fentes,

il faut se souvenir que nous avons dit dans le premier Livre de cet ouvrage que, dans les arbres qui étoient en retour, ce n'étoit plus le bois du centre qui étoit le plus pesant, comme cela se trouve dans les arbres qui sont en crûe. Il suit delà que les bois qui dépérissent de vieillesse, perdent de leur densité ; & l'on a vu dans ce Chapitre qu'ils en perdent d'autant plus, qu'ils sont devenus plus vieux. Le *maximum* de la densité n'est donc plus au cœur a ; mais il se trouvera dans un point de l'espace qui est entre le centre & la circonférence, par exemple en b, cette densité va en diminuant de ce point b, au centre a, comme de ce point b à la circonférence c. La contraction doit suivre l'inverse de la densité : ainsi il n'y aura point de fente en b ; mais il y en aura à la circonférence c, c, c ; & au centre a ; celles-ci ne seront pas fort ouvertes ; enfin elles affecteront toutes sortes de figures & de directions : il seroit inutile d'en expliquer la cause après ce qui a été dit, on doit la sentir de reste.

Ce seroit peu d'avoir expliqué comment se forment les fentes dans les bois en rondins, & dans les bois équarris, si nous n'essayïons pas de trouver quelques moyens capables de diminuer leur progrès. Pour y parvenir, considérons ce que pratiquent les Potiers de terre ; ils ont pour le moins autant de besoin que nous, de prémunir leurs ouvrages des plus petites gerces.

§. 7. *Pratique mise en usage par les Potiers de terre, pour empêcher que leurs ouvrages ne se fendent.*

QUAND un Potier de terre a bien détrempé & corroyé son argile, quand il en a formé un vase, ou encore mieux s'il en veut faire un cylindre solide & plein, il n'est pas douteux que sa terre se gerceroit, se fendroit & tomberoit par morceaux, s'il l'exposoit sur le champ à la cuisson, ou simplement dans un lieu chaud, même au soleil ; en un mot, s'il en précipitoit le desséchement. Il y a peu de Potiers de terre qui n'éprouvent de temps en temps cet inconvénient. L'expérience journaliere leur apprend que pour s'en garantir, ils doivent tenir les ouvrages nouvellement faits dans un lieu frais, afin que l'humidité ne se dissipe que peu à peu ; le desséchement se fait ainsi plus uniformément au centre & à la circonférence du cylindre, & il n'arrive aucun désordre dans sa piece ; seulement le volume total de la terre diminue plus ou moins, suivant qu'elle perd plus ou moins d'humidité ; le rapprochement des parties se fait avec lenteur, & l'ouvrage conserve la forme que l'Ouvrier lui a donnée ; au lieu que des secousses dérangeroient & gâteroient entiérement son ouvrage.

Mais, comme je l'ai déja remarqué, l'argile des Potiers est une matiere uniforme ; les tranches qui sont au centre ne sont pas plus denses, elles contiennent autant d'humidité, & sont aussi capables de contraction que celles de la circonférence ; & tout cela ne se rencontre pas dans un rondin de bois.

D'ailleurs, les molécules de l'argile ne sont pas aussi intimement unies entr'elles, que le sont les fibres ligneuses d'une piece de bois ; elles peuvent glisser les unes sur les autres : si un Potier force doucement l'intérieur d'un tuyau qu'il travaille, il l'augmente de grandeur sans le rompre, ce qui seroit arrivé s'il l'avoit forcé brusquement ; mais ce seroit envain que l'on voudroit tenter de la même maniere, d'augmenter le diametre d'un tuyau de Chêne, même en agissant avec tout le ménagement possible.

Malgré ces différences que je ne peux m'empêcher de regarder comme importantes, il m'a cependant paru que cette pratique des Potiers pouvoit avoir son application au bois : si l'on ne peut, en la suivant, prévenir entiérement les gerces, du moins pourroit-on empêcher les grandes fentes de se former. C'est la preuve d'un pareil fait que j'espere établir par les expériences que je vais rapporter.

§. 8. *Premiere Expérience.*

Pendant l'Hiver de l'année 1734, je fis abattre environ 50 Chêneaux qui pouvoient avoir 8 à 9 pouces de diametre ;

je les fis dépouiller de leur écorce, & fcier par tronces.

Ces tronces furent divifées en trois lots, & on fit enforte qu'il y eût dans chaque lot une tronce de chaque arbre ; enfuite on les pefa ; on mit un de ces lots fous un hangar expofé au Levant, & très-ouvert ; un autre lot fut dépofé fous un autre hangar plus frais & expofé au Nord ; enfin on mit le troifieme lot dans un endroit beaucoup plus frais, dans une cave, qui étoit à la vérité percée de plufieurs foupiraux.

L'Automne fuivante, les tronces que j'avois mifes fous le hangar fort chaud étoient très-fendues ; auffi quand je les pefai, les trouvai-je fort légeres ; elles avoient perdu prefque toute leur feve.

Celles que j'avois mifes fous le hangar frais, étoient moins gercées ; & elles avoient moins perdu de leur poids.

Enfin celles qui étoient reftées dans la cave, n'étoient point gercées, & elles avoient peu perdu de leur poids.

§. 9. *Conféquences de l'Expérience précédente.*

ON voit par cette expérience que les bois fe fendent à proportion de l'humidité qu'ils perdent : auffi quand j'ai tenu des bois déja fendus affez de temps dans l'eau, & que par ce moyen je leur ai eu rendu autant d'humidité qu'ils pouvoient en avoir dans le temps où ils étoient encore verds, les gerces fe font-elles refermées entiérement, & fi exactement qu'on ne pouvoit plus les appercevoir : cette propofition va être prouvée d'une autre façon.

§. 10. *Seconde Expérience.*

J'AI fait abattre plus de cent jeunes Chênes, & dix-huit gros Aunes ; je les ai fait fcier par tronces de trois & de fix pieds de longueur ; & après avoir eu l'attention de divifer en trois lots les tronces qui venoient des mêmes arbres, je fis équarrir celles d'un lot, écorcer celles d'un autre, & je confervai celles du troifieme lot avec leur écorce : toutes ces pieces

de

de bois furent mifes fous un hangar où elles refterent pendant deux ans : voici l'état où ces pieces de bois fe font trouvées après ce temps écoulé.

Celles qui avoient été écorcées étoient les plus fendues de toutes, même quand on les réduifoit au quarré; car il eft certain que fi l'on s'en fût tenu à la feule infpection de ces rondins, leurs fentes auroient paru plus ouvertes que celles des rondins équarris, fans qu'elles euffent été pour cela plus grandes.

Les pieces de bois en grume étoient beaucoup moins fendues que celles qui avoient été équarries; celles-ci cependant l'étoient fenfiblement moins que les pieces qui avoient été écorcées.

Il faut remarquer que comme tous ces bois n'étoient pas fort gros, & qu'ils avoient été tenus pendant deux ans fous un hangar fort ouvert, ils devoient être affez fecs.

§. 11. *Conféquences de l'Expérience précédente.*

Ce qui eft arrivé dans cette expérience s'accorde à merveille avec les principes que j'ai établis au commencement de ce Chapitre.

L'évaporation de la feve fe fait brufquement dans les bois écorcés; le rapprochement des fibres s'opere donc par des fecouffes; & voilà une caufe qui doit déja produire de grands éclats.

Cette évaporation fe fait promptement; la contraction doit donc s'opérer dans les couches extérieures avant qu'elles agiffent dans les intérieures; & voilà encore de quoi produire de grandes fentes, de quoi ouvrir les *roulures*, &c.

L'aubier & le jeune bois ayant été confervés dans les rondins écorcés; il y avoit beaucoup de différence entre la denfité du bois du cœur, & celle du bois de la circonférence; il faut donc convenir que tout tend à faire fendre & à faire éclater les rondins écorcés.

La denfité étoit moins inégale dans les bois équarris, puifqu'on avoit entiérement retranché, par l'équarriffage, l'aubier, & beaucoup du jeune bois; cette denfité refte même peu fenfible dans les bois qui, comme ceux de la précédente expérience, font d'un petit équarriffage; l'effet du deffféchement inégal des couches extérieures & des intérieures, diminuant auffi dans les bois qu'on équarrit, fur-tout quand ces bois ne font pas fort gros, les bois équarris fe doivent donc moins fendre que les rondins écorcés.

Mais pourquoi les rondins qui étoient en grume fe font-ils moins éclatés que les bois mêmes équarris? l'inégalité de denfité devoit s'y trouver comme dans les rondins écorcés? Cela eft vrai: mais comme on a vu par les expériences rapportées dans le premier article, que ces bois fe deffechent lentement, & même que l'écorce eft une matiere fpongieufe qui fe charge de l'humidité de l'air, l'évaporation de la feve fe fera donc plus uniformément dans toutes les couches; le rapprochement des fibres ligneufes ne fe fera pas par des fecouffes qui les faffent éclater, mais par une force lente & ménagée qui obligera les fibres à s'écarter les unes des autres; ainfi, au lieu de grandes fentes, il fe formera un nombre de petites gerces qui ne feront aucun tort aux pieces, & c'eft-là tout ce qu'on peut defirer; car dans un rondin de bonne qualité, il faut néceffairement que les couches extérieures prêtent de quelque façon que ce puiffe être.

J'ai fait encore plufieurs expériences qui démontrent l'évidence de ce que je viens d'avancer; je dois les rapporter ici tout de fuite.

§. 12. *Troifieme Expérience.*

J'A I dit dans le premier article de ce Chapitre, que j'avois fait abattre deux gros Chênes, dont l'un avoit été marqué *A*, & l'autre *B* (*Pl. XVII. fig. 1*); que j'avois fait fcier leurs troncs par billes de trois pieds de longueur; que chaque arbre m'en avoit fourni quatre qui avoient été numérotées 1, 2, 3, 4; que la bille numéro 1, de l'arbre *A*, étoit reftée en grume; que celle numéro 2, du même arbre avoit été équarrie; que la bille, numéro 3, étoit reftée en grume, & celle, numéro 4, équarrie. A l'égard de l'arbre *B*, la bille, numéro 1, fut écorcée ; celle numéro 2, équarrie ; la bille, numéro 3, fut écorcée, & celle, numéro 4, équarrie. J'ai dit que tous ces bois avoient été mis fous un même hangar ; & j'ai établi dans quelle proportion s'étoit faite l'évaporation de leur humidité. J'ai auffi donné mes remarques fur la différente qualité de leur bois ; mais je n'ai rien dit des obfervations que j'avois faites fur les fentes de ces différentes billes : voici le lieu d'en rendre compte.

Un plus grand détail me paroît cependant inutile, il fuffira de favoir que les rondins qui avoient été écorcés, étoient tellement fendus jufqu'au cœur, qu'on auroit pu, avec les moindres efforts, en détacher des quartiers.

Quoique les billes équarries fuffent moins fendues que les premieres, cependant elles l'étoient beaucoup plus que celles qui étoient reftées dans leur écorce, & celles - ci l'étoient fi peu, & feulement par les bouts, qu'en les équarriffant, toutes les fentes qui étoient fort petites, ont difparu entiérement ; mais en y regardant de près, on y appercevoit un grand nombre de gerces, à la vérité fort petites, & qui ne pouvoient pas empêcher que ces billes ne puffent être employées à toute forte d'ufage.

§. 13. *Remarque.*

Cette expérience confirme les conféquences que j'ai tirées de mes deux premieres ; je n'ajouterai donc ici qu'une fimple remarque ; c'eft qu'en obfervant attentivement le defféchement des rondins écorcés de ma troifieme expérience, j'ai plus particuliérement reconnu que, quand on fait deffécher trop promptement le bois, il s'ouvre dans les premiers mois de grandes fentes qui fe referment enfuite en partie, & que *les petites gerces difparoiffent entiérement.*

Je fouhaitois fort qu'on pût exécuter de pareilles expériences en Provence, parce que je jugeois que la différence entre les bois écorcés & ceux qui ne le feroient pas, y feroit plus confidérable que dans nos Provinces, non-feulement parce que les arbres qui y croiffent, étant de meilleure qualité que les nôtres, y gercent infiniment plus, mais encore parce que l'air y étant plus chaud & plus fec, fait fendre le bois d'une maniere extraordinaire.

M. de Héricourt, Intendant des Galeres, fe prêta volontiers à mes vues; en conféquence, tout fut difpofé pour l'expérience pendant un féjour que je faifois à Marfeille; & après mon départ, M. Garavaque, Ingénieur de la Marine, ayant bien voulu fe charger de fuivre celles que j'avois commencées, il s'en acquitta de la maniere la plus fatisfaifante pour moi : je vais rapporter ces expériences en détail.

§. 14. *Quatrieme Expérience.*

LE 18 Mai 1736, on abattit dans le terroir de Marfeille quatre gros Chênes; on les fit voiturer fur le champ dans l'Arfenal; on les coupa par billes, & on en tira toutes les pieces qui pouvoient être propres pour la conftruction des Galeres; on en équarrit une partie; on en écorça une autre, & on laiffa le refte en grume : toutes ces pieces furent dépofées fous un même hangar.

Voici les obfervations qui ont été faites fur ces pieces de bois, vers le mois de Juin 1738, lorfqu'on les a examinées pour la derniere fois.

Les billons qu'on avoit confervés avec leur écorce, ne paroiffoient point, ou prefque point fendus fur leur longueur; mais on voyoit des fentes affez confidérables fur les bouts ou fur l'aire de la coupe. Ces gerces avoient commencé à fe former dans la partie moyenne qui eft entre le cœur & la fuperficie; & elles avoient fait des progrès vers l'une & vers l'autre, fans pour l'ordinaire y être parvenues tout-à-fait; quelques fentes cependant s'étendoient dans quelques *pieces* jufqu'au cœur, & même le traverfoient (*Pl. XVII. fig.* 2), mais prefque jamais elles n'atteignoient l'écorce; enforte que fi l'on eût dépouillé ces billons de leur écorce, on n'auroit apperçu aucune fente confidérable à la fuperficie, puifque de toutes celles qui paroiffoient fur la coupe, aucune n'atteignoit la circonférence.

Pour s'assurer si ces fentes qu'on voyoit par les bouts pénétroient bien avant dans les billons, & s'il ne s'en formoit pas d'autres dans l'intérieur, on fit couper à l'un des bouts de quelques billons, une tranche de deux pouces d'épaisseur, & l'on trouva que les fentes diminuoient considérablement dans l'intérieur; on en enleva ensuite une seconde tranche de la même épaisseur, pour pouvoir pénétrer davantage dans l'intérieur du billon, & les fentes disparurent presque entiérement, sans qu'on en découvrît de nouvelles. On fit aussi refendre à la scie quelques-uns de ces billons, & on n'y découvrit aucune fente; mais quoiqu'il y eût deux ans & demi que les arbres avoient été abattus, ce bois étoit encore chargé de seve.

Ces observations ont été répétées plusieurs fois sur d'autres arbres, sans qu'on ait pu remarquer aucune différence considérable.

Les billons du même temps, & qui avoient été équarris, étoient dans un état bien différent, quoiqu'ils eussent resté sous le même hangar où l'on avoit mis ceux en grume. Ils étoient traversés de beaucoup de fentes, larges vers la superficie, & qui se perdoient au centre où peu d'entr'elles y touchoient, quoique leur direction fût toujours vers cet endroit: voyez *Pl. XVII. figure 4*, & encore pour les arbres écorcés, la *figure 3*.

Enfin ces billons équarris étoient bien plus secs, que ceux qui avoient été conservés en grume, quoique les uns & les autres eussent été abattus dans le même temps, & conservés dans le même lieu.

§. 15. *Conséquences de la précédente Expérience.*

Cette expérience, quoiqu'exécutée dans une Province éloignée, & suivie par une autre personne que moi, s'accorde à merveille avec les précédentes.

L'écorce forme non-seulement un obstacle à l'évaporation de la seve; mais outre cela elle est une sorte d'éponge qui se charge de l'humidité de l'air, comme nous l'avons démontré dans le précédent article: je pense que c'en est assez pour empêcher que les bois ne ſe fendent, & pour que la plûpart des fentes des bouts ne puiſſent atteindre la ſuperficie des billons qui ſont recouverts d'écorce.

Comme la ſeve a une libre iſſue par les bouts, il doit s'y former des fentes, mais qui ne pénétreront point avant dans le bois.

Le contraire de tout cela doit arriver dans les arbres équarris : c'eſt encore ce qu'on voit dans l'expoſé de cette expérience.

Ce ſeroit cependant chercher à ſe faire illuſion que de ſe perſuader, qu'en ralentiſſant l'évaporation de la ſeve, il y auroit beaucoup à gagner du côté des fentes, ſi réellement on ne faiſoit que les retarder ; car s'il eſt vrai que le bois ne ſe fend qu'à proportion de l'humidité qu'il perd, on accordera volontiers qu'au bout d'un certain temps, celui qui eſt en grume ſe trouvera moins fendu que le bois écorcé ou équarri, puiſqu'il eſt ſuffiſamment prouvé que l'écorce fait un obſtacle à l'évaporation de la ſeve. Mais auſſi on conviendra qu'il faut à la fin que cette ſeve s'échappe ; & ſi après un an d'abattage, lorſqu'on viendra à équarrir du bois qui ſera reſté pendant ce temps dans ſon écorce, il vient à ſe fendre comme ſi on l'avoit équarri tout verd, il eſt clair qu'on n'auroit rien gagné à le laiſſer en grume pendant ce même temps. C'eſt donc ici le lieu d'examiner ſi la lenteur du deſſéchement qui réuſſit ſi bien aux Potiers de terre, peut avoir ſon application à l'égard du bois.

§. 16. *Continuation des précédentes Expériences.*

C'eſt dans cette vue que j'ai écrit à **M.** Garavaque pour le prier de faire équarrir, neuf mois après leur abattage, quelques-uns des billons qu'il avoit conſervés en grume ; ce qu'il voulut bien exécuter. De mon côté, j'ai fait équarrir, un an après qu'ils avoient été abattus, les bois en grume de ma ſeconde expérience & encore ceux de la troiſieme : tous ſont reſtés plus d'un an en cet état. Il s'eſt formé ſur ceux de **M.** Garavaque & ſur les miens, beaucoup de gerces & quelques fentes, mais qui n'étoient ni fi ouvertes ni fi profondes que celles des billons qui avoient été écorcés ou équarris fur le champ : cette multitude de petites fentes n'a point empêché qu'on n'ait pu faire ufage de ces pieces.

§. 17. *Conféquences de ces Expériences.*

Ces expériences prouvent que les pieces de bois, ainfi que les ouvrages des Potiers de terre, fe fendent moins, quand on peut ralentir leur defféchement, que quand on veut le précipiter ; mais avec cette différence, qu'en y apportant beaucoup de précautions, on peut empêcher les ouvrages de terre de fe fendre en aucune façon ; au lieu que les bois fe gercent, quelque précaution qu'on y apporte, & c'eft à l'inégale denfité du bois que j'attribue cette différence.

Cependant, puifqu'il eft démontré qu'on peut, en fufpendant l'évaporation de la feve, diminuer beaucoup les fentes, & faire qu'au lieu d'une grande fente, il s'en forme plufieurs petites & moins préjudiciables, c'eft déja un moyen de préferver les bois du dommage qu'elles leur caufent : ce moyen eft praticable en certains cas. Nous allons propofer d'autres expédients ; mais avant de finir cette matiere, il eft à propos de faire quelques obfervations relatives au bois qu'on conferve en grume.

§. 18. *Premiere Remarque.*

Nous avons dit dans le premier article de ce Chapitre, que les bois dont on fufpendoit le defféchement, foit en les tenant dans des lieux frais, foit en les laiffant recouverts de leur écorce, étoient plus tendres que ceux qu'on expofoit à un prompt defféchement ; on fait d'ailleurs que les bois tendres fe gercent moins que les bois forts : il pourroit donc arriver que cet affoibliffement des fibres ligneufes contribuât à diminuer le progrès des fentes ; mais je ne vois pas comment on pourroit, par des expériences, parvenir à faire une diftinction précife de ce que produit dans ce cas l'affoibliffement des fibres ligneuses, ou le simple rapprochement tonique dont nous avons parlé.

§. 19. *Seconde Remarque.*

Pour espérer quelques avantages de l'écorce, il ne suffit pas de conserver les bois en grume l'espace de deux ou trois mois. En preuve de ce que j'avance, je rappellerai ce qu'on a vu dans mes expériences précédentes, qu'un rondin couvert de son écorce, qui devoit perdre, pour être réputé sec, un tiers de son poids, n'en a perdu, pendant les mois de Février, Mars & Avril, qu'un quinzieme.

Cependant le soleil commence à avoir bien de la force en Mars & en Avril. Il n'est pas douteux que ces rondins auroient beaucoup moins diminué de poids, si on les eût abattus en Décembre, & pesés à la fin de Février. Mais je prends le cas le plus favorable à l'évaporation de la seve ; & l'on voit qu'au commencement de Mai le rondin dont il est question ci-dessus, n'ayant diminué que d'un quinzieme, étoit peu différent, quant au poids, de ce qu'il étoit dans le temps précis de la coupe : ainsi, si je l'avois fait équarrir au commencement de Mai, temps où le soleil a beaucoup de force, & dans lequel la seve s'évapore très-promptement, il est clair qu'il se feroit considérablement fendu, & presque autant que si on l'avoit abattu dans cette même saison, & équarri sur le champ.

J'ai encore pesé ce même rondin à la fin de Décembre, c'est-à-dire, dix mois après avoir été abattu, il n'étoit encore gueres plus diminué de poids que d'un seizieme, au lieu d'un tiers qu'il devoit perdre, & qu'il a effectivement perdu par la suite.

Cette expérience prouve qu'il faut au moins conserver les bois jusqu'à la fin de l'Eté dans leur écorce, si l'on veut empêcher par ce moyen qu'ils ne se fendent par grands éclats ; alors on pourra hardiment les équarrir, parce que les chaleurs étant passées, il n'y aura point à craindre que le reste de la seve ne se dissipe trop brusquement ; seulement une partie s'évaporera lentement pendant la saison de l'Hiver, & les bois en seront plus en état de supporter les chaleurs du Printemps & de l'Eté de l'année suivante.

Je

Je vais plus loin, & je dis qu'il vaudroit mieux les équarrir auffi-tôt qu'ils ont été abattus, pendant l'Hiver, que de
remettre ce travail au Printemps fuivant, parce que, comme
la feve s'échappe plus promptement d'un morceau de bois
équarri, que de celui qui refte en grume, il s'en diffipera davantage pendant l'Hiver, faifon où l'on doit moins redouter une
trop prompte évaporation, parce que, nonobftant l'équarriffage, elle s'opérera toujours lentement.

Cette évaporation lente n'eft pas à négliger : elle a monté
dans un gros morceau de bois quarré que j'avois pris du même
arbre qui m'a fourni le rondin dont je viens de parler, à près
d'un quart dans les mois de Février, Mars & Avril; & il fe
trouvoit fort fec à la fin de Décembre, ayant alors perdu plus
d'un tiers de fon poids; par conféquent une bonne partie de la
feve s'eft échappée doucement dans l'efpace de trois mois; au
lieu qu'elle fe feroit échappée brufquement, fi l'on eût remis
à équarrir cette piece de bois au Printemps fuivant.

§. 20. *Troifieme Remarque.*

J'ai prouvé dans le détail de mes expériences, que les bois
qui reftent en grume font moins fujets à fe fendre & à s'éclater, que ceux qu'on équarrit prefque auffi-tôt qu'ils ont été
abattus; & j'ai penfé qu'on étoit redevable de cet avantage au
ralentiffement de l'évaporation de la feve occafionné par les
écorces. Malgré les preuves expérimentales que j'ai rapportées pour appuyer mon fentiment, quelques perfonnes exercées dans l'exploitation des forêts, en convenant avec moi du
fait, en donnent une autre raifon. Ils regardent l'écorce des
arbres comme une gaîne capable de réfiftance, & qui s'oppofe
à l'effort que font les fibres pour fe féparer.

Mais pour faire fentir que la réfiftance des écorces ne peut
produire un grand effet, je demande qu'on examine l'écorce
du Chêne; il eft vrai qu'on découvrira, fur-tout fur les jeunes
branches, un épiderme dont les fibres ont plutôt une direction
circulaire que verticale par rapport à la longueur du tronc;

R r r

mais cet épiderme eſt ſi mince & ſi fragile qu'on le peut hardiment compter pour rien ; le ſurplus de l'écorce eſt une eſpece
de laſſis, ou un aſſemblage de fibres ligneuſes qui ont une direction longitudinale, mais qui ſont mal unies latéralement les
unes avec les autres, & qui forment un réſeau dont les mailles
ſont remplies par des véſicules, ou un parenchiſme, ou des
vaiſſeaux extrêmement capillaires, auſſi incapables les uns que
les autres d'une grande réſiſtance ; c'eſt en conſéquence de
cette organiſation que l'écorce peut réſiſter avec force quand
on tire ſes fibres ſuivant leur longueur, & qu'elle cede aiſément quand on ne tend qu'à les ſéparer en tirant l'écorce dans
ſa largeur.

Que l'on compare à préſent cette foible réſiſtance (que tout
le monde peut éprouver) à la force conſidérable des fibres
ligneuſes qui tendent à ſe déſunir, force capable de rompre
les aſſemblages de menuiſerie les mieux conditionnés, & de
produire beaucoup d'autres effets dont je parlerai par la ſuite.

Je crois donc que la force des écorces, dans le cas dont il
s'agit, n'égale pas à beaucoup près celle d'une couche ligneuſe.

On m'objectera que la grande réſiſtance de l'écorce ſe voit
ſenſiblement dans un arbre qui végete, & que ſi l'on fend avec
la pointe d'une ſerpette l'écorce d'un arbre vigoureux ſuivant
la direction de ſon tronc, on voit en peu de temps la plaie
s'ouvrir & l'arbre groſſir ; ce qui prouve que l'écorce oppoſoit
une grande réſiſtance à l'effort des fibres ligneuſes qui ten-
doient à s'étendre ſuivant la groſſeur du tronc.

Ce raiſonnement paroîtra concluant à qui n'aura pas examiné la choſe de plus près : mais ſi l'on y veut prêter attention,
on s'appercevra bientôt que l'écartement de l'écorce ne vient
pas de ce que le bois ſe trouvoit gêné par l'écorce, mais de
ce que l'écorce l'étoit elle-même par le bois ſur lequel elle
étoit étendue ; ainſi, pour entendre préciſément ce qui en eſt,
il faut ſe repréſenter un morceau de parchemin mouillé, très-
mince & très-aiſé à déchirer, qui ſeroit tendu ſur un morceau
de bois ; ce parchemin ne ſeroit pas capable d'empêcher le
bois de ſe fendre, puiſque je le ſuppoſe mince, aiſé à ſe rompre

& expansible ; mais si l'on fait une incision à ce parchemin, il est clair que les levres coupées se retireront en vertu de la tension & de l'élasticité du parchemin. Il en est de même de l'écorce que l'on fend sur un arbre ; comme elle est sur le bois dans un état de tension, elle se retire, ce qui doit déja faciliter l'augmentation de grosseur de l'arbre ; outre cela, il s'échappe, des fibres coupées ou rompues, un suc qui s'endurcit, & qui fait une augmentation de volume dans le lieu de la cicatrice, capable quelquefois de produire de bons effets, comme de redresser de jeunes arbres un peu courbés, ou de leur donner de la grosseur dans les endroits où, par quelque accident, ils n'avoient pas pris assez de corps. Mais comme tout ceci n'est pas de mon sujet, il me suffit d'avoir prouvé que la résistance des écorces n'est pas capable de produire un grand effet dans le cas dont il s'agit ici ; & je reviens à mon objet.

On a vu que, quand la superficie des rondins se desseche trop promptement en comparaison du centre, les bois se fendent considérablement, & qu'on peut prévenir cet accident en retardant l'évaporation de la seve.

Je crois aussi avoir démontré qu'il se formoit nécessairement des gerces sur un rondin qui se desseche, par la raison que les couches du centre ne se contractent pas proportionnellement à celles de la circonférence : on peut bien, en suspendant l'évaporation de la seve, empêcher qu'il ne se forme de grands éclats ; mais quelque chose que l'on fasse, il est nécessaire qu'il se forme beaucoup de petites fentes sur la superficie d'un rondin qui se desseche. J'ai jugé que la même chose n'arriveroit pas, si l'on débridoit, pour ainsi dire, les cercles ligneux, pour leur faciliter la liberté de se contracter ; ce qui m'a confirmé dans cette opinion, c'est que j'ai remarqué que quand il se formoit une grande fente à la circonférence d'un cylindre, il ne s'en trouvoit presque pas dans le reste du corps de la piece : cette réflexion m'a engagé à faire l'expérience suivante.

§. 21. *Cinquieme Expérience.*

Dans les premiers jours de Janvier, je fis débiter trois

tronces d'orme & trois tronces dans des Chênes qui avoient été abattus à la mi-Décembre : j'en fis écorcer deux de chaque efpece de bois, & j'en confervai une auffi de chaque efpece en grume ; je fis traverfer celles-ci dans leur longueur par un trait de paffe-par-tout *a b* qui alloit jufqu'au cœur. (Voyez *Pl. XVI. fig. 6.*) : j'en fis autant à une rondine d'Orme, & à une de Chêne écorcées.

J'ai dit ci-devant que les fentes fe forment dans l'endroit de la circonférence où les couches ligneufes font les moins fortes ; moyennant le trait de fcie *a b*, tous les cercles ligneux fe trouvant coupés, le lieu de la fente eft déterminé ; & tout ce qui doit arriver, c'eft qu'à mefure que les couches fe retireront, le trait *a b* s'élargira, & formera l'ouverture *e b d* : voici ce qui eft arrivé. Les rondins fimplement écorcés, fe font beaucoup fendus en différents endroits de la circonférence, comme le repréfente la figure *3* (*Pl. XVII*). Les rondins écorcés & qu'on avoit traverfés d'un trait de fcie jufqu'à l'axe, fe font fendus auffi en plufieurs endroits de la circonférence, mais beaucoup moins que les autres, le trait de fcie s'étant élargi & tenant lieu d'une grande fente : ceux qui font reftés avec leurs écorces, fe font peu fendus dans toute la circonférence ; il n'y a prefque eu que le trait qui s'eft ouvert.

§. 22. *Conféquences de l'Expérience précédente.*

On voit par cette expérience que je ne me fuis pas fort éloigné de la vérité, quand j'ai établi, fur une fimple fuppofition, la grandeur & la forme que doit avoir une fente qui confomme toute la contraction des couches ligneufes.

Outre cela, il me femble qu'il y a des cas où l'on pourroit traverfer ainfi, par un trait de fcie, des cylindres & des rouleaux fans porter aucun préjudice aux pieces ; & alors ce feroit encore un moyen de diminuer les fentes, qui, répandues dans la totalité de ces pieces, leur deviendroient préjudiciables. Si, par exemple, on fe propofoit de faire un treuil, (*Pl. XVI. fig. 7*), comme on a coutume de faire dans toute la longueur

du cylindre *A B*, une rainure *C D*, pour placer l'axe dans le
centre, il eſt évident qu'on devroit, pour éviter les fentes,
faire cette tranchée lorſque le cylindre eſt tout nouvellement
abattu, encore verd & plein de ſeve ; au lieu qu'ordinairement
on ne fait cette rainure que quand le bois eſt devenu ſec, &
qu'alors il s'eſt beaucoup fendu. Mais ſi un trait de ſcie qui ne
s'étend pas au-delà de l'axe de la piece, a déja diminué ſenſiblement les fentes, n'y a-t-il pas tout lieu de juger qu'on pourra diminuer ces fentes à proportion qu'on facilitera la contraction des couches ligneuſes ? Cela ſera aiſé à pratiquer toutes
les fois que la deſtination des pieces permettra de les refendre
en deux ou en quatre. Comme j'ai tenté ce moyen, on va voir
quel a été le ſuccès de mon expérience.

§. 23. *Sixieme Expérience.*

J'ai fait refendre à la ſcie pluſieurs rondins de Chêne &
quelques pieces de bois quarré ; les uns par un ſeul trait de
ſcie qui paſſoit par l'axe de la piece, & qui la partageoit en
deux, (*Pl. XVII. fig. 5*) ; d'autres, par deux traits de ſcie qui
ſe croiſoient au centre & qui la ſéparoient en quatre (*fig. 6*) : je
les ai laiſſés ſe deſſécher parfaitement pendant pluſieurs années,
& au bout de ce temps, voici en quel état je les ai trouvés.

Les faces ſciées, qui d'abord étoient néceſſairement plates,
comme *a b*, (*fig. 5*) *c d e f*, (*fig. 6*), étoient devenues
courbes ; & quand on les appliquoit les unes ſur les autres,
elles laiſſoient entr'elles les eſpaces *g h i*, *k l m* (*fig. 7*), &
les eſpaces *n, o, p; q, r, ſ; t, u, x; y, z, &* (*fig. 8*) : ces eſpaces devant être conſidérés comme autant de fentes, il n'eſt
pas ſurprenant que les moitiés de ces rondins 1, 2, (*fig. 7*), ſe
ſoient trouvés peu fendues, & que les quartiers 3, 4, 5, 6,
(*fig. 8*), aient été preſque exempts de toute fente.

§. 24. *Conséquences de l'Expérience précédente.*

1°, On voit par l'expérience précédente, que les ouvertures

g h i, *k l m*, (*fig.* 7), & *t u x*; *o p n*, &c. (*fig. 8*), qui tiennent lieu de fentes, font formées par des courbes qui approchent beaucoup de celles que j'ai déterminées au commencement de ce Chapitre.

2°, Il eſt évident que plus on débride, pour ainſi dire, les couches ligneuſes, plus on leur donne de liberté pour ſe contracter, moins on a à craindre qu'il ne ſe faſſe des fentes.

3°, Il n'y a donc plus à balancer : il faut refendre en deux ou en quatre toutes les pieces qui font deſtinées à l'être, auſſitôt que les arbres ont été abattus ; & ne pas, comme on le fait, conſerver en billes & en plançons, les pieces qui doivent être refendues pour faire des madriers, des plates-formes, des précintes ou les membres des Galeres, des chevrons, des membrures, des planches, &c.

Il ne ſera pas, je crois, inutile de rapporter encore ici pluſieurs obſervations particulieres que j'ai eu occaſion de faire, en exécutant l'expérience que je viens de rapporter.

§. 25. *Premiere Obſervation.*

UN rondin fendu en deux *a b*, (*Pl. XVII. fig. 5*), eſt moins endommagé par les fentes, que s'il étoit reſté dans ſon entier. Mais on concevra aiſément, en jettant les yeux ſur la Figure 1 de la Planche XVIII, qu'une piece de bois équarrie ſe fendra encore moins qu'un rondin, parce que les portions *a b c*, *c d e*, *e f g*, *g h a*, qui font de jeune bois capable de la plus grande contraction, font retranchées, & que ce retranchement fera auſſi que les ouvertures *i l m*, & *n o p*, feront moins grandes que dans le cas repréſenté par la Figure 7 de la Planche XVII.

§. 26. *Seconde Obſervation.*

SI au lieu de refendre une rondine par le centre, comme *a b*, (*Planche XVII. figure 5*), on la refendoit en *a b*, (*Figure 2, Planche XVIII*) ; on ſent bien, pour peu qu'on faſſe attention à la direction de la contraction, qu'il ſe doit ouvrir de grandes fentes en *e d* ; mais il ſera aſſez rare qu'il s'en forme de conſidérables à la circonférence *a f b*, & encore moins à celle *a g b*.

§. 27. *Troisieme Observation.*

QUAND le cœur de l'arbre se trouve renfermé dans une piece de bois quarrée, mais plus d'un côté de la piece que d'un autre, il s'ouvre presque toujours de très-grandes fentes sur les faces de la piece qui sont les plus voisines du cœur; telles que les fentes *a, a, a*, (*Pl. XVIII. fig. 3 & 4*), & ces fentes se terminent à rien au centre de la piece.

§. 28. *Quatrieme Observation.*

AU contraire, si le cœur de l'arbre est hors de la piece, il ne se formera presque jamais de grandes fentes sur les faces qui forment l'angle qui répond au cœur de l'arbre; c'est-à-dire, sur les faces *a b, a c, a d, a e, a f, a g, a h* : Voyez (*Pl. XVIII. Figure 5*).

§. 29. *Cinquieme Observation.*

IL ne se forme presque jamais de fentes sur les faces des pieces, lorsque ces faces se trouvent paralleles aux rayons qui s'étendent du centre à la circonférence. Il n'y en a point, par exemple, de *a* en *h*, de *a* en *g*, (*fig. 5*); & un secteur, tel que *a g b*, (*fig. 2*), ne se fend que par des accidents particuliers.

§. 30. *Sixieme Observation.*

LORSQUE le cœur de l'arbre est hors de la piece, & qu'il répond à son milieu, il se forme ordinairement quelques fentes en cet endroit, comme on le voit à la piece de la figure 4. Ceci se voit très-sensiblement dans les figures 1 & 2. de la Planche XIX. Voyez l'expérience du §. 35.

§. 31. *Septieme Observation.*

SI l'on creuse un rondin de bois, comme pour en faire un tuyau, ordinairement il ne se fend pas, à moins qu'on ne l'expose à un desséchement très-prompt; il diminue seulement de diametre, & il se forme quelques petites gerces à la superficie, telles què *a a a*, (Pl. XVIII. *fig.* 6); & fi on le féparoit en deux comme en *d*, (*fig.* 7), il fendroit encore moins.

§. 32. *Huitieme Obſervation.*

CE que je viens de dire fur les fentes, eſt communément vrai, mais n'eſt pas toujours conſtamment de même; car il arrive beaucoup d'accidents qui dérangent abſolument l'ordre commun : le double aubier, les nœuds, les couronnes de bois fort, les gélivures, la roulure, la quadranure, &c, dérangent l'ordre naturel. Outre cela, fi un des côtés d'une piece de bois reſte conſtamment tourné vers le foleil, elle fe fendra beaucoup pour cette feule raifon ; & au contraire, les faces qui font tournées vers la terre, ne fe fendent prefque pas ; c'eſt pourquoi il y a des cas où il eſt avantageux d'enchanteler les pieces de bois, en mettant plutôt un des côtés de la piece vers la terre qu'un autre ; le côté *a b* (*Figure* 7), par exemple, plutôt que le côté *e*.

§. 33. *Neuvieme Obſervation.*

GÉNÉRALEMENT parlant, il eſt certain que les bois refendus ne fe fendent pas tant que les bois qu'on laiſſe dans leur entier, foit qu'ils foient en rondins ou équarris ; & les fentes qui s'ouvrent fur les bois refendus ne leur cauſent pas autant de préjudice, parce qu'elles n'entrent prefque jamais bien avant dans l'intérieur des pieces

§. 34. *Dixieme Obſervation.*

UNE piece de quartelage qui feroit équarrie fur trois faces, & dont la quatrieme reſteroit chargée de fon écorce, ne fe trouvera prefque jamais fendue fur cette face *e*. Voyez la figure 7.

§. 35. *Onzieme Obſervation.*

LES Figures 1 & 2 de la Pl. XIX, repréſentent l'aire de la coupe de deux pieces de bois quarré, bois de Provence, qui avoient été réduites, encore vertes, à huit pouces en quarré, comme on le

le voit par les lettres *A B, C D,* (*Fig. 1*), & *E F, G H,* (*Fig. 2*),
les lignes inscrites *a b c d,* (*Fig. 1*), ainsi que *e f g h,* (*Fig. 2*),
marquent la grosseur des pieces lorsqu'elles ont été bien seches;
il faut observer que ce dessein est très-correct. *M N O,* (*Fig. 1*),
& *N B P,* (*Fig. 2*), marquent la direction des couches annuelles : *i i i i,* &c, marquent la direction des fibres rayonnées qui
ne vont pas toujours en lignes droites, & qui ne se prolongent
pas toujours sans interruption depuis le centre jusqu'à la circonférence; *k,* le cœur de l'arbre; *L L L,* &c, les fentes.

On voit, 1º, que le cœur de l'arbre *k,* (*Fig. 1*), est dans la
piece, & qu'elle se trouve beaucoup plus fendue que la piece,
(*Fig. 2*), où le cœur est dehors; 2º, la plus grande partie des
fentes se trouve du côté *a d,* qui est le plus voisin du cœur ;
3º, on peut remarquer que les courbures *e f,* (*Fig. 1 & 2*),
ressemblent assez à celles que nous avons déterminées au commencement du second article de ce Chapitre.

En voilà, me semble, assez sur les pieces de bois refendues en
deux ou en quartelage ; je vais maintenant examiner ce qui
doit arriver aux pieces débitées en plateaux, en membrures,
en bordages, & en planches de différentes épaisseurs : il y a
lieu de croire que les bois débités de ces différentes façons se
fendront encore moins, puisque les couches ligneuses ont pu
se contracter d'autant plus facilement. Il est à propos d'examiner cela en détail, & de rapporter les expériences que j'ai
faites sur des pieces de bois débitées de toutes ces manieres.

§. 36. *Septieme Expérience.*

La premiere figure de la Planche **XX** représente un arbre
verd qui a été refendu en planches épaisses, ou en bordages,
par les lignes *a,* *b,* *c,* *d,* *e*; on a ensuite conservé ces planches
dans un lieu sec, jusqu'à ce qu'elles eussent entiérement perdu
leur humidité. On les a voulu poser ensuite les unes sur les
autres, comme si l'on avoit dessein d'en reformer un corps
d'arbre en entier; mais ces planches ne pouvoient plus se joindre aussi exactement qu'elles le faisoient en *a,* en *b,* en *c,* en
d, en *e* : elles se touchoient bien par leur milieu ; mais leurs

bords reſtoient écartés, comme on le voit en *mm*, en *nn*, en *oo*, &c; par conſéquent ces planches s'étoient toutes courbées; mais *mn*, moins que *no*; *no* moins que *op*; *op* moins que *pq*. La Planche *D*, (*fig.* 2), ne s'étoit cependant point courbée, & les ouvertures *aa*, *bb*, ont été produites principalement par la contraction des portions *cc*.

Voilà le fait; mais pour mieux concevoir par quelle méchanique il s'opere, il faut jetter les yeux ſur la figure 2, Planche XX.

La membrure *D*, (*fig.* 2), a été levée au cœur de l'arbre; elle eſt formée des couches *Y*, *X*, *V*, *T*, *S*, &c, qui ſont de différents âges, & par conſéquent de différente denſité. Celle du cœur eſt la plus denſe, & *Y*, celle qui l'eſt le moins: toutes ces couches ſe contracteront; ainſi *aa*, & *bb* ſe rapprocheront du centre; la planche perdra de ſa largeur: ce n'eſt pas tout; elle diminuera auſſi d'épaiſſeur, plus en *Y* où le bois eſt moins denſe, qu'en *XVTS*, &c, où le bois devient denſe de plus en plus. Mais la planche ne ſe courbera pas, parce que la contraction ſera la même ſur la face *aa* que ſur la face *bb*.

Il n'en ſera pas de même de la planche *mm*, *aa*, de la figure 1: comme il y a plus de bois jeune à la face *nn*, qu'à la face *mm*, la face *nn* doit plus ſe contracter que la face *mm*: la planche ſe courbera donc, & les faces de cette planche prendront la figure repréſentée par les lignes ombrées ſur cette figure.

Toutes les planches de la figure 1, s'arqueront d'autant plus, qu'il y aura plus de différence entre la denſité du bois des faces *nn* & *oo*, *oo* & *pp*, *pp* & *qq*.

Conſéquences de l'Expérience précédente.

1°, On voit clairement par l'expérience que je viens de rapporter, qu'une planche qui contient le centre d'un arbre, comme eſt la planche *D*, (*Pl. XX. fig.* 2), ne s'arque pas.

2°, Que toutes les autres planches s'arquent d'autant plus, qu'elles ſont plus éloignées de ce centre.

3°, Il eſt évident que les planches ſe doivent arquer d'autant moins qu'elles feront plus minces : ainſi les planches $a\,{}^a$, hh, hh, bb, ſe courberont moins que les planches aa, bb, bb, cc, cc, dd, qui ſont plus épaiſſes.

4°, Ces planches feront toutes très-peu endommagées par les fentes ; celles qui feront fort épaiſſes, auront feulement quelques gerces à la partie moyenne de la face convexe, & quelques fentes à leurs bouts ; mais comme les fentes des bouts ſont cauſées par le racourciſſement des fibres & non par leur rapprochement, j'en parlerai après que j'aurai rendu compte des expériences exécutées à Marſeille par M. Garavaque.

§. 37. *Huitieme Expérience.*

LORSQUE j'étois à Marſeille, on reçut dans le port des billons encore verds de Chêne de Bourgogne pour en faire des lattes * : on a coutume de les conſerver ainſi en billons, & de ne les refendre en lattes que quand on doit les employer. On trouve ordinairement ces billons traverſées par de grandes fentes qui font tomber beaucoup de bois en pure perte. Je fis refendre ſur le champ pluſieurs de ces billons en lattes, & je les mis ſous un même hangar avec d'autres pieces que je conſervai en billons. M. Garavaque les a viſités plus de quatre ans après : il a trouvé que les lattes refendues étoient ſans aucune fente & en très-bon état ; mais les billons de comparaiſon étoient fendus autant que le Chêne de Bourgogne peut l'être ; car, comme je l'ai déja remarqué, il ne s'ouvre jamais autant que les Chênes de Provence.

§. 38. *Conféquences de l'Expérience précédente.*

ON peut conclure de cette expérience, qu'il eſt très-avantageux, pour prévenir les fentes, de refendre tout verds les bois qui ſont deſtinés à être débités ainſi, de ſe hâter de percer les corps de pompe & tous autres tuyaux, de vuider les gouttieres, &c ; il en réſultera une grande économie, du moins

---

* Les lattes, pour le ſervice des Galeres, ſont faites de madriers aſſez épais, & qu'on refend avec la ſcie-de-long dans des pieces de bois quarré qu'on appelle *billons*.

pour les bois de Bourgogne, & proportionnellement pour ceux de Provence.

§. 39. *Neuvieme Expérience.*

LE 27 Mai 1736, M. Garavaque choisit douze billons de Chênes de Provence de diverse grosseur & de différents âges ; ces billons avoient quatre ou cinq mois de coupe.

Le bois de quatre de ces billons étoit d'environ 60 ans, & ces pieces portoient 10 à 12 pouces d'équarrissage.

Le bois de quatre autres billons étoit d'environ 100 ans : les pieces portoient 15 à 16 pouces d'équarrissage.

Le bois des quatre billons restants, étoit beaucoup plus âgé : les pieces avoient 30 à 32 pouces de diametre.

Il fit refendre six de ces billons, savoir, deux de chaque âge, en tranche de 5 à 6 pouces d'épaisseur ; il les fit placer dans un magasin avec d'autres billons qui étoient restés dans leur entier & qui devoient servir de pieces de comparaison.

Le 6 Juillet 1739, plus de trois années après le sciage de ces pieces, il trouva que les plateaux du bois le plus jeune étoient plus fendus que ceux du bois plus âgé ; & parmi les tranches du plus âgé, les unes étoient très-peu fendues, & d'autres ne l'étoient point du tout.

Les billons de comparaison étoient fort ouverts, excepté du côté qui étoit tourné vers la terre.

Les dix-huit plateaux qu'on avoit tirés des six billons étoient donc plus ou moins gercés ; M. Garavaque en trouva cinq sans aucune fente, neuf qui en avoient quelques-unes, mais qui ne pénétroient pas fort avant ; enfin quatre autres étoient traversées de grandes fentes.

§. 40. *Conséquences de cette Expérience.*

VOILA donc quatorze pieces de bois de différents âges qui se sont conservées sans se fendre considérablement ; & dans ce nombre il y en a eu cinq qui s'en sont trouvées totalement exemptes, il n'y en avoit que quatre ou cinq qu'on pût dire endommagées par les fentes ; au lieu que les six billons qu'on avoit confervés en entier comme pieces de comparaifon, fe font trouvés tous très - fendus; cependant ils étoient de bois de Provence, & les plateaux qu'on en a tirés avoient cinq ou fix pouces d'épaiffeur, & la plupart avoient été pris dans des pieces qui n'étoient pas fort groffes : tout cela influe beaucoup pour occafionner des fentes. Pour faire fentir combien cet article eft important, fur-tout pour les ouvrages cintrés, il faut jetter les yeux fur les figures 1, 2 & 3 de la Planche XXII. La premiere repréfente un plateau dont on veut faire trois eftamenaires pour les galeres ; il en feroit de même pour les flafques des affuts de canons, &c.

§. 41. *Dixieme Expérience.*

A peu-près dans le même temps, M. Garavaque fit refendre en bordages de trois pouces d'épaiffeur, un billon de Chêne de la même coupe, & qui étoit encore très-verd : ces bordages fe font confervés fans la moindre fente.

§. 42. *Conféquences de cette Expérience.*

CETTE expérience démontre que j'ai eu raifon d'affurer qu'on pouvoit prévenir d'autant plus les fentes, qu'on refendra les bois en planches plus minces : j'ai pouffé cet examen jufqu'aux plus petites épaiffeurs, dont il eft inutile de rapporter le détail.

Après avoir donné des faits fur le rapprochement des fibres ligneufes, je vais maintenant prouver qu'elles fe raccourciffent, & examiner ce que ce racourciffement doit produire.

ARTICLE **III.** *Où l'on démontre que les fibres fe contractent fuivant leur longueur.*

QUOIQUE les parties des plantes qui portent le fuc nouricier, & qui le diftribuent, foient ordinairement appellées *vaiffeaux*, à caufe qu'elles ont les mêmes fonctions que les vaiffeaux des animaux, néanmoins leur ftructure, & quelques autres ufages qui leur font particuliers, montrent qu'elles ne font le plus ordinairement que de véritables fibres.

Soit que ces fibres foient fiftuleufes, comme elles le paroiffent dans plufieurs plantes aquatiques & dans les arondinacées, foit qu'elles foient fimplement fibreufes comme elles le paroiffent dans plufieurs autres plantes, & comme je les ai obfervées dans l'anatomie de la poire. (V. *la Phyfique des Arbres*); il eft certain que c'eft par le moyen de ces parties que fe doit faire la diftribution du fuc nourricier. Il y a cependant beaucoup d'apparence que les fibres ont encore d'autres ufages: ils font en quelque façon le fquélette des plantes, parce qu'en effet ils les foutiennent & les affermiffent. M. Tournefort s'eft particuliérement attaché à prouver que ces vaiffeaux deviennent fouvent des fibres capables de contraction, quand les parties, où elles fe trouvent placées, ont entiérement pris leur accroiffement, & qu'elles n'ont plus befoin de nourriture. Ainfi, de même que les vaiffeaux ombilicaux du fœtus deviennent des ligaments dans un adulte; les vaiffeaux des plantes qui fouvent ne font que des fibres abreuvées du fuc nourricier, deviendront des efpeces de mufcles: en fe defféchant, ces fibres perdent l'emploi de vaiffeaux, elles en doivent donc perdre auffi le nom; mais fi ces fibres, en fe defféchant, fe contractent, & fi par leur contraction elles produifent quelques mouvements, ce ne peut être qu'en écartant certaines parties, en en refferrant d'autres; & il fera tout naturel alors de les confidérer comme des efpeces de mufcles.

Cependant, quoique dans cette circonftance, l'effet des fibres ligneufes foit le même que celui des fibres mufculaires des animaux, le méchanifme qui le produit eft très - différent. Quand un mufcle animal fe contracte, il fe gonfle; il eft probablement plus rempli de fucs; il gagne en groffeur ce qu'il perd en longueur; au lieu que les mufcles végétaux, ou fi l'on veut, les faifceaux de fibres ligneufes ne produifant leur effet qu'en vertu de leur defféchement, perdent en même temps de leur longueur, de leur groffeur & de leur poids. C'eft un fait que j'ai particuliérement en vue d'établir, & que je vais essayer de démontrer. Pour éviter trop de longueur dans cette discussion, j'exhorte mes Lecteurs à voir ce que j'ai déja écrit sur cet objet dans mon ouvrage intitulé *Physique des Arbres*, dont je vais seulement donner ici le précis.

§. 1. *Sommaire du détail des Observations qui se trouvent dans le Traité de la* Physique des Arbres, *sur la contraction des fibres ligneuses.*

1°, Les capsules qui renferment les semences de l'Ellébore noir, sont composées de plusieurs cornets membraneux : chacun de ces cornets est un muscle creux à deux ventres, auxquels est attaché un tendon commun relevé à vive-arrête; de ce tendon partent des fibres annulaires qui vont aboutir à un autre tendon qui se divise en deux parties, quand les fibres annulaires se contractent.

2°, Les capsules des Aconits sont, à quelque chose près, semblables à celles de l'Ellébore.

3°, Les capsules de la Couronne Impériale s'ouvrent en trois quartiers par la contraction des fibres qui les composent, lorsqu'elles viennent à se dessécher.

4°, Il en est de même des gousses des plantes légumineuses.

5°, Les fruits du Pavot épineux, du Concombre sauvage, de la Belsamine, fournissent des exemples de semblables contractions.

Nous allons maintenant tirer des conséquences de ces exemples pour éclaircir cette matiere.

§. 2. *Conséquences des Observations précédentes.*

CES observations prouvent, 1°, que les fibres, en se desséchant, se contractent suivant leur longueur; 2°, qu'elles se contractent d'autant plus, qu'elles sont plus longues; 3°, qu'elles agissent par leur contraction sur les parties auxquelles elles sont adhérentes, & qu'elles leur font prendre différentes figures, suivant leur différente direction.

On ne peut donc s'empêcher de reconnoître dans les végé-taux, des especes de muscles, & des mouvements qui ré-sultent de la tension des fibres. Mais ces sortes de mouve-ments s'exercent-ils dans les fibres ligneuses d'un tronc d'ar-bre? On ne le pense pas communément: on croit au contraire que ces fibres conservent toute leur longueur lorsqu'elles se dessechent; & cela, parce qu'on n'apperçoit pas aussi sensible-ment qu'un morceau de bois perde de sa longueur, qu'on le voit diminuer de grosseur. Mais de ce que cette contraction est moindre, il ne s'ensuit pas qu'elle n'existe réellement pas: l'expérience suivante va le prouver; elle fera sentir que cette contraction, quelque petite qu'elle paroisse, produit néan-moins dans certains cas des désordres assez considérables dans le bois.

§. 3. *Premiere Expérience.*

J'ai posé verticalement un chevron de Charme de 3 pouces d'équarrissage, (*Pl. XXI. Fig. 3*), & de 18 pieds de longueur nouvellement abattu: un des bouts de cette piece reposoit en en bas sur une pierre de taille solide, & au bout supérieur étoit un index qui étoit traversé à une petite distance par un tou-rillon; & cet index répondoit, par son extrémité, à un limbe éloigné d'environ deux pieds de la cheville qui traversoit l'in-dex, ce qui devoit rendre le racourcissement du chevron bien sensible: en peu de temps le bout du cylindre remonta de 4 à 5 pouces sur le limbe; mais ensuite il n'a plus fait que de pe-tites variations.

§. 4. *Seconde Expérience.*

J'ai pris de grosses perches de différents bois, (*Pl. XXI. fig.* 1.); je les ai fait fendre en quatre, *a b c d*, comme quand on veut en faire des cercles; après avoir mis plusieurs de ces quartiers dans l'eau, j'ai observé qu'ils y conservoient à peu-près leur premiere direction, & qu'ils restoient droits; j'en ai laissé à l'air où ils se font desséchés, mais en se courbant de telle sorte qu'ils formoient un arc de cercle, (*Figure 2*), dont la partie

extérieure

extérieure *E* étoit formée par le cœur, & la partie intérieure *F* par l'écorce.

J'ai fait auſſi refendre en deux une piece de bois quarrée encore toute verte, (*Fig.* 5), & auſſi-tôt j'ai vu les bouts *a, a, a, a,* s'écarter les uns des autres, de ſorte qu'il n'y avoit que les milieux *b* qui ſe touchoient, comme on le voit (*Fig.* 6) : lorſque j'en faiſois refendre en quatre, tous les bouts s'écartoient de la même façon : on a fait la courbure très-forte dans la figure, pour rendre la choſe plus ſenſible.

§. 5. *Conſéquences des Expériences précédentes.*

On voit maintenant (ſur-tout après ce qui a été dit au commencement de cet article) que les pieces dont je viens de parler, ne deviennent courbes que parce que les fibres ſe raccourciſſent à proportion qu'elles perdent de leur humidité, & qu'elles ſe raccourciſſent inégalement ſuivant leur différente denſité : celles qui ſont à la circonférence & qui ſont moins ligneuſes, plus que celles du centre qui le ſont plus.

Nous voilà donc bien certains, que les fibres ligneuſes perdent de leur longueur à meſure qu'elles ſe deſſechent, & qu'elles en perdent d'autant plus, qu'elles ſont plus longues & plus chargées d'humidité ; enfin que leur force de contraction agit ſuivant leur direction. Ces principes poſés, voyons ce qui en doit réſulter à l'égard des bois qui ſe deſſechent.

Article **IV.** *Des inconvénients qui réſultent du raccourciſſement des fibres.*

Entre les rondins que j'ai fait deſſécher ſubitement, il y en a eu qui ſe ſont fendus en deux, en trois ou même en quatre (*Fig.* 7 & 10), & c'eſt ce que les Bûcherons appellent *s'ouvrir en lardoire.* On ſent bien que l'écartement des quartiers vient du raccourciſſement des fibres longitudinales ; & quoique ce raccourciſſement ne ſoit pas ſenſible dans une petite longueur, en comparaiſon du rapprochement de ces mêmes fibres ; cependant comme les fibres ſe prolongent dans toute la longueur des

T t t

pieces, la contraction étant d'autant plus grande, que les fibres font plus longues, elle ne laisse pas d'être assez considérable & de former une grande ouverture.

Les bois rondins ne font pas souvent endommagés par ces fortes d'éclats, non plus que les bois quarrés, la force de cohésion résiste ordinairement à cette contraction; & comme la force de cohésion est répandue dans toute la longueur de la piece, je crois qu'elle résisteroit toujours à la contraction des fibres longitudinales, si cette force de cohésion n'étoit pas beaucoup affoiblie par les fentes que le rapprochement des fibres produisent. Mais s'il arrive par hazard, que deux ou trois grandes fentes s'étendent presque jusqu'au centre d'un rondin, & qu'elles le partagent en plusieurs portions, c'est alors que la contraction des fibres longitudinales s'exerce; elle écarte les quartiers les uns des autres, & cela avec d'autant plus de facilité, qu'elle n'a plus à vaincre la cohésion; d'ailleurs j'ai peu vu les bois gras ou vieux se fendre de cette façon, & presque jamais les bois forts & jeunes, quand je les ai confervés avec leur écorce, ou quand je les ai tenus dans un lieu frais pour empêcher qu'ils ne se desséchassent trop promptement; mais il y a des cas où ces fortes d'éclats font particulièrement à craindre.

Quelquefois au lieu de débiter les arbres en quarré, on leve des croûtes épaisses fur deux faces, & l'on n'ôte que peu de bois fur les deux autres côtés, ce qui rend ces pieces plus larges qu'épaisses, ou méplates, (*Figure 8*); en cet état les croûtes deviendront courbes dans leur longueur, mais la piece du milieu s'éclatera par le bout, (*Fig. 10*). Ceci deviendra plus sensible dans les arbres refendus en planches.

Je suppose que l'arbre (*Fig. 9* ou *IX*), soit refendu en planches par les lignes *a,b,c,d*; je dis que la planche *aa* qui contient le cœur de l'arbre, restera droite & sans s'arquer, parce que la contraction s'exerce également fur toutes les faces; mais elle se fendra en *f*, (*Fig. 10*). Pour en faire sentir la raison, je divise cette planche (*Fig. 8*), en tranches par les lignes ponc-

* Les grandes lettres de la Figure IX indiquent les mêmes choses que les petites lettres de la Figure 9.

tuées 1, 2 , 3 ; la tranche 3 eft compofée du bois le plus jeune :
elle fe contractera donc plus que la tranche 2, & celle-ci plus
que les tranches plus intérieures. Ainfi il faut concevoir deux
forces antagoniftes appliquées en *a*, *a* , (*Fig. 9*), qui tendent à
féparer la planche par le milieu ; & comme la force de cohéfion
a été confidérablement diminuée par le retranchement des planches *b b* , *c c* , *d d* , (*Fig. 9*), cette force ne pourra réfifter à
celle de la contraction , & il s'ouvrira une grande fente en *f*,
(*Fig. 10*). J'ai obfervé à l'égard des fentes qui fe font fur les
plateaux & fur les plançons équarris, que les premieres caufent
moins de dommage, parce qu'elles ne font ni fi larges, ni fi
profondes, ni fi obliques ; les fentes qui fe font fur les billons
étant toujours comme des rayons, elles tranchent les bordages.

Il n'en fera pas de même des planches *b b* , *c c* , *d d* ; celles-
ci feront moins fujettes à fe fendre , mais elles s'arqueront : on
en fentira la raifon en jettant les yeux fur les figures 11 & 12,
qui repréfentent les planches *b b* , & *a a* de la figure 9 ; on y
voit que les côtés *d* , *d* , font formés de bois plus denfe que
les côtés *e*, *e*, & l'on en doit conclure que les côtés *e*, *e*, fe contracteront plus que les côtés *d*, *d* ; ce qui fera néceffairement
arquer ces planches. Et comme cette différence de denfité fera
d'autant plus grande , que les planches feront plus éloignées
du centre, la planche *d d*, s'arquera plus que la planche *b b* ;
auffi fera-t-elle moins fujette à fe fendre par le milieu, parce
qu'il y a moins de différence entre la denfité du bois des côtés
d e , *d e*, & celle du bois du milieu *f* (*Fig. 11*), qu'il n'y en
a entre les côtés 3, 3 , & le milieu 1 de la planche, (*Fig. 8*).

Auffi remarque-t-on conftamment dans les arbres débités
en planches, que celles du cœur , ou qui en approchent, font
plus fendues par les bouts, que celles qui en font éloignées ;
& fi l'on refendoit ces planches en deux, par exemple, la
planche *a a*, (*Fig. 9*) par la ligne 1 , 1 (*Fig. 8*), il eft fûr que les
moitiés ne fe fendroient point ; mais elles s'arqueroient chacune en fens contraire , comme on le voit dans la figure 12.

Une rondine qui étoit reftée plus d'un an en grume, & dans
fon écorce , n'avoit qu'une feule gerce qui fe faifoit voir fur le

bois de bout; on leva dans le milieu de cette piece une planche de deux pouces d'épaisseur, & dans laquelle étoit contenue cette gerce, que l'on voyoit s'ouvrir à mesure que la scie avançoit, parce qu'elle diminuoit la force de cohésion des fibres. Cette gerçure qui d'abord étoit peu considérable, devint en deux jours de temps une fente de deux pieds de longueur, après quoi elle s'arrêta à ce point, & ne fit par la suite aucun progrès : voilà un effet bien marqué de la tension des fibres longitudinales.

Jusqu'à présent, j'ai toujours supposé que les fibres ligneuses étoient dans une position réguliere. Cependant les nœuds, les cicatrices, l'insertion des grosses branches changent cette marche réguliere, & la rendent très-bizarre dans les bois de palisse, dans les baliveaux, &c; car alors les effets de la contraction seront aussi fort irréguliers ; des faisceaux de fibres ligneuses qui iront aboutir à l'angle d'une planche, l'emporteront d'un côté ou d'un autre : on verra, par exemple, une planche se contourner en aile de moulin, parce que dans une partie de sa longueur, les fibres ligneuses se jetteront sur un de ses côtés ; si deux faisceaux de fibres ont des directions opposées, il se formera un éclat, & les portions séparées se voileront en des sens opposés. J'ai souvent pris plaisir à examiner avec attention les bois qu'on appelle *rebours* ; il m'a paru que les contours bizarres de ces pieces étoient toujours une suite, soit du rapprochement des fibres ligneuses, soit de leur contraction.

Article V. *Moyens tentés infructueusement pour empêcher les bois de se fendre.*

Pour essayer de prévenir les fentes qui se forment dans le bois, j'ai fait couvrir de brai des bois verds abattus dans la forêt d'Orléans, & des madriers de bois de Provence qui avoient été refendus encore tout verds, & qui étoient destinés à la construction d'une Galere. J'avois dessein de ralentir par-là l'évaporation de la seve ; mais comme le brai s'applique mal sur le bois humide & encore plein de seve, cet enduit n'a pas paru faire un grand effet ; car les bois de la forêt d'Orléans qui avoient été équarris, se sont fendus ; & si les madriers de Provence se sont peu fendus, c'est qu'ils avoient été refendus pendant qu'ils étoient encore tout verds : d'autres madriers de la même exploitation qui n'avoient point été enduits de brai, ne se sont presque pas fendus ; au lieu que quelques billons qu'on avoit conservés entiers pour servir de comparaison, se trouvoient très-fendus.

Je croyois encore parvenir à empêcher qu'il ne se formât des fentes aux pieces de bois récemment abattus lorsqu'elles se séchoient, si je les assujettissois fortement avec des moises de bois ou des liens de fer, de la maniere que le représentent les Numéros 2, 3, 4, &c, (*Fig.*4) de la Planche XXII ; mais comme il arrive que le bois diminue de volume en se séchant, quelque attention que j'aie eu de faire resserrer les liens de ces pieces avec des coins, cela n'a pu empêcher qu'elles ne se soient beaucoup fendues.

Comme il étoit très-intéressant de faire répéter par d'autres que par moi une pareille expérience, j'ai engagé M. Garavaque à la faire sur des bois de Provence. Il voulut bien prendre la peine de choisir lui-même deux gros billons d'un Chêne très-dur & d'excellente qualité, qui avoit été abattu depuis deux mois : il les fit scier chacun en quatre, ce qui produisit huit pieces : il fit arrondir deux pieces de chacun de ces billons, & équarrir deux autres ; de sorte qu'il y avoit quatre pieces rondes & quatre quarrées de chaque billon : le cœur de l'arbre se trouvoit dans les pieces numérotées 1, 2, 3, 4 ; & à celles numérotées 5, 6, 7, 8, le cœur étoit en dehors.

A peine ces pieces de bois furent-elles achevées d'être travaillées, qu'elles commencerent à se fendre, quoiqu'on les eût couvertes de haillons mouillés, aussi-tôt qu'elles eurent été travaillées. On serra les pieces, (N°. 2 *&* 6) avec des cercles de fer, & les pieces 4 & 8 avec des moises ; on les déposa ensuite sous un hangar.

Quoiqu'on prît soin tous les jours de frapper les cercles & les moises pour resserrer ces pieces, les fentes s'ouvroient cependant à vue d'œil ; celles qui étoient cerclées, se fendoient à peu-près autant que celles qui ne l'étoient pas.

Au bout de quatre mois, ayant présenté sur les pieces numé-rotées *1, 2, 5 & 6*, un fil de fer qui avoit été mesuré sur la grosseur qu'elles avoient avant l'expérience, leur volume se trouva être presque le même, le resserrement n'étoit indiqué que par les ouvertures des fentes.

Les fentes ont continué à s'ouvrir pendant près de dix mois, quoiqu'on ait toujours eu l'attention de serrer souvent les cercles & les moises.

Il est donc évident que ce moyen ne peut empêcher que les bois ne se fendent ; parce que comme le bois diminue de vo-lume en se séchant, les cercles ne peuvent faire aucun obsta-cle à cette diminution.

ARTICLE VI. *Moyens de remédier aux dommages que cause la contraction des fibres.*

PAR le détail où je viens d'entrer, il est constant que dans certains cas, la contraction des fibres ligneuses fait éclater les bordages par les bouts, & que dans d'autres elle les fait ar-quer. Ces inconvénients ne sont cependant pas sans remede, ou bien ceux auxquels il seroit difficile de remédier, ne peu-vent causer un grand préjudice aux pieces de bois : c'est ce qui me reste à prouver.

Il est vrai que si l'on abandonnoit à elles-mêmes les planches nouvellement sciées, elles s'arqueroient quelquefois beaucoup ; on a coutume, après qu'elles ont été débitées, de les arranger les unes sur les autres, de façon cependant que l'air les frappe de tous côtés. Quoiqu'elles soient ainsi serrées les unes contre les autres, & absolument hors d'état de se voiler en aucun sens, il n'est pas si aisé d'empêcher que le bout des planches ne s'é-clate ; mais heureusement cet inconvénient n'est pas considé-rable ; 1°, il n'arrive pas à toutes les planches de se fendre ainsi ; il n'y a gueres que celles du cœur qui y soient exposées ; 2°, sur un bordage de 25 ou 30 pieds de long, il n'y a ordinairement que la longueur de deux ou trois pieds de l'extrémité, qui répond aux racines, qui se fende ; 3°, ces fentes n'obligent pas toujours de rogner un bordage ; si la fente n'est pas oblique, si elle n'est pas fort ouverte, on la peut calfater ; & si elle se trouve trop ouverte, on y rapporte un *rombaillet* ; 4°, on pourroit bien, s'il ne s'agissoit que de conserver quelques bordages, les empêcher de se fendre, en les garantissant du grand air & les tenant à couvert ; car j'ai remarqué dans les Ports où les bordages sont empilés sous des hangars, que les bouts qui sont les plus exposés à l'air ; ceux qui sont du côté de l'ouverture de ces hangars, sont plus fendus que les bouts qui sont tournés vers le fond, & par conséquent plus à l'abri du soleil & du vent. Mais quand même on ne pourroit prévenir ces accidents, il y aura toujours un grand avantage à refendre, le plutôt qu'il sera possible de le faire, les pieces destinées à faire des bordages, celles destinées pour la Menuiserie, l'Artillerie, &c, en un mot toutes celles qui ne doivent pas être employées en entier, plutôt que de les conserver en plançons, sur-tout quand elles seront de bois de bonne qualité ; car il est certain que ces bois se fendent infiniment plus que ceux qui sont tendres, gras ou usés. On souhaiteroit peut-être en savoir la raison ; mais les recherches que j'ai faites à ce sujet ne m'ont conduit qu'à de simples conjectures : après cet aveu, j'ai cru qu'il n'y auroit point d'inconvénient à les proposer, en attendant que je sois en état de donner quelque chose de plus satisfaisant.

Article **VII.** *Pourquoi les Bois de bonne qualité se fendent & se tourmentent plus que les autres Bois.*

Il semble qu'on pourroit comparer les bois de médiocre qualité, aux bois trop jeunes, & qui n'ont pas encore acquis toute la bonté dont ils sont capables. Par exemple, le bois de Bourgogne qui sera venu dans un terroir un peu humide, à l'aubier ou au jeune bois de Provence ; le bois de Lorraine, au jeune bois de Bourgogne, &c. A l'égard de la contraction du bois & des fentes, cette comparaison ne se peut soutenir,

puifque nous avons vu par toute la fuite de nos expériences &
de nos obfervations, que le jeune bois eft celui qui fe contracte le plus, & que les jeunes bois fe fendent & fe tourmentent plus que les autres ; au lieu qu'il eft très-certain que
les bois gras, même ceux qu'on appelle fimplement tendres,
fe gercent confidérablement moins que les bois forts : quand
j'ai cherché la raifon de ce fait, il m'a paru qu'il y avoit moins
de différence entre la denfité du bois du cœur & celle de
celui de la circonférence ; dans les bois tendres que dans les
bois forts. Comme nous avons prouvé qu'un cylindre, dont les
parties font compofées d'une matiere homogene, pourroit fe
deffécher fans qu'il fe formât aucune fente, il s'enfuivroit que
les bois, dont les parties approchent le plus de cette homo-
généité, doivent moins fe fendre que ceux qui s'en éloignent.

Cette raifon paroîtra fatisfaifante à qui voudra examiner des
bois defféchés avec le ménagement & les précautions requifes ;
mais fi l'on fait attention que, même quand on précipite le
plus l'évaporation de la feve, les bois gras fendent encore
moins que les bois forts, on fentira qu'il faut qu'il s'y rencontre
quelque chofe de plus que de la denfité ; car dans l'hypothefe
même d'une matiere homogene, pour qu'il ne fe forme point
de fentes, il faut que le defféchement foit à peu-près le même
au centre qu'à la circonférence, pour que les rayons fe raccourciffent en proportion de leur rapprochement ; or, dans le cas
d'un defféchement précipité, les couches extérieures doivent
entrer en contraction avant que les rayons puiffent fe raccour-
cir ; & fi la contraction des couches extérieures étoit proportionnelle à l'humidité qu'elles contiennent, elle feroit confidérable dans les bois gras, parce qu'ils font fort chargés d'humidité.

J'ai quelques raifons pour penfer, 1°, que les bois gras ne
fe contractent pas autant que les bois forts ; 2°, qu'ils ne fe
contractent pas avec autant de force : c'eft ce que je vais effayer
d'établir.

1°, Il eft certain que dans un même efpace, il fe trouve
plus de fibres ligneufes dans un morceau de bois fort, que
dans

dans un morceau de bois gras ; donc, si la contraction du bois ne se fait que par le ressort des fibres ligneuses, le ressort & par conséquent la contraction, doivent être plus considérables dans un morceau de bois fort, que dans un morceau de bois gras.

2°, Je prouverai ailleurs qu'il y a plus de matiere raisineuse, gommeuse & mucilagineuse dans les bois forts, que dans ceux qu'on appelle gras ; il est d'ailleurs certain que ces matieres se retirent beaucoup & avec beaucoup de force quand elles se dessechent ; d'où je conclus encore que les bois forts se doivent contracter davantage, & plus fortement que les bois gras.

Ainsi, il faut concevoir que les bois gras sont susceptibles de peu de contraction : ils contiennent à la vérité beaucoup d'humidité, mais elle s'échappe, sans que les fibres ligneuses se rapprochent beaucoup ; au lieu que les jeunes bois de bonne qualité, sont chargés de quantité de seve, & cette seve est elle-même chargée d'une substance gélatineuse qui s'épaissit par le desséchement, & qui devient capable de contraction. Les fibres ne sont pas fort serrés dans le jeune bois, parce qu'il n'a pas encore acquis la densité qu'il doit avoir avec l'âge ; elles sont tendres, parce qu'elles sont très-humectées ; quand elles se dessechent, elles deviennent capables de ressort, & alors elles se contractent. Enfin je crois que la densité est moins inégale dans les bois gras que dans ceux qui sont forts, & tout cela doit concourir à empêcher qu'ils ne se fendent autant que les autres.

Essayons présentement de mettre à profit les lumieres que nos expériences & nos observations ont pu fournir.

Article VIII. *Conclusion.*

Les moyens que j'ai imaginés pour empêcher que les bois ne fussent endommagés par les fentes & par les éclats, se réduisent, ou à ralentir l'évaporation de la seve, ou à faire refendre les bois dans le moment qu'ils ont été abattus, & à les réduire aux plus petites dimensions que leur destination pourra permettre : ces deux moyens ne peuvent cependant être employés à la fois ; ils ont chacun des avantages particuliers qu'il convient d'employer dans diverses circonstances différentes ; c'est ce qui me reste à expliquer.

§. I. *Dans quel cas convient-il de ralentir l'évaporation de la seve ?*

On peut ralentir l'évaporation de la seve, soit en tenant les bois nouvellement abattus dans des lieux frais, à l'abri du soleil & du vent, soit en les conservant dans leur écorce.

Le premier moyen est impraticable pour une grande quantité de grosses pieces, quand même on auroit d'assez grands bâtiments ; il faudroit les empiler les unes sur les autres, mais alors l'humidité de tous ces bois qui ne pourroit se dissiper aisément, les feroit pourrir ; car quand il s'agit de grandes opérations, il ne faut jamais compter sur l'exactitude de soins pénibles & journaliers ; comme d'ouvrir, quand il regne un vent du Nord, les portes & les fenêtres, afin de dissiper l'humidité ; les fermer ensuite pour ralentir l'évaporation de cette humidité, sans l'intercepter. Ces attentions m'ont réussi, en petit ; & avec ces précautions, j'ai garanti des pieces qui m'étoient précieuses d'être endommagées par les fentes : je les tenois renfermées, couvertes de litiere que je renouvellois fréquemment jusqu'à la fin des chaleurs de l'Eté, après quoi je commençois à leur donner de l'air par degrés. Mais ces moyens qui n'effrayeront pas quiconque veut s'instruire par des expériences, ou à qui il importe de conserver en bon état quelques pieces de bois précieuses pour son usage, ne seroient point praticables pour de grandes exploitations. Au reste, j'avoue que tout ce que j'ai gagné par ces attentions a été de prévenir les grandes fentes, mais je n'ai pu empêcher qu'il ne s'en soit formé quantité de petites.

Il est plus aisé de conserver les bois dans leur *écorce* ; &

cela conviendroit particuliérement pour les baux, les quilles, les membres des vaisseaux, les poutres des bâtiments, les arbres des moulins, les moyeux de roues, & généralement pour tous les bois qu'on emploie dans leur entier & sans être refendus. En conservant ces pieces dans leur écorce, & en prenant le soin de recouvrir leurs extrémités avec de la terre ou de la mousse qu'on y assujettiroit avec un bout de planche, on parviendroit à empêcher qu'il ne s'y formât de grandes fentes; & c'est tout ce qu'on pourroit souhaiter pour de pareilles pieces, sur-tout pour les membres des vaisseaux. Cette pratique n'est cependant pas sans inconvénient.

1°, Le transport des bois en grume est très-difficile.

2°, Ces bois occuperoient bien de la place dans un Port; il faudroit des hangars d'une étendue immense pour les tenir à couvert, & il y auroit du risque à les laisser à l'humidité; il faudroit les équarrir après que les chaleurs seroient passées.

3°, Il en couteroit beaucoup plus pour les équarrir & les travailler quand ils seroient secs, que pour les faire débiter dans les forêts.

4°, Comme ces bois se dessechent très-lentement, il faudroit les conserver long-temps dans les Ports avant de les employer.

5°, On a vu par les expériences précédentes, que la qualité du bois étoit toujours un peu altérée quand on suspendroit l'évaporation de la seve; que cette altération étoit considérable quand c'étoit des bois de médiocre qualité, où il se trouvoit ordinairement des veines de bois tendre, sur-tout si l'on avoit laissé long-temps ces bois dans les forêts, ou exposés à la pluie.

On ne peut donc recourir à ce moyen que dans des cas particuliers : si, par exemple, en Provence où les fentes font beaucoup de désordre dans le bois, & où le bois est de la meilleure qualité, on faisoit une exploitation à portée des Arsenaux, on pourroit préférer de perdre quelque chose sur la qualité du bois pour prévenir les éclats & les fentes énormes qui le rendent quelquefois entiérement inutile.

V u u ij

Je prie qu'on obferve que je dis, à deffein, des fentes énormes ; car il n'y a que ces fentes qui puiffent endommager les pieces deftinées à faire les membres ; les habiles conftructeurs favent bien employer les membres fendus, placer les chevilles & les gournables dans le bon bois qui eft entre les fentes : ce ne font donc pas les groffes pieces, celles qui reftent dans leur entier, qui font les plus endommagées par les fentes ; ce font les pieces qui doivent être refendues pour faire des madriers, des eftamenaires, des lattes pour les Galeres, les précintes, les bordages des Vaiffeaux, &c, les affuts des canons & tous les ouvrages de Menuiferie. Heureufement qu'on peut trouver le moyen de préferver ceux-ci d'un auffi grand dommage ; & nous allons faire fentir quelle économie il en doit réfulter pour les bois qu'on emploie refendus.

§. 2. *Qu'il y a une économie confidérable à refendre les Arbres dans la forêt même, dans le temps qu'ils ont toute leur feve, & auffi-tôt qu'ils ont été abattus.*

J'ai prouvé par nombre d'expériences, que les bois fe fendent d'autant moins qu'ils font refendus en plus de parties.

Un arbre refendu en deux, fe fendra moins que s'il étoit refté dans fon entier ; il fe fendra encore moins fi on le refend en quatre : fi on le refend en plateaux épais, il fe fendra plus que s'il étoit débité en quartiers, mais moins que fi on l'avoit refendu en deux ; il ne fe fendra prefque pas fi on le débite en planches, fur-tout fi elles n'ont pas une grande épaiffeur, & fi on les refend dans le fens des mailles. Tout cela a été, me femble, fuffifamment prouvé par mes expériences : ainfi, pour mettre à profit les obfervations qu'elles m'ont fournies, il faut faire refcier dans les forêts mêmes les lattes, les madriers, les eftamenaires, & généralement les courbants qu'on deftine pour les Galeres, les précintes, les bordages & généralement toutes les pieces qui ne doivent pas être employées dans leur entier à la conftruction des Vaiffeaux ; au lieu de voiturer ces pieces dans les Ports en billons ou en plançons, comme cela se pratique presque toujours, l'usage étant ordinairement de ne les refendre qu'à mesure que l'on en a besoin pour la construction : voici l'avantage considérable qu'il y auroit à suivre la pratique que je propose.

1°, Quand on vient à débiter ces billons ou ces plançons qu'on a laissé se dessécher dans leur entier, on rejette en rognures ou en copeaux, près de la moitié du bois de ceux qui sont destinés pour la construction des Galeres ; il y a aussi un déchet assez considérable sur les plançons destinés à faire des bordages, sur-tout quand ils sont de bon bois : voilà donc du bois, de la main-d'œuvre, & des frais de transport qu'on pourroit épargner en bonne partie, en suivant la méthode que je propose ; j'ajoute qu'il en coûtera moins de sciage quand les bois seront verds, que quand ils seront devenus secs.

2°, En refendant les bois dans les forêts, on pourra découvrir les vices intérieurs, que la plus grande application ne peut faire connoître quand ils sont dans leur entier. Si ces défauts sont considérables, les Marchands changeront la destination des pieces qui se trouveront tarrées ; ils éprouveront peu de perte, & on gagnera les frais de transport. Si les défauts sont légers, on empêchera, en les exposant à l'air, qu'ils ne fassent des progrès ; car tous les endroits attaqués de pourriture, sont désorganisés & chargés d'une humidité qui ne pouvant se dissiper à cause de la désorganisation des parties, fermente, se corrompt & porte l'altération dans les parties voisines : en découvrant la plaie, l'humidité se dissipe, & le progrès du mal est arrêté.

3°, Les bois refendus se dessechent bien plus promptement que les autres ; ils seront donc plutôt en état d'être employés : c'est déja un grand avantage ; mais outre cela, ces bois en seront plus fermes, puisque ceux que l'on fait dessécher lentement, sont plus tendres que les autres.

4°, La facilité du transport mérite bien qu'on y fasse attention ; car les pieces ainsi débitées, étant moins grosses, on les pourra enlever avec de petites voitures : dans les saisons humides, & par des chemins difficiles, s'il se rencontre de mauvais pas, on peut plus aifément décharger & recharger les voitures : bien plus, tous les membres des Galeres, fi l'on en excepte les *Rodes* & les *Capions*, peuvent être chargés à dos de mulet ; ainfi, dans les endroits où les charrois ne pourroient parvenir à raifon de la difficulté du terrein, on pourroit enlever à fommes des bois précieux pour la conftruction des Galeres, & pour quantité d'oüvrages civils, & mettre à profit des arbres qu'on n'abandonne fouvent que parce qu'on les croit dans des lieux inacceffibles.

5°, Enfin ces bois ainfi refendus, pourront être rangés avec beaucoup plus d'ordre & avec moins de peine pour les Journaliers, fous les hangars & dans les chantiers, & ils y occuperont beaucoup moins de place.

Il eft inutile de faire remarquer que ce que je viens de dire, principalement fur les bois deftinés à l'Architecture navale, a auffi fon application pour ceux qui doivent être employés aux travaux civils & militaires, de même que pour les bois qui doivent être convertis en merrain, en traverfin, en lattes, en échalas, ou en autres ouvrages de fente.

Je ne m'arrêterai pas non plus à expliquer comment on pourroit faire ufage de mes expériences pour placer les traits de fcie avec adreffe ; car connoiffant à peu-près le point où dans tel & tel cas il fe doit former de plus grandes fentes, on pourra quelquefois placer le trait de fcie, de façon qu'il ne fe forme point de grandes fentes dans les parties qui en feroient particuliérement endommagées. Au refte, ces détails ne pourroient être abrégés, & ils deviendroient inutiles à ceux qui voudront réfléchir avec un peu d'attention fur ce qui a été dit ; d'ailleurs, nous ne pourrons nous difpenfer d'en parler dans le Livre où il fera queftion du bois de fciage ; mais il eft très-important de faire attention aux deux conféquences fuivantes.

1°, Dans les cas où l'on aura peu à craindre les fentes, & où il fera important de ménager la qualité du bois, il faudra faire équarrir promptement les arbres.

Ainfi, fi l'on eft dans l'obligation de conftruire des Vaiffeaux, ou de faire de grandes charpentes avec des pieces de bois tendre ; comme il n'y a alors que les grandes fentes qui foient préjudiciables, & comme l'on fait que les bois tendres fe fendent peu, il faudra les équarrir promptement. De même, dans les pays froids où l'air eft fouvent chargé de brouillards, il ne faudra pas laiffer long-temps les bois dans leur écorce, parce que les bois qui croiffent dans le Nord fe fendent peu, & l'humidité qui regne dans l'air de ces contrées empêche que l'évaporation de la feve ne fe faffe trop brufquement.

2°, Dans les cas où l'on aura plus à craindre les fentes, qu'à ménager la qualité du bois, il faudra conferver l'écorce le plus long-temps qu'il fera poffible, ou faire refendre les bois tout verds. Ainfi, en Provence où les bois fe fendent beaucoup, il ne faudra écorcer les bois que le plus tard poffible, fi les pieces doivent être employées en entier ; mais fi leur deftination exige qu'on les refende, il ne faudra pas attendre qu'ils foient fecs ; le plutôt qu'on pourra y mettre la fcie, fera le meilleur ; finon on prendra le parti de les conferver en grume jufqu'au temps qu'on les voudra refendre, ou au moins refendre dans les Ports, & le plutôt poffible, tous les plançons, à mefure que les fourniffeurs les livreront.

J'ai dit qu'il falloit refendre le plutôt qu'il feroit poffible, tous les bois qui font deftinés à l'être ; j'aurois dû en excepter les *pieces de tour* qui ne peuvent être refendues avant le temps de la conftruction, parce qu'elles font affujetties à des gabaris trop précis ; mais j'ai cru cette exception inutile ; 1°, parce qu'il eft aifé de choifir pour ces fortes de pieces, les courbants qui font les moins endommagés par les fentes ; en fecond lieu, parce que je crois qu'il eft très-avantageux de ne point gabarier les pieces de tour en garniffant les parties courbes des Navires, avec des bordages droits attendris dans des étuves, pour les rendre propres à fe ployer fuivant le contour du Vaiffeau.

Je penfe qu'on conviendra aifément qu'il eft poffible de refendre en bordages tous les plançons droits, en prenant attention de donner aux bordages différentes épaiffeurs, fuivant le

beſoin qu'on pourroit en avoir : on trouvera peut - être quelque difficulté à refendre les plançons courbes , parce que, ſuivant différentes circonſtances , on les refend, ſoit en ſuivant la
courbure des plançons , ſoit ſur la face droite ; mais j'en parlerai dans le Livre ſuivant : on ſe procureroit ainſi de quoi
ſatisfaire à tous les beſoins de conſtruction.

Il y a encore un moyen de prévenir les fentes , c'eſt de refendre les bois ſuivant la maille , ou bien par des lignes dirigées à peu-près du centre à la circonférence ; mais comme je
m'apperçois que ce Chapitre eſt déja plus long que je ne m'étois
propoſé de le faire , je renvoie ce qui regarde cette façon de
débiter les bois, à l'endroit où je traiterai du bois de ſciage.

Le flottage fournit encore un moyen de prévenir un peu les
fentes : j'en parlerai amplement dans la ſuite.

Après avoir diſcuté les deux queſtions précédentes , qu'on
peut regarder comme un préliminaire eſſentiel ſur l'exploitation des gros bois , je vais maintenant parler des bois qui ſe
vendent en grume.

CHAPITRE III.

De l'exploitation des Bois que l'on vend le plus ordinairement en grume pour le Charronnage, l'Artillerie, &c.

Article I. *Des Bois propres au Charronnage & au ſervice de la Marine.*

PRESQUE tous les bois de charronnage ſont de Chêne, ou
d'Orme, ou de Frêne : dans quelques Provinces on y emploie
le Hêtre.

Dans les hauts-taillis de 50 à 60 ans , on trouve des Chênes
de

de 30 à 40 pouces de circonférence : on les scie à 18, 20 ou 22 pieds de longueur, & on les vend en grume aux Charrons pour faire des limons de charrette; ils trouvent encore dans ces pieces de quoi faire des pommelles, ou de quoi faire du bois de corde, à moins qu'il ne se trouve dans les branchages de quoi faire des ages & des manches de charrue ; comme nous en avons parlé dans l'exploitation des taillis, nous nous contenterons de faire remarquer qu'on fait ces parties des charrues indifféremment avec de l'Orme, du Frêne & du Chêne.

Si les corps de Chêne dont nous parlons, étoient fort gros au pied, on pourroit lever une ou deux longueurs de rais, & couper le reste pour en faire des limons : nous avons aussi parlé des rais à l'occasion des bois taillis.

On paye au Bûcheron 50 sous du cent d'abattage de ces bois. Les moyeux des roues se font tous avec de l'Orme; & l'espece qu'on nomme *tortillard*, est infiniment supérieure aux autres.

Les moyeux pour les roues de carrosse, se livrent en tronçons de 9 pieds & demi de longueur sur 30 pouces de circonférence; & on appelle une pareille piece, *toise de moyeux.*

Les moyeux pour les grosses voitures, se livrent aussi en grume, mais par paires ; les plus gros ont 51 à 52 pouces de circonférence ; la paire doit avoir 4 pieds & quelques pouces de longueur, il y en a de moins gros ; les petits doivent être de 36 pouces de circonférence, & les billons, pour la paire, ont 20 à 22 pouces de longueur.

On vend encore des moyeux pour les brouettes & les rouelles des charrues, qui ont 18 pouces de circonférence sur environ 12 pouces de longueur pour chaque moyeu.

Les essieux de Frêne & de Charme se livrent aussi en grume ; les pieces doivent avoir 7 à 8 pouces de circonférence sur 6 ou 7 pieds de longueur; il ne faut pas qu'ils soient ni trop verds ni trop secs. On prend ordinairement ces pieces dans les bois de débit ou dans le *herfage* : on appelle *bois de débit* de jeunes arbres auxquels on ménage toute la longueur qu'ils peuvent porter, comme 30 ou 40 pieds sur 15 ou 18 pouces de circonférence vers le petit bout. C'est avec ces bois qu'on fait les traverses & quantité de menus ouvrages; ils se livrent en grume, & de toute leur longueur.

Les bois de *hersage* sont de menus bois en grume, propres aux Charrons de la campagne : on les nomme ainsi, parce qu'ils servent à faire les herses; au reste, les Charrons en sont usage pour tous ouvrages où leurs dimensions permettent de les employer.

Les pieces de bois pour les armons doivent avoir 24 à 27 pouces de circonférence sur 6 pieds de longueur; souvent on les prend dans les bois de débit.

Les fleches à arcade pour les carrosses sont de 36 à 40 pouces de circonférence sur 10 à 12 pieds de longueur; il est bon d'en ménager aussi de 12, 13, 14 & 15 pieds de longueur, bien courbées, sans nœuds, & d'un beau *braquement*.

On livre aussi en grume des corps d'arbres, soit d'Orme, soit de Frêne, pour faire les brancards des Brelines; il est bon que ces pieces aient de la courbure : les habiles Charrons savent en profiter pour donner plus de grace & de commodité à ces voitures. Comme on doit prendre les deux brancards dans une même piece, il faut qu'elle ait 36 à 40 pouces de circonférence, & 13 à 14 pieds de longueur. On laisse ordinairement les corps d'arbres de toute leur longueur; ce que les Charrons en retranchent, leur sert à d'autres usages.

Les brancards pour les chaises de poste & pour les cabriolets, se prennent aussi dans des arbres qu'on livre en grume aux Charrons : ceux que l'on fait de Hêtre & de Frêne sont très-bons; on refend ces arbres en deux ou en quatre avec la scie, suivant la grosseur des arbres : la longueur de ces brancards est de 14 à 16 pieds.

On débite les pieces pour les *lissoires* depuis quatre pieds & demi de longueur jusqu'à 6 pieds & demi, sur 4 à 5 pouces d'épaisseur, & depuis 6, 7, jusqu'à 15 & 18 pouces de largeur.

Les pieces pour les *moutons*, ont 6, 7 ou 8 pieds de long sur 6 à 8 pouces de large, & 4, 5 ou 6 pouces d'épaisseur : on les prend ordinairement dans les bois de débit.

Les timons ont ordinairement 9 à 10 pieds de longueur, 4 à 4 pouces & demi d'équarriſſage vers le gros bout ; ce ſont les Charrons eux - mêmes qui les débitent, & ils ſe ſervent communément de pieces de Chêne ou de Frêne qu'on leur fournit en grume, comme bois de débit.

Les Charrons emploient les ſouches des gros Ormes à faire des *Pelotons* pour les Chaircuitiers, les Bouchers, les Cuiſiniers, &c.

On ne court aucun riſque de livrer aux Charrons qui travaillent en gros ouvrages, des corps d'Orme ou de Frêne de différente groſſeur, & de 10, 12, 15 ou 18 pieds de longueur ; les gros qui ont 27 à 30 pouces de circonférence, leur ſervent à faire des haquets à l'uſage des ports de Paris.

Les coquilles des carroſſes ſe font d'Orme : on les débite de 3 pieds & demi de longueur ſur 24 à 26 pouces de largeur, 3 pouces & demi d'épaiſſeur par un bout, & 4 & demi par l'autre.

Les pieces pour les jantes de roues ſe débitent dans les forêts ; on les fait quelquefois de brin, dans la partie d'une branche où ſe trouve une courbure convenable ; on frappe ces pieces ſur deux côtés, & on laiſſe toute leur largeur dans le ſens de la courbure : ordinairement on refend en deux les branches courbes qui ſe trouvent avoir depuis 24 pouces juſqu'à 30 de circonférence ; quand elles ſont plus groſſes, on y peut donner deux traits de ſcie pour en former trois jantes que l'on réduit à 2 pouces & demi ou à 3 pouces & demi, ſelon la force que doivent avoir les roues ; & ſuivant l'uſage de chaque pays, on les fait de 30, ou de 37 à 38 pouces. Quand on fait ces pieces de 6 à 7 pouces d'épaiſſeur, les Charrons qui travaillent pour les équipages, les refendent en deux : on les vend au cent.

Les gros corps d'orme qui ont 48 à 50 pouces de circonférence, ſe débitent pour les Charpentiers qui en font des écrous de preſſoir, des maies de preſſes ; on en fait auſſi des plateaux de 4 pouces d'épaiſſeur, dont les Charpentiers ſe ſervent pour les chanteaux des rouets de moulin, ou des tables de cuiſine, des établis de Menuisier, &c : nous en parlerons dans la suite.

On fournit à la Marine des plateaux d'Orme & de Frêne dont on fait des rouets de poulie : on fournit aussi des pieces en grume pour les boîtes de *Caliorne*, les caps de *mouton*, &c. On se sert encore d'Ormes fort droits, & où se trouvent peu de nœuds pour faire des corps de pompe & des tuyaux de conduite : c'est aussi quelquefois avec ce bois que l'on fait les membres des canots & des chaloupes.

Article II. *Des Bois propres au service de l'Artillerie.*

Il ne sera point question ici des perches, rames & ramilles dont on fait des fascines, des saucissons, des gabions & des claies, non plus que des arbres qu'on fend pour former des palissades : nous avons suffisamment parlé de ces objets dans le Livre des bois taillis.

L'Artillerie emploie beaucoup de planches de Chêne d'un pouce & demi d'épaisseur, & des chevrons de même bois de 3 à 4 pouces d'équarrissage qu'on emploie à faire les plates-formes des batteries. Mais comme nous n'avons rien de particulier à dire sur ces pieces de bois, nous remettons à en parler quand nous traiterons des bois de sciage.

Il est donc particuliérement question ici des pieces qu'on emploie pour les affûts, soit de canons, soit de mortiers.

Pour ces usages, on livre communément aux Artilleurs des pieces d'Orme ou de Frêne en grume, & quelquefois en plateaux ou en bois quarré : pour juger de la grosseur & de la longueur que ces pieces doivent avoir, il suffit de donner les principales dimensions des affûts.

§. 1. *Des affûts pour les canons de Marine.*

Comme la force & la grandeur des affûts doivent être relatives au calibre des canons, il suffit d'en donner trois différentes dimensions, pour qu'on en puisse conclure aisément les calibres intermédiaires.

La longueur des affûts, (*Pl. XXIII. fig.* 2), pour les canons de 36 livres de boulet, doit être de 5 pieds 11 pouces : la longueur des flafques, (*Fig. 1*), de 5 pieds 6 pouces fur 6 pouces d'épaiffeur : la longueur des effieux d'avant, (*Fig. 3*), quatre pieds cinq pouces fur un pied 6 pouces de circonférence : la longueur & la groffeur des effieux de l'arriere, doivent être un peu moindres que pour ceux de l'avant ; mais on prend les uns & les autres dans des rondines d'Orme de 10 pieds de longueur fur 20 pouces de circonférence. Le diametre des roues d'avant, (*Fig. 4*), doit être d'un pied 6 pouces, & leur épaiffeur de 6 pouces.

La longueur des affûts pour les canons, de 18 livres de bale, eft de 5 pieds 4 pouces : la longueur des flafques, 5 pieds fur 5 pouces d'épaiffeur : la longueur de l'effieu d'avant, 3 pieds 7 pouces fur un pied 5 pouces 6 lignes de circonférence : le diametre des roues d'avant, 1 pied 3 pouces fur 5 pouces d'épaiffeur.

La longueur des affûts pour les canons de 8 livres de boulet, doit être de 4 pieds 6 pouces : la longueur des flafques, de 4 pieds 3 pouces fur 4 pouces 6 lignes d'épaiffeur : la longueur de l'effieu d'avant, de 2 pieds 10 pouces, & fa circonférence d'un pied 1 pouce 6 lignes : le diametre des roues d'avant, d'un pied 1 pouce, & de 4 pouces d'épaiffeur.

Il eft bon de favoir que les effieux & les roues dans chaque affût, font de plus grandes dimenfions pour l'avant que pour l'arriere ; mais comme cette différence eft peu confidérable, elle n'influe point fur les fournitures ; & l'on peut conclure des dimenfions que nous venons de donner, que les fournitures des pieces de bois propres aux affûts de Marine, doivent être des qualités fuivantes.

1°, Pour les effieux, des pieces de bois d'Orme ou de Frêne, jeune & de brin en grume, droit & fans nœuds, qui aient depuis 5 pouces de diametre jufqu'à 7, & auxquels on laiffe toute la longueur qu'elles peuvent porter.

2°, Pour les roues, des plateaux d'Orme (on y a quelquefois employé du Hêtre, mais ce bois n'eft pas convenable) ; ces plateaux refendus à la fcie, doivent avoir différentes épaiffeurs, depuis 6 pouces jufqu'à 4 , & affez de largeur pour qu'on puiffe prendre des roues du diametre, foit d'un pied 6 pouces dans les plateaux de 6 pouces d'épaiffeur, & d'un pied 1 pouce dans ceux de 4 pouces d'épaiffeur, & pour les autres calibres à proportion.

3°, Pour les flafques , des plateaux d'épaiffeur depuis 6 pouces jufqu'à 4 pouces fix lignes, dont la longueur foit telle que dans les plateaux de 6 pouces, on puiffe prendre, fans déchet, des flafques de 5 pouces 6 lignes de longueur, & dans ceux qui n'ont que 4 pouces 6 lignes d'épaiffeur, des flafques de 4 pieds 3 pouces de longueur.

§. 2. *Des Affûts de Canons de Campagne & de Places.*

J'ai dit ci-devant que l'on fourniffoit pour le fervice de l'Artillerie, les bois ou en grume ou fimplement dégroffis, fur-tout pour les affûts ; ainfi on pourra juger de la groffeur des bois que l'on doit fournir pour ce fervice par la dimenfion des pieces qu'on en doit tirer; en conféquence, je vais donner les dimenfions des principales pieces d'affûts pour tous les calibres : ces affuts & les flafques doivent être de bois d'Orme bien fec, & les entre-toifes de bois de Chêne très-fec.

Pour les pieces de 33, les flafques, (*Pl. XXIII. fig. 5*), doivent avoir 14 pieds de longueur, 6 pouces d'épaiffeur, 17 pouces de largeur, & 7 pouces d'arc ou de ceintre ; ainfi, fi l'on vouloit prendre un affût dans une piece droite, il faudroit qu'elle eût 24 pouces de largeur ; mais cette largeur n'eft pas néceffaire quand les arbres ont une courbure naturelle & convenable ; trois entre-toifes de 8 pouces de largeur & de 6 pouces d'épaiffeur ; & celle de la lunette de 5 pouces 6 lignes d'épaiffeur, 18 pouces de largeur.

Pour les pieces de 24 , les flafques ont 13 pieds & demi de longueur, 5 pouces 6 lignes d'épaiffeur, 15 pouces de largeur, 7 pouces d'arc ou de ceintre ; trois entre-toifes de huit pouces de largeur, fur 6 pouces d'épaiffeur ; & celle de la lunette de 16 pouces de largeur fur 5 pouces d'épaiffeur.

Pour les pieces de 16, les flasques ont 13 pieds 3 pouces de longueur, 14 pouces de largeur sur 5 pouces d'épaisseur ; l'arc ou le ceintre, 5 pouces 3 lignes ; les entre-toises, 6 pouces 9 lignes de largeur sur 4 pouces 9 lignes d'épaisseur ; & celle de la lunette de même épaisseur, sur 15 pouces de largeur.

Pour les pieces de 12, les flasques ont 12 pieds de longueur, 4 pouces 6 lignes d'épaisseur, 13 pouces de largeur, 11 pouces d'arc ou de ceintre ; les entre-toises font, comme pour les canons, de 16, excepté l'entre-toise de la lunette qui a 14 pouces de largeur, & 4 pouces 3 lignes d'épaisseur.

Pour les pieces de 8, les flasques ont 10 pieds 4 pouces de longueur, 4 pouces d'épaisseur, 12 pouces de largeur, 10 pouces d'arc ou de ceintre ; les entre-toises ont 5 pouces 6 lignes de largeur, 4 pouces d'épaisseur ; celle de la lunette a 12 pouces de largeur, & 3 pouces 9 lignes d'épaisseur.

Pour les pieces de 4, les flasques ont 9 pieds de longueur, 3 pouces d'épaisseur, 10 pouces de largeur, 8 pouces 6 lignes d'arc ou de ceintre ; les entre-toises ont 4 pouces de largeur & 3 pouces d'épaisseur ; celle de la lunette a 10 pouces de largeur & 3 pouces d'épaisseur.

Les moyeux des rouages se font de bois d'Orme verd ; les jantes & les essieux, de bois d'Orme sec, les rais, de bois de Chêne sec & sans nœuds.

Pour les pieces de 33, les roues ont 4 pieds 10 pouces de diametre.

Les moyeux, (*Fig. 6*), ont 22 pouces de longueur & 20 pouces de diametre : 12 jantes, (*Fig. 7*), de 6 pouces 6 lignes de largeur, 4 pouces 6 lignes d'épaisseur : 24 rais, (*Fig. 8*), de deux pieds & demi de longueur, de 4 pouces 9 lignes d'équarrissage vers le bout qui entre dans le moyeu, & qu'on nomme l'*empattage*, & dans le surplus de la longueur, ils peuvent avoir 6 lignes de moins, & la même chose à peu-près pour toutes les rais des roues d'autre calibre ; c'est ce qui fait que je ne marquerai que leur grosseur vers la patte, c'est-à-dire, à l'endroit où les rais entrent dans les moyeux ; les essieux, (*Fig. 9*), ont 7 pieds 6 pouces de longueur, & 12 pouces de diametre.

Pour les pieces de 24, les roues ont 4 pieds 8 à 10 pouces de diametre; les moyeux ont 21 pouces de longueur, 16 pouces de diametre; les jantes, 6 pouces de largeur, 4 pouces d'é-paisseur; les rais, 2 pieds 6 pouces de longueur, 4 pouces 6 lignes vers l'empattage: les essieux pareils aux précédents.

Pour les pieces de 16, les moyeux ont 19 pouces 6 lignes de longueur & 15 pouces de diametre: le diametre des roues est de 4 pieds 2 pouces; les jantes ont 5 pouces de largeur, 3 pouces 6 lignes d'épaisseur; les rais ont 2 pieds 2 pouces de longueur, & 4 pouces d'équarrissage vers la patte; les essieux, 7 pieds 4 pouces de longueur, & 10 pouces de diametre.

Pour les pieces de 12, les moyeux ont 19 pouces de lon-gueur, 14 pouces de diametre; les roues sont de la même hau-teur que celles des affûts de 16; les jantes ont 4 pouces 8 lig. de largeur, 3 pouces 3 lignes d'épaisseur; les rais, 2 pieds 2 pouces de longueur, 3 pouces 6 lignes d'équarrissage à la patte: les essieux comme pour les pieces de 16.

Pour les pieces de 8, les moyeux ont 18 pouces de lon-gueur, 11 pouces de diametre; les roues ont 4 pieds de dia-metre; les jantes ont 4 pouces 6 lignes de largeur, 3 pouces 6 lignes d'épaisseur; les rais, 2 pieds 2 pouces de longueur, 3 pouces 6 lignes d'équarrissage à la patte: l'essieu, a 7 pieds 4 pouces de longueur, & 9 pouces de diametre.

Pour les pieces de 4, les moyeux ont 17 pouces de longueur, 9 pouces 6 lignes de diametre; les roues ont 4 pieds de dia-metre; les jantes ont 4 pouces de largeur, 2 pouces 6 lignes d'épaisseur; les rais, 2 pieds 2 pouces de longueur, 3 pou-ces d'équarrissage à la patte; les essieux ont 7 pieds 4 pouces de longueur, & 9 pouces de diametre.

Les avant-trains ne sont que de trois grandeurs: les plus gros servent pour les pieces de 33 & de 24: les moyens, pour les pieces de 16 & de 12; les petits pour les pieces de 8 & de 4.

Voici les proportions des pieces qui forment un gros avant-train; 1°, une limoniere formée de deux limons de *Chêne* ou d'*Orme*, (*Fig. 10*), de 8 pieds 6 pouces de longueur; 2°, deux

entre-toises

entre-toifes ou *épares* de Chêne de 3 pieds de longueur, y compris les tenons : il n'y a à l'arriere que 2 pieds entre les limons ; 3°, la fellette (*Fig. 11*), qui repofe fur l'effieu, & qui porte la cheville ouvriere, eft faite d'Orme ou de Chêne : elle a 3 pieds 4 pouces de longueur, 5 pouces 6 lignes d'épaiffeur, 18 pouc. de hauteur ; au milieu, à l'endroit où fe met la cheville ouvriere, & 4 ou 5 pouces de chaque côté de cette cheville, la fellette eft évidée ; 4°, l'effieu (*Fig. 12*), qui eft d'Orme ou de Chêne, a 6 pieds 3 pouces de longueur, & 6 pouces de diametre.

Les moyeux des roues de l'avant-train font faits d'Orme, & ont 16 pouces de longueur fur 8 à 9 pouces de diametre. Les jantes d'Orme fec ont 3 pouces 6 lignes de largeur, 2 pouces 6 lignes d'épaiffeur ; il n'en faut que 10 ; on ne met à ces roues que 20 rais de Chêne, qui ont 2 pouces 6 lignes d'équarriffage à l'empatage : ces roues n'ont que 3 pieds 3 pouces de diametre.

Il fuffit, je crois, d'avoir donné les dimenfions d'un gros avant-train, parce que les autres font formés des mêmes pieces, mais plus petites, fans que cette diminution de grandeur exige aucune précifion : comme l'avant-train n'eft pas, à beaucoup près, auffi chargé que l'arriere-train, il n'eft pas néceffaire que fa force foit auffi exactement proportionnée au poids des canons; d'ailleurs ces bois font fournis bruts.

ARTICLE III. *De quelques autres bois qui fe vendent en grume, & particuliérement de ceux qu'on nomme* Bois blanc.

Ces fortes de bois ne faifant jamais ou prefque jamais l'objet de grandes exploitations, c'eft ici le lieu d'en parler: en effet, lorfque ces bois font en maffif, on eft dans l'ufage de les vendre fur le pied de demi-futaie ; & lorfque ces arbres font gros, c'eft quand ils font ifolés, & ne font ainfi que des arbres détachés.

Nous avons dit que quand ces bois étoient de force de taillis, on en faifoit des cerceaux, des perches, des échalas de brin, du charbon, de la corde ou du fagot. A l'égard des

Yyy

branchages des gros arbres, on les exploite comme les taillis ; favoir, en charbon, en corde, en fagots ou en bourrées ; ainfi comme nous n'avons rien à ajouter à ce que nous avons dit fur ces fortes d'exploitations, il ne s'agira dorénavant que de parler des troncs.

§. 1. *Du Bois de Tilleul.*

Il y a dans nos forêts des Tilleuls à petites feuilles dont le bois eft très-ferme, quand les arbres ont crû dans des terreins qui ne font point trop humides ; leur bois n'eft pas d'un grand blanc ; leur couleur eft d'un roux un peu pâle. Il n'en eft pas de même des Tilleuls à grandes feuilles, qu'on nomme à Paris *Tilleuls de Hollande* : le bois de ceux-ci eft fort blanc & plus tendre que celui de nos forêts.

Ceci bien entendu, les plus gros Tilleuls à petites feuilles de nos forêts peuvent être débités en bois quarré, & fournir de fort bonnes poutres ; mais communément on refend toutes les efpeces de Tilleuls en plateaux qu'on vend aux Sculpteurs qui travaillent pour les bâtiments civils ; ou bien, quand on eft à portée des Ports où l'on conftruit des vaiffeaux, on les vend en grume pour certains ouvrages de fculpture dont on orne ces bâtiments, & qui exigent ordinairement de fort grandes pieces.

On les vend auffi en grume aux Tourneurs pour en faire différents ouvrages, & de petits barrils dans lefquels les Chaffeurs confervent leur poudre à tirer.

Souvent les Boiffeliers les achetent fur pied pour les faire travailler en fabots, comme nous l'expliquerons dans peu.

Enfin l'on en débite en planches de différentes longueurs & épaiffeurs, pour l'ufage des Menuifiers & des Layetiers, & en merrain pour les tonnes de marchandifes feches. On en fait encore quelques ouvrages de raclerie, fans compter l'ufage que l'on fait, foit de leur écorce pour des cordes, foit des perches pour divers emplois : nous avons fuffifamment parlé ci-devant de ces deux objets.

§. 2. *Du Bois de Peuplier.*

Quand les Peupliers noirs ont crû en bon terrein ; on en peut faire quelques pieces de charpente pour des bâtiments de campagne & de peu de conféquence ; on en fait des planches ou de l'aubage pour de légers ouvrages de Menuiferie, ou pour les Layetiers.

Au refte, comme toutes les efpeces de Peuplier peuvent s'employer aux mêmes ufages que le Tilleul, nous pouvons nous difpenfer de nous étendre davantage fur cette efpece de bois. On fe rappellera feulement que nous avons dit dans le Livre des taillis, qu'on faifoit des fourches avec toute forte de bois blanc ; parce que la légéreté de ce bois le rend plus propre à cet emploi que les bois durs.

§. 3. *Du Bois de Marronnier-d'Inde.*

Le bois du Marronnier-d'Inde, quoique moins bon que le Peuplier, s'emploie cependant aux mêmes ufages : on en débite en planches & en membrures pour les Menuifiers & les Ebéniftes. Ce bois fe vend prefque toujours en grume & fur pied aux Sabotiers : quelquefois on fait percer les plus droits pour faire des tuyaux de conduite pour les eaux : les perches de ce bois fe vendent aux Tourneurs : les Teinturiers font quelque ufage de fon écorce.

§. 4. *Du Bois de Bouleau.*

Quand nous avons parlé des taillis, nous avons dit qu'on faifoit des balais avec les plus jeunes branchilles du Bouleau élevé en taillis ; que cet arbre fourniffoit encore d'affez bons cerceaux ; & que quand ces taillis étoient devenus plus grands, on en faifoit des cercles pour les cuves.

Au refte, on fait le même ufage des bois de bouleau que des autres bois blancs ; favoir, des fabots, quelques ouvrages de tour & de raclerie. On fera bien de revoir ce que nous avons dit dans le Chapitre IV du Livre précédent, des avantages que l'on peut tirer des différentes especes de bois.

§. 5. *Du Bois de Sureau & de Buis.*

LE bois du vieux Sureau est très-dur : on l'emploie pour faire des peignes communs : les Tourneurs en font des boîtes rondes qui se ferment à vis : ce bois se vend en grume.

Les gros Buis se vendent à la livre aux Tourneurs qui en font divers ouvrages ; & aux Tabletiers, pour en faire des peignes ou autres petits ustensiles ; aux Graveurs en bois, &c. Quand les pieds de ce bois sont fort gros & bien sains, on en tire un gros prix.

ARTICLE IV. *Travail du Sabotier.*

AUTREFOIS on faisoit quantité de sabots avec le bois de Noyer. Comme ce bois est léger, qu'il est liant & qu'il fend peu, ces sabots étoient d'un excellent usage ; mais depuis que l'Hiver de 1709 a rendu ce bois moins commun, on ne l'emploie plus à cet usage que dans des Provinces éloignées de Paris : les meilleurs sabots qu'on fait aujourd'hui, sont de branches de Hêtre, mais le plus ordinairement de bois blanc.

On vend aux Boisseliers ou aux Sabotiers & sur pied, les arbres propres à faire des sabots ; ce sont ces Ouvriers qui les abattent eux-mêmes avec la cognée, comme on fait les autres bois, c'est-à-dire, depuis le temps de la chûte des feuilles, jusqu'au mois de Mai.

On fait des sabots, soit avec des rondines, soit avec du bois fendu par quartiers : il faut que la rondine ou le bois fendu aient 18 à 20 pouces de circonférence pour faire un gros sabot ; de sorte que pour qu'un arbre puisse fournir quatre sabots de quartier, il faut qu'il ait au moins trois pieds de circonférence : dans les arbres plus menus, on ne peut prendre qu'un sabot dans une rondine. Lorsqu'elles ont moins que 18 pouces de grosseur, on en fait des sabots pour les femmes & les jeunes gens ; les plus petits propres aux enfants en jaquette, se nomment *Cotillons* ou *Camions.*

Pour faire les gros fabots, on fcie les corps d'arbres par tronces de 9 à 12 pouces de hauteur, (*Pl. XXIV. E F, fig. 6*), on les fait de plus en plus courts, à mefure que les fabots font plus petits ; deforte qu'il y a des tronces qui n'ont que quatre pouces de hauteur.

On peut compter, à peu-près, qu'un arbre qui aura 45 à 50 pieds de tige fur 3 pieds de circonférence, mefurée à 10 ou 12 pieds du gros bout, fournira cinq à fix douzaines de fabots, dont les plus grands auront un pied de longueur, & les plus petits 3 ou 4 pouces, par conféquent deux de ces arbres pourront fournir une groffe, c'eft-à-dire, douze douzaines de fabots. Deux Ouvriers font ordinairement deux douzaines de fabots par jour. Dans la forêt de Villers-Cotrets, les Marchands paient la façon des fabots à la groffe ; favoir, ceux pour hommes, 13 livres ; ceux pour femmes, 10 livres ; ceux de 8 à 9 pouces, 9 livres ; les bâtards qui ont 6 à 8 pouces, 8 livres ; & encore à plus bas prix, ceux qui font plus petits : les Marchands en gros vendent ces fabots aux détailleurs par affortiment, compofé de grands fabots pour les hommes, de moins grands pour les femmes, de plus petits, qui fe nomment *Sabots de pâtres*, ou *d'écoliers* ou *d'enfants* de 12 à 15 ans, & enfin de *Cotillons* ou *Camions* qui font pour les enfants en jaquette.

Les Marchands de la forêt de Villers-Cotrets apportent ordinairement ces fabots à Paris, où ils les vendent par groffes aff[o]rties. La groffe de fabots d'hommes n'eft que de 8 douzaines : celle de fabots de femmes eft de 12 douzaines : la groffe de fabots d'écoliers de 18 douzaines : les groffes de ces différentes efpeces fe vendent toutes un même prix ; par exemple, 32 livres la groffe.

Pour la Province, les groffes de toutes les efpeces contiennent 156 paires de fabots, mais de différent prix établi fur celui des femmes ; & en fuppofant que le prix courant de ceux-ci foit de 30 ou 31 livres la groffe, celle des fabots pour hommes eft d'un écu plus cher : ceux d'écoliers coûtent 3 liv. moins que ceux des femmes ; les bâtards, 3 livres moins que ceux d'écoliers, & les camions ou cotillons, 3 livres moins que les bâtards. Il eſt bon de ne pas ignorer ces différents uſages.

Les ſabotiers commencent par abattre les arbres à raze-terre avec la grande cognée, comme les Bûcherons abattent les arbres dans les forêts; ils obſervent les mêmes ſaiſons pour ne point endommager les ſouches; & quand la ſaiſon preſſe, ils mettent les corps d'arbres ébranchés en gros tas, pour qu'ils ne ſe deſſechent point trop.

Lorſqu'ils ont abattu un certain nombre d'arbres, ils les coupent par tronçons, depuis un pied de longueur juſqu'à 4 pouces: pour ſcier commodément ces tronces, ils emploient deux eſpeces de ſelles *a, a* (*Pl. XXIV, fig. 1*), qui n'ont des pieds que d'un ſeul côté, l'autre qui porte à terre, & un peu plus haut s'éleve ſur chacun une forte cheville *b b*; c'eſt dans l'angle que cette cheville forme, avec le deſſus de la ſelle *a a*, qu'ils mettent la piece de bois *cc*, qu'ils ſe propoſent de ſcier par tronces. On voit vers *d* le commencement d'un trait de ſcie.

La ſcie dont ſe ſervent les Sabotiers, eſt quelquefois un paſſe-par-tout (*Fig. 2*); ſouvent elle eſt montée & dentée comme celle des Charpentiers; mais on lui donne beaucoup de voie pour qu'elle puiſſe paſſer aiſément dans le bois verd.

Quand les billes ſont trop groſſes, on les fend avec le coutre *k* (*Fig. 3*), à l'aide de la maſſe *h* (*Fig. 3**). Dans la forêt de Villers-Cotrets, les Sabotiers fendent leurs billes avec l'outil *i* (*Fig. 3*), qu'ils nomment un ciſeau, & qui n'eſt proprement que la lame d'un coutre ſans manche. Cet outil a 4 ou 5 pouces de longueur & 2 & demi ou 3 pouc. de largeur: ils ſe ſervent d'un coin de fer *g*, (*Fig. 3*) pour achever de fendre la rondine, & ils l'enfoncent avec le gros maillet *l* (*Fig. 4*), pour avoir des quartiers pareils à celui de la Figure 4, de grandeur à faire un ſabot: une tronce de deux pieds & demi de circonférence, peut être fendue en deux pour faire une paire de ſabots; mais ſi elle n'avoit qu'un pied & demi, on n'en pourroit faire qu'un ſeul pour homme.

On ébauche le ſabot ſur le billot *a* (*Fig. 5*), avec la hache & l'herminette *b* (*Fig. 5*): voici comment l'Ouvrier procede.

Suppoſons qu'il veuille faire un ſabot de la rondine *E*, (*Fig.*

6), il emporte avec la hache la partie *a a*, pour faire le deſſous du ſabot, comme on le voit en *F* (*Fig.* 6); puis encore avec la même hache, il retranche les parties *b, b*, & arrondit le deſſus du ſabot; enſuite avec l'herminette, il fait les échancrures *c, c*, pour former l'entrée du ſabot & le talon.

Enfin, en ſe ſervant tantôt de la hache & tantôt de l'herminette, il donne à peu-près au morceau de bois la forme extérieure du ſabot, comme on le voit en *H* (*Fig.* 6) ou en *G* : il a l'attention d'ébaucher le ſabot du pied droit différemment de celui du pied gauche.

Pendant qu'un Ouvrier *A* (*Fig. 13*), ébauche les ſabots, comme je viens de le dire, un autre *B* ou *C*, les creuſe : pour faire cela commodément, il en aſſujettit une paire avec des coins dans l'entaille *o* du banc *nn* (*Fig.* 7), qui doit être établi d'une maniere bien ſolide dans la loge (*Fig. 8*). C'eſt ordinairement derriere ces bancs que ſont placés les lits des Saboriers : ces lits conſiſtent en une ſimple couverture, un drap & de la paille; & comme il eſt important que tous les outils ſoient bien tranchants, on les poſe pendant le jour ſur ces lits, & pendant la nuit on les ſuſpend aux perches qui forment la loge.

Une paire de ſabots étant ainſi aſſujettie dans l'entaille du banc, l'Ouvrier commence à percer chaque ſabot avec la vrille ou amorçoir *k* (*Fig.* 9); il fait à chaque ſabot un trou en *r* (*Fig.* 7), & un autre en *s*; enſuite il acheve de les creuſer avec de larges tarrieres; puis il les évuide avec les cuilliers *h, i, l*, (*Fig.* 9). Ces outils ſont très-tranchants; il en a de différentes grandeurs, & proportionnés à celle des ſabots. Cette opération exige de l'adreſſe; car, 1°, il faut que le ſabot ſoit plus large au point où répond le fort du pied qu'à l'entrée; 2°, il ne faut pas laiſſer trop de bois, parce que cela l'appeſantiroit inutilement; 3°, il faut creuſer le ſabot de façon que le pied y ſoit à l'aiſe; & pour cela il eſt néceſſaire que la forme intérieure du ſabot ne ſoit point ſymmétrique, afin que les doigts de chacun des pieds y ſoient logés commodément; 4°, il faut prendre garde de percer le ſabot d'outre en outre, & cependant de ne pas laiſſer trop de bois vers le bout : l'Ouvrier, pour éviter ces deux inconvénients, fonde de fois à autre l'intérieur avec le manche de la cuiller, & en compare la profondeur avec le dehors, pour juger à peu-près de l'épaisseur du bois qui doit rester au bout ; mais le plus ordinairement il en juge en mettant une main au bout du sabot & en regardant le fond par l'ouverture : ces Ouvriers se font fait une habitude de juger ainsi à vue de l'épaisseur de leur bois. L'Ouvrier - perceur ébarbe les bords tranchants du sabot, & il efface les sillons de la cuiller avec un crochet tranchant, (*Fig. 10*) qui s'appelle *Rouette*.

Un troisieme Ouvrier *D* (*Fig. 13*), finit l'extérieur du sabot avec un couteau tranchant, (*Fig. 11*), qu'il appelle le *Paroir*, attaché par une boucle à un banc solide *s s*. On ne peut s'empêcher d'admirer avec quelle adresse les Sabotiers manient cet instrument : quelquefois ils le font mordre beaucoup ; d'autres fois ils n'enlevent que des copeaux extrêmement minces ; enfin, avec ce seul instrument, ils donnent aux sabots les différentes formes qu'ils doivent avoir, suivant l'usage des différents pays ; car ici on les veut ronds, ailleurs pointus ; quelquefois les talons doivent être fort bas, d'autres fois on les veut hauts ; dans quelques Provinces, il faut que l'entrée soit très-ouverte, & telle qu'on la peut voir en *d* (*Fig. 12*), dans d'autres, on la demande plus petite, comme en *b*, *e* : on voit en *a* la coupe d'un sabot.

A mesure que les sabots font faits, on les arrange par lits dans la loge, & on les couvre de copeaux, pour empêcher qu'ils ne se fendent.

Chaque art a ses finesses pour masquer les défauts : si par hazard il se trouvoit un nœud qui formât un trou, cela feroit rebuter une paire de sabots ; pour y remédier, le *Sabotier* le bouche de façon qu'il faut y regarder de bien près pour l'appercevoir ; il prend pour cela de la seconde écorce verte de jeunes Ormes qu'il pile sur un billot de bois, & il en forme une espece de pâte dont il remplit le trou, & passe ensuite pardessus un fer chaud, moyennant quoi il est difficile de voir le défaut lorsque le sabot est enfumé.

Une

Une ou deux fois chaque femaine on enfume les fabots, &
voici comment on procede. On pique en terre quatre gros piquets qui forment un quarré de 6 à 7 pieds de côté ; ces piquets
fortent de terre d'environ 18 pouces ; on fixe fur la tête de ces
piquets, aux deux bouts du quarré, deux fortes perches, fur
lefquelles on pofe en travers d'autres perches moins fortes,
qui forment une efpece de plancher, fur lequel on met quatre
rangs de fabots les uns fur les autres ; quand on met cinq rangs,
le dernier fe trouve mal enfumé.

On place les fabots à côté les uns des autres, la pointe en
en haut, le talon en bas, enforte qu'ils font un peu inclinés
du côté de leur entrée, afin que la fumée & la chaleur du feu
pénetrent mieux dans l'intérieur : on obferve le même ordre
pour les quatre rangées. On difpofe ainfi les fabots dès le foir,
& pendant la nuit on allume pardeffous un feu de copeaux
verds qui répand beaucoup de fumée, fans prefque faire de
flamme : c'eft afin de pouvoir mieux voir le progrès du feu qu'on
fait cette opération pendant la nuit ; car pendant le grand jour
on courroit rifque de mettre le feu aux fabots.

On enfume ordinairement quatre groffes de fabots à la fois,
& cela n'exige qu'une heure & demie ou deux heures de temps.

L'objet qu'on fe propofe par cette opération, n'eft pas feulement d'empêcher les fabots de fe fendre, mais de durcir le
bois, & lui donner de la couleur ; car fi par la fuite on expofoit au hâle ces fabots enfumés, ils fe fendroient beaucoup ;
mais comme le bois eft mince, on prévient qu'ils ne fe fendent,
en les tenant à couvert dans un lieu frais jufqu'à ce qu'ils fe
vendent.

Dans les Provinces des environs de Paris, on ne fait pas
l'ouverture des fabots auffi grande qu'en *d*, (*Fig. 12*) ; mais
on la tient plus étroite comme *b* ou *e* (*Fig. 12*) ; & afin d'empêcher qu'ils ne fe fendent vers l'ouverture, on y applique ce
qu'on appelle un *emblai*, qui eft où un brin de fil de fer, ou
une courroie *c* qui s'attache par-deffus, comme on peut le voir
en *b*. L'ouverture des fabots pour femmes, fe garnit d'une
peau de mouton *e* (*Fig. 12*), afin qu'elle ne leur bleffe pas le
coudepied.

Dans la Marche, le Limousin & l'Angoumois, on fait l'entrée des sabots fort grande, de sorte qu'elle ne porte point sur le coudepied ; mais on y attache une courroie *d* (*Fig.* 1 2), qui retient le coudepied, & empêche que le pied ne sorte du sabot ; les talons de ces sabots sont hauts & pointus ; & pour les faire durer plus long-temps, on les arme de petits fers *f, g* (*Fig.* 1 2), qu'on y attache avec des clous.

La Figure 1 3 fait voir quatre Ouvriers en attitude qui travaillent les sabots : *A*, est un Ouvrier qui ébauche ; *B*, celui qui perce ; *C*, celui qui évide le dedans du sabot ; *D*, celui qui en pare les dehors.

On fait encore avec les mêmes bois des formes pleines pour les Cordonniers, telles qu'en *A* (*Fig.* 1 4), ou brisées comme en *B* ; des semelles de galoches avec leur talon *C* ; & des talons de souliers pour hommes & pour femmes *D, E.*

Tout cela s'ébauche avec la hache & l'herminette, & se finit avec la plane de la figure 1 1. Les formes se font le plus ordinairement de Frêne, & les talons de Tilleul ou autre bois blanc ; on ne fait qu'ébaucher ceux-ci dans la forêt, & ce sont les Cordonniers qui achevent de les perfectionner.

ARTICLE V. *Maniere de faire de petits Barrils d'un seul bloc de Saule.*

Ces petits barrils ne sont en usage que dans quelques Provinces : ils sont travaillés avec les mêmes outils qu'emploient les Sabotiers, & ce sont ordinairement ces mêmes Ouvriers qui les font.

Le corps du barril est fait d'un seul morceau taillé en rond, avec un petit empatement en-dessous pour lui former un point d'appui ; les deux fonds sont faits chacun d'une planche du même bois. Voyez *Planche XXXI, Fig.* 1 8.

On creuse le corps du barril comme on creuse un tuyau, avec des cuillers à peu-près semblables à celles des Sabotiers ; la forme extérieure du barril se donne avec la plane dont les Sabotiers se servent. Ils ont ordinairement depuis 8 pouces jusqu'à 15 de longueur fur 6 pouces, & au plus 9 de diametre, L'ouverture pour emplir & vuider ces barrils, eft placée au milieu du corps comme aux futailles ordinaires; on tient le bois plus épais à cet endroit qu'ailleurs, afin qu'on puiffe chaffer le bouchon avec affez de force fans endommager le petit fût; on y attache une main de fer retenue par deux viroles, affez élevée pour y paffer la main fans être gêné par le bondon; tout le refte du barril, excepté à l'endroit du bondon, eft de 8 à 9 lignes d'épaiffeur; à un pouce de diftance du bord eft une rainure de deux lignes de profondeur pour recevoir la piece du fond.

Lorfqu'on a taillé un fond felon le diametre du barril pris au jable, (il eft effentiel de ne prendre cette mefure que quand le bois eft bien fec), on taille les bords de ce fond en chanfrein; il faut que l'intérieur du barril, depuis le jable jufqu'au bord, aille un peu en s'évafant; on force un peu le fond pour le faire entrer dans cette partie évafée; quand le fond eft engagé dans cette partie, on met le barril avec le fond dans une chaudiere d'eau bouillante; le bois s'y attendrit & eft en état de fe prêter aux efforts qu'il faut faire pour faire entrer le fond dans le jable; comme le barril fe refferre en fe féchant, le fond joint exactement: quelques Ouvriers ferrent la partie du barril qui répond au jable avec une corde & un garot; il vaut mieux que le fond foit un peu à l'aife dans le jable que trop ferré; car comme le bois fe comprime beaucoup en fe féchant & en fe réfroidiffant, le fond qui ne fe retire pas proportionnellement feroit fendre le corps du barril.

Article VI. *Travail du Fendeur.*

C'est ici le lieu de parler des bois que l'on livre en grume aux Fendeurs pour être débités felon différentes deftinations.

Quand les Bûcherons ont abattu les arbres, & qu'ils en ont retranché les branches, le Marchand qui les a deftinés à faire du bois de fente, livre en cet état les corps d'arbres, & quelquefois auffi les groffes branches aux Ouvriers Fendeurs, qui, felon la groffeur & la longueur de ces tronces, les débitent pour différents ouvrages que nous expliquerons dans la fuite.

Plufieurs motifs déterminent les Marchands à faire faire du bois de fente ; 1°, lorfque par la pofition d'une forêt, certaines marchandifes font d'un débit avantageux, telles que le merrain, le traverfin, les échalas, &c, pour les pays de vignoble ; les rames, les gournables ou chevilles pour la conftruction des vaif-feaux, lorfqu'on eft à portée des Ports de mer ; ailleurs les cerches pour la Boiffellerie ; aux environs des grandes villes, les lattes pour les couvertures des toîts ; & dans quantité d'endroits, les ouvrages de raclerie, qui confiftent en différents petits ouvrages de Hêtre, comme clayettes, lattes pour les fourreaux de fabre & d'épée, lanternes, panneaux de foufflets, bâts, arçons de felle, &c.

2°, Quand le bois n'eft pas d'affez bonne qualité pour fournir de bonnes pieces de charpente ; par exemple, un arbre mort en cîme, ou qui, dans la longueur de fon tronc, a des nœuds pourris ou des yeux de bœuf, ou dont le tronc fort court a pris des contours défavantageux ; ces arbres peuvent fournir des billes faines ; quoique courtes, elles font propres pour la fente.

3°, Quand, par la difficulté des chemins, par l'éloignement des rivieres navigables & des grandes routes, ou par la diftance trop grande de la forêt, jufqu'aux lieux où l'on en pourroit faire la confommation, le tranfport devient trop coûteux ; enfin, quand quelques-unes de ces raifons empêchent de voiturer les groffes pieces de bois, alors on prend le parti de les convertir en ouvrages de fente qui peuvent être tranfportés facilement, foit par petites voitures, foit à fomme de cheval. Mais le Marchand doit faire attention que fi d'un côté il retire un grand produit du corps d'un gros arbre qu'il fait débiter en fente, d'autre part, il lui en coûte néceffairement un prix confidérable pour la façon.

Il feroit d'une bonne police de mettre des entraves à la cupidité des Marchands, & de les détourner de couper par tronces les plus beaux & les plus gros arbres, pour en faire de la cerche ; car on pourroit faire de très-bons feaux avec du merrain de bois blanc, cerclés de fer, & débiter les arbres dont on fait de la cerche en bois de Menuiferie, de charpente ou de conftruction, fuivant la qualité & la nature du bois.

Je ne dis rien des échalas, des lattes ni du merrain, parce que tout cela peut fe prendre dans des arbres qui ne font pas fort gros.

On a pu voir dans la *Phyſique des Arbres*, qu'un tronçon de bois eft compofé de fibres qui s'étendant fuivant la longueur du tronc, forment fur l'aire de la coupe du tronc des orbes concentriques, & que ces fibres longitudinales font liées les unes aux autres par un tiffu cellulaire, & par des fibres tranfverfales, qui ont été nommées *inſertions*.

La force qui unit ces fibres longitudinales les unes aux autres, eft beaucoup moindre que celle de ces mêmes fibres ; & c'eft pour cela qu'il eft bien plus aifé de les féparer, que de les rompre. On peut remarquer que les fentes s'ouvrent toujours par les rayons ou inſertions.

Les Ouvriers qui travaillent les bois dans les forêts ont bien fu profiter de cette propriété du bois pour le fendre, & en faire d'une façon expéditive plufieurs ouvrages qui, par cette manœuvre, font beaucoup meilleurs que s'ils étoient refendus à la fcie.

En effet, combien n'employeroit-on pas de temps à divifer avec la fcie des lattes, des douves de futailles, des cerches de Boiffeliers, &c ? Au lieu que par l'induftrie qu'emploient les Fendeurs, ces ouvrages font faits prefque en un inftant. J'ajoute qu'ils font beaucoup meilleurs ; ce qui deviendra fenfible fi l'on fait attention que la fcie ne fuivant point réguliérement les inflexions des fibres, elle les coupe, & ne fait que du bois tranché ; au lieu que par la méchanique du Fendeur, ces fibres reftent dans leur entier, & les ouvrages en ont beaucoup plus de folidité.

Joignons à cela qu'en fendant le bois, on épargne ce que le trait de la fcie emporte, ce qui ne laiffe pas d'être confidérable ; car ce trait ne pouvant être moindre que 2 à 3 lignes, cela fait l'épaisseur d'une latte & presque d'une douve qui a au plus 3 lignes : il est bien vrai que le bois refendu à la scie est mieux dressé que celui qu'on fend, & qu'on ne peut rendre droit qu'en retranchant du bois.

Il y a dans les forêts des Ouvriers qu'on nomme *Fendeurs*, qui s'occupent presque uniquement à faire ces sortes d'ouvrages, qui ne laissent pas, dans certains cas, d'exiger de l'adresse de la part de ces Ouvriers, pour bien conduire la fente & mettre tout le bois à profit. Nous nous proposons de faire remarquer cela, après que nous aurons fait connoître les signes qui peuvent faire conjecturer si tel ou tel arbre sera propre pour la fente.

§. 1. *Des marques qui peuvent faire juger qu'un arbre sera propre pour la fente.*

On a déja vu lorsque j'ai parlé des bois taillis qu'on peut fendre différentes especes de bois, Châtaignier, Chêne, Bouleau, pour en faire des cerceaux pour les poinçons, des cercles pour les cuves, des cerches pour les cribles, &c ; on verra dans la suite, qu'on peut également destiner à faire des ouvrages de fente, quantité de bois de différentes especes. Il y a des especes de bois qui se fendent beaucoup mieux que d'autres : le Chêne & le Hêtre se fendent communément beaucoup mieux que l'Orme, l'Erable, &c. Je dis communément ; car j'ai vu des Ormes qui étoient aussi aisés à fendre que le Chêne ; mais cela ne se rencontre pas ordinairement, & dépend quelquefois de l'espece ; l'Orme - teille & celui qu'on nomme *Orme femelle* à larges feuilles, se fendent ordinairement beaucoup mieux que l'Orme-tortillard : de même, parmi les Chênes, celui qui porte son fruit en grappes, se fend ordinairement mieux que celui dont les fruits sont attachés à des queues fort courtes : au reste, on ne doit pas regarder ceci comme regle générale. Mais ce qui est encore plus singulier, c'est que la même espece d'arbre élevée dans le même terrein & à la même exposition, tantôt se trouve être de bonne fente, & tantôt ne peut être employé à cete deſtination ; bien plus, il arrive aſſez communément qu'un arbre qui ſe fendra bien vers les racines, ſera très-difficile à fendre vers le haut de ſa tige.

En général, les Ouvriers jugent qu'un Chêne ſe fendra bien quand ſon écorce eſt fine, quand l'arbre diminue uniformément de groſſeur, & quand il a peu de nœuds.

Les bois *roux*, *pouilleux* & *vergetés*, ſe fendent quelquefois aſſez bien quand ils ont toute leur ſeve ; mais ces bois défectueux ſont d'un mauvais emploi.

Les bois *roulis* doivent être rejettés pour les ouvrages de fente, parce qu'ils donnent beaucoup de déchet.

On prétend que le Hêtre dont la tige n'eſt pas exactement arrondie, & où il ſe trouve des eſpeces de côtes qui s'étendent ſuivant la longueur du tronc, eſt le meilleur de tous pour la fente. *Quand, lorſqu'on enleve dans le temps de la ſeve, un morceau* d'écorce de ces arbres, on voit en le pliant en ſens contraire, c'eſt-à-dire, la cuticule en dedans, que les fibres longitudinales ſe ſéparent aiſément ; on préfere l'arbre où ces mêmes fibres ont une direction droite, & qui forment une hélice ou vrille très-alongée. Il y en a qui prétendent que quand les fibres tournent de droite à gauche, l'arbre ſe fend mieux vers la tête qu'au pied ; & que le contraire arrive ſi les fibres tournent de gauche à droite ; mais cette opinion ne paroît avoir aucun fondement : j'ai toujours vu que les arbres ſe fendoient d'autant mieux, que leurs fibres ſuivoient une ligne plus droite dans toute la longueur du tronc ; & peut-être que ce qui fait qu'une partie d'un même arbre ſe fend bien pendant qu'une autre eſt de mauvaiſe fente, c'eſt parce que la direction des fibres longitudinales ſe trouve dérangée, ſoit par l'inſertion de quelque groſſe racine, ſoit par l'irruption d'une groſſe branche. On peut conſulter ſur ce point ce que nous avons dit plus en détail dans la *Phyſique des Arbres* ſur la direction des fibres du bois.

Il arrive quelquefois que tous les arbres d'une vente ſe fendront mieux que ceux d'une autre : cela peut dépendre de la qualité du terrein ; car on remarque que les arbres qui pouſſent

avec force, fe fendent mieux que ceux qui croiffent lentement. En général, les jeunes arbres fe fendent mieux que les
vieux ; & le bois verd fe fend beaucoup mieux que le bois fec.

Il fuit de ce que je viens de dire, qu'il y a des arbres dont
le bois fe fend beaucoup plus réguliérement que d'autres ; mais
qu'il n'eft pas aifé de décider avec certitude, fi un arbre fur
pied fera de bonne fente ou non.

On doit abfolument rebuter tous les arbres noueux,
ainfi que ceux qui ont leurs fibres très-torfes ; je dis très-
torfes, car on ne laiffe pas de tirer parti des arbres dont les
fibres le font un peu moins, pour les employer à des ouvrages
qui permettent de les redreffer au feu : j'ai vu faire de très-
bons panneaux de menuiferie avec du merrain qui avoit ce
défaut.

Comme la direction des fibres des bois ruftiques & très-
forts, n'eft pas ordinairement droite & réguliere, ils font
rarement propres à la fente.

Les bois gras fe fendent affez bien, pourvu qu'ils ne foient
pas fecs ; car quand ils ont perdu toute leur feve, ils deviennent caffants ; c'eft pour éviter cela que les Marchands ont
grand foin de faire fendre leurs bois auffi-tôt qu'ils ont été abattus ; 1°, parce qu'alors ils fe fendent réguliérement, & fans
qu'aucune piece fe rompe, 2°, parce que les fentes qui fe forment dans les bois qui fe fechent, leur occafionneroient un
déchet confidérable ; 3°, parce que l'aubier du bois verd fe
fend très-bien, & qu'on peut en paffer une partie avec le bon
bois ; au lieu que cet aubier devient en pure perte, quand le
bois eft trop fec ; 4°, fi l'on fend une groffe bille de bois gras
anciennement abattu, la circonférence de la piece a peine à
fe fendre réguliérement ; mais le centre conferve ordinairement affez de feve pour qu'on puiffe le bien fendre. Ce qui
rend avantageufe l'exploitation de la fente, c'eft qu'on trouve
à employer pour différents ouvrages, les billes de toute longueur ; favoir, de 6 pieds pour les échalas d'efpaliers ; de 4
& demi pour les échalas des vignes ; de 4 pieds pour la latte ;
de 3 & demi pour les merrains des demi-queues ; de 2 pieds

2 pouces

2 pouces pour leur enfonçure ; de 2 pieds pour les barres ; de 18 pouces pour le paliſſon ; de 8 pouces pour les chevilles des Tonneliers, &c ; en conſéquence, on peut tirer parti de billes aſſez courtes qu'on leve, ſoit entre deux branches, ſoit entre deux nœuds.

Les Fendeurs ne laiſſent pas que de faire uſage des bois blancs ; ſavoir, le Tremble, le Peuplier, le Bouleau, le Saule, &c : ils en font du merrain pour des futailles, & des tonnes à enfermer le ſucre, & d'autres marchandiſes ſeches ; des tinettes pour contenir des beurres ; des barres, des chevilles pour les Tonneliers ; des paliſſons pour les entre-voûtes des planchers de Payſans, &c. Quand il s'agit d'ouvrages plus importants, on n'emploie guere que le Chêne & le Hêtre ; & dans les Provinces méridionales, le Châtaignier, le Mûrier, le faux Acacia. Dans nos Provinces, tous les ouvrages de fente ſe font avec le Chêne, & les ouvrages de raclerie avec le Hêtre.

§. 2. *Outils dont ſe ſervent les Fendeurs.*

Le métier de Fendeur n'exige pas un grand nombre d'outils : le principal eſt un *Attelier* ou *ſelle à fendre*, (*Pl. XXV. fig.* 1). Pour s'en former l'idée, il faut ſe repréſenter un gros fourchet de bois *A B C* ; la branche poſtérieure *A B*, eſt plus élevée que la branche antérieure *C B*.

Ce fourchet eſt ſoutenu par un pied ſolide *D*, qui ſe trouve placé à la réunion des deux branches, & par le pied *E* placé vers l'extrémité de la branche *C*. A l'égard de la branche *A*, comme il eſt à propos, ſuivant la hauteur du corps de l'Ouvrier, & ſelon les ouvrages qu'il doit faire, de la tenir plus haute ou plus baſſe, elle eſt ſimplement ſoutenue par une fourche *F*. Mais comme pendant le travail, l'Ouvrier fait toujours des efforts qui ſoulevent cette branche *A*, elle eſt affermie par une piece de bois *G* qui paſſe ſur cette branche, enſuite ſous la branche *C* ; elle porte à terre par le bout inférieur *G*, & le bout ſupérieur eſt fortement lié au poteau vertical *HH*, qui eſt lui-même attaché par le bout ſupérieur, ſoit à quelque piece du plancher, fi le travail fe fait dans un bâtiment, foit à une branche d'arbre, fi l'on fend dans la forêt; le bout inférieur eft un peu enfoncé en terre: de cette maniere l'attelier fe trouve folidement affujetti.

On voit en B, à la réunion des branches, une petite plate-forme arrondie qui fert à pofer la maffe ou mailloche I qui doit être toujours à portée de la main du Fendeur.

Pour comprendre l'ufage de cet attelier, fuppofons qu'on veuille fendre la piece de bois N O (Fig. 1) : on la pofe pref-que verticalement en dedans des fourches, de façon qu'elle s'appuie contre la branche C; puis plaçant le tranchant du Coutre P, fuivant la direction qu'on veut donner à la fente, on frappe fur le dos de ce coutre avec la maffe I, (Fig. 1 & 12); cette fente étant commencée, pour la continuer, on place la piece de bois prefque horizontalement dans la pofition K L; de maniere que le bout K paffe fous la branche A B de l'attelier, & le bout L fur la branche C B : il eft évident qu'en appuyant alors fur le manche M du coutre, on fait étendre la fente fuivant le fil du bois; quand la fente eft ouverte, on empêche qu'elle ne fe re-ferme en y introduifant un coin Q; puis on avance fortement le coutre, qui coupe les fibres qui ne font point féparées; & en appuyant encore fur le manche, on prolonge la fente qui bientôt s'étend jufqu'à l'extrémité de la piece, que l'on tient toujours de plus en plus ouverte avec le coin Q.

Avant d'aller plus loin, il n'eft pas hors de propos de faire une remarque fur la façon de manier le coutre; & pour cela je fuppofe, pour rendre la chofe plus fenfible, qu'on veuille fen-dre le morceau de bois a b (Fig. 2), avec le coutre c, dont la lame eft fort large; on parviendra bien à forcer la fente de s'étendre jufqu'au bout b, foit en élevant, foit en abaiffant le manche c du coutre; mais l'effet ne fera pas abfolument le même; car fi l'on éleve le manche c, le tranchant e du coutre, appuyera fur la portion d b de la piece de bois a b, pendant que le dos f du coutre appuyera fur g b de la même piece : or comme f b fait un plus long bras de levier que e b, la portion g b s'élevera, tandis que la portion d b reftera prefque immo-bile.

Si au lieu d'élever le manche *c* du coutre, on appuie dessus pour l'abaisser, le contraire arrivera ; c'est-à-dire, que le tranchant *e* s'appuyera sur la partie *g b* de la piece de bois, & le dos *f* sur la portion *d b* ; & comme *f b* fait dans ce cas un plus long levier que *e b*, la portion *d b* de la piece de bois, descendra pendant que la portion *g b* restera presque immobile.

Pour faire comprendre que cette circonstance n'est point indifférente aux Fendeurs qui veulent bien conduire leur fente, supposons que la piece de bois *k l* (*Fig. 3*), soit fendue jusqu'en *m* ; si on suppose les fibres de ce bois tendues bien parallelement, depuis *k* jusqu'à *l*, & que deux forces pareilles appliquées en *n* & en *o*, agissent en sens contraire pour écarter les parties *n o*, la fente doit naturellement s'étendre en ligne droite jusqu'à *l*, & de sorte que les morceaux *n l* & *o l* seront d'égale épaisseur ; mais il n'en sera pas de même si nous supposons une des deux forces appliquées en *p* (*Fig. 4*), & l'autre en *q* ; la portion *r p* restera droite, & la portion *q s* se courbera beaucoup. On sent évidemment que cela doit être, parce que la puissance appliquée en *p*, n'agit, pour augmenter la fente, que par le court levier *p t* ; au lieu que la puissance appliquée en *q*, agit par un plus long levier *q t* : or, comme la courbure *s q* occasionne la rupture de quelques fibres ligneuses en *t* ; il en résulte que la fente quitte la direction qu'on lui supposoit avoir suivant l'axe de la piece, & elle s'approche d'autant plus du côté *f*, que la courbure *q s* est plus considérable. Les Fendeurs ignorent les conséquences du raisonnement que je viens de faire ; mais ils savent très-bien appuyer ou élever le manche de leur coutre, pour faire prendre à leur fente la direction qui leur convient ; c'est pour cela qu'ils retournent en sens différents la piece *K L* (*Fig. 1*), afin de pouvoir manier plus commodément le manche de leur coutre, suivant la direction qu'ils veulent donner à la fente : ce n'étoit que par supposition que j'ai dit que le Fendeur relevoit son coutre ; car il est évident qu'il ne peut faire force qu'en appuyant, & c'est pour cela qu'il retourne sa piece, & qu'il appuye toujours sur le manche du coutre ; ce qui fait le même effet que fi, fans changer cette piece de fituation, il relevoit fon coutre comme j'ai fuppofé qu'il faifoit.

Le Fendeur fait encore profiter de la courbure *q s*, (*Fig. 4*), d'une façon *plus* fenfible : pour le faire concevoir, fuppofons que la piece *k l* (*Fig. 3*), deftinée à faire deux lattes, foit placée dans l'attelier, de la même maniere que la piece de bois *K L* (*Fig. 1*) ; fi le Fendeur s'apperçoit que la fente s'approche trop de *m*, il met fa main en *q* (*Fig. 5*) ; & en appuyant, il fait prendre à cette partie la courbure *q s* ; alors en portant fortement le tranchant du coutre dans l'angle *t*, la fente change bientôt de direction & s'approche de *s*. Les Fendeurs emploient fouvent & avec fuccès ces moyens pour fendre en ligne droite des pieces de bois, dont les fibres ont naturellement un peu d'obliquité.

Ces réflexions générales nous ont paru trop importantes fur cet objet, pour négliger de les rapporter. Je reviens maintenant au détail des outils.

Le coutre (*Pl. XXV. fig. 6*), a deux bifeaux ; c'eft l'outil qui fert le plus au Fendeur : la partie *a b* eft de fer acéré, & tranchante ; elle porte deux bifeaux, comme on le voit par la coupe *e*, la partie *d g*, eft le dos de ce coutre fur lequel l'Ouvrier frappe avec une maffe pour commencer la fente ; ce dos eft d'environ deux lignes & demie d'épaiffeur ; la longueur de *c* en *b*, eft de 9 pouces plus ou moins, fuivant les ouvrages qu'on a à fendre ; les coutres des Fendeurs de cerches font néceffairement plus longs. La largeur du fer de *d* en *c* eft ordinairement de quatre pouces ; la partie *c b* qui, comme on le peut voir par la coupe *e*, forme un coin mince & tranchant, eft terminée par une forte douille *i k*, plus ouverte du côté de *k*, que du côté de *i* ; c'eft pour cela que le manche qui eft fait de bois, doit être plus menu par le bout *L* que par le bout *k*, qui eft entré à force dans la douille & qui excede un peu le fer du coutre.

C'eft avec ce coutre que l'Ouvrier commence la fente, & qu'il la prolonge tout le long de la piece, comme nous l'avons dit ci-deffus en parlant de l'attelier. Il eft évident que fi la longueur du manche augmente la force du Fendeur, la largeur du tranchant la diminue.

Le grand coutre (*Fig 7*), diffère du premier (*Fig. 6*) ; 1°, en ce que son fer est de 3 pouces plus long ; 2°, son manche a 18 pouces de longueur ; 3°, la partie *a b c d*, n'a qu'un seul biseau ; la partie *a b* est acérée & fort tranchante ; & la partie *c d* forme un tranchant mousse : la coupe de ce coutre est représentée en *e* ; il est émincé à la partie *c d*, & échancré en *f* pour le rendre plus léger ; car ce coutre ne sert point à fendre ; les Ouvriers l'emploient comme une hache à main pour dégauchir leurs pieces, ainsi qu'on le voit dans la figure 8. Comme le tranchant de ce coutre est fort large, il dresse mieux les pieces de bois que ne pourroit faire le tranchant d'une coignée à main, dont le fer qui est étroit, forme des especes de sillons sur le bois.

La figure 9 représente une forte cognée d'abatteur, & dont les Fendeurs se servent quelquefois pour dégrossir leurs pieces de bois ; mais elle leur tient lieu plus souvent de masse ; & c'est avec la tête *a* de cette cognée qu'ils ont coutume de frapper des coins de bois dur qu'ils enfoncent dans les fentes les grosses billes : la forme de ces coins est représentée par les figures 10 ; on les fait avec du charme ; ils sont fort longs, minces, & fort tranchants.

Les Fendeurs emploient aussi des scies en passe-par-tout, (voyez *Fig. 11*), des mailloches (*Fig. 12.*), & quelquefois une masse ou gros maillet (*Figure 13*). La lame des scies est dentée comme *A A* (*Figure 11*), ou est faite en feuillet qui porte des dents comme *B B*, auxquelles on donne beaucoup de voie pour faire passer plus facilement la scie dans le bois verd.

Quand les Fendeurs veulent partager en deux une bille de bois, ils marquent l'endroit de la fente avec le coutre à deux biseaux ou avec la cognée ; ils frappent fortement ces outils avec la masse ; puis ils mettent le tranchant d'un de leurs coins dans ce sillon, & en frappant avec la tête de leur cognée, cette fente s'ouvre. S'ils apperçoivent dans la fente quelques filandres de bois, ils les coupent avec le coutre : on est surpris de voir une grosse bille de bois se séparer en deux avec beaucoup de facilité ; en suppofant néanmoins que la piece eft de Chêne, fans nœuds, & que les fibres du bois font fort droites.

La figure 12 repréfente une maffe ou mailloche femblable à celle qu'emploient les Charrons, qui, en plufieurs circonf- tances fe fervent auffi d'un coutre pour fendre le bois qu'ils mettent en œuvre. Cette maffe ou mailloche eft faite d'un ron- din de charme, ou d'autre bois dur, dans lequel on ménage un manche *a* qui puiffe être empoigné commodément d'une main : elle fert prefque uniquement à frapper fur le dos du coutre à deux bifeaux.

On voit dans la *Figure 14* les coins de fer qui ne fervent guére qu'aux Ouvriers qui fendent le bois à brûler ; comme ce bois, pour l'ordinaire, eft rempli de nœuds, & que fes fibres qui ont toutes fortes de directions, ne fe fendroient pas avec des coins de bois, on emploie ceux de fer, qu'on chaffe avec une groffe maffe (*Fig. 13*), qui fert également à frap- per les coins de fer & les gros coins de bois que l'on emploie alternativement, lorfque ceux de fer ont fait les premieres ouvertures.

La fcie en paffe-par-tout (*Fig. 11*), fert également aux Bûcherons, aux Scieurs de long & aux Fendeurs ; fouvent même on fournit à ceux-ci les billes toutes fciées : quand les billes ne font pas trop groffes, on emploie des fcies pareilles à celles des Charpentiers, pour les débiter.

§. 3. *Des Rames pour les Galeres & pour la Marine.*

Les rames fe font avec du Hêtre de brin, que l'on fend à peu-près comme l'on fend les cercles de cuve, (voyez *ci-deffus Livre II*) ; toute la différence qu'il y a, c'eft que comme les arbres qu'on doit fendre pour cet objet, doivent être fort longs, il faut les foutenir fur un nombre fuffifant de chevalets, & avoir plufieurs coins qu'on infere dans la fente pour lui faire fuivre bien réguliérement le trait qu'on a tracé fur la piece.

Il faut que les arbres foient bien *filés*, de belle fente, & qu'il ne fe trouve aucun nœud dans l'étendue de 48 à 49 pieds de longueur pour les rames de toutes fortes de galeres ; avec cette différence, que pour les rames des Galeres extraordinaires, il faut que les pieds d'arbre puiffent fournir en longueur, à compter du bout de la pelle, qui fait le tiers de celle de la rame, 11 pieds ; de ce point jufqu'à l'*eftrope*, qui eft la partie qui porte fur la galere, 20 pieds ; de l'eftrope jufqu'au bout qu'on nomme le *genou*, 16 pieds : total 47 à 48 ; & pour les Galeres ordinaires, 41 pieds.

On peut tirer trois ou quatre rames des arbres qui ont plus de deux pieds & demi de diametre vers le pied ; mais on n'en peut tirer que deux de ceux qui n'ont précifément que deux pieds.

Lorfque l'arbre a été fendu en 2, 3 ou 4 pieces, on en enleve le cœur, dont on ne peut faire ufage : on les livre en cet état, qu'on nomme en *attele* ou *ettele*, dans les Ports où les *Remolats* les travaillent & les perfectionnent.

On livre dans les Ports des rames en attele beaucoup plus courtes pour les Chébecs, les demi-Galeres, les Vaiffeaux, les Felouques, Chaloupes, Canots, &c : les Fourniffeurs fe conforment pour ces ufages aux dimenfions qui leur ont été fixées par les états de fourniture.

§. 4. *Comment on fend le Bois à brûler.*

On emploie pour le chauffage toutes les pieces de bois dont on ne peut faire aucun autre ufage, ou quand ces pieces font trop groffes & trop chargées de nœuds pour être œuvrées. Alors on les fend avec des coins de fer & de bois dur. Quand ce font des fouches fort groffes, on vient à bout de les mettre en éclats, en y employant le fecours de la poudre à canon. Pour cet effet, on perce avec une tarriere, un trou *a* (*Pl. XXVI. fig. 14*), de 5 ou 6 pouces de profondeur ; on le remplit de poudre à canon ; on ferme l'ouverture avec une cheville que l'on frappe à coups de maffe ; enfuite on perce une lumiere en *b* avec une vrille ; on amorce cette efpece de mine, à laquelle on met le feu avec une lance d'artifice *b*, & l'on a foin de fe retirer promptement au loin pour éviter d'être blessé par les éclats. Par ce moyen une souche se fend ordinairement en trois parties comme le repréfente *c de* (*Fig.* 1 en *B*).

A l'égard des billes ordinaires, on en commence la fente avec un coup de cognée, & on y introduit un coin de fer & d'autres fucceffivement, que l'on frappe avec une forte maffe de bois : les rais pour les roues de voitures fe fendent de la même maniere, ainfi que nous l'avons dit en parlant des taillis.

§. 5. *Comment on fend les chevilles pour les Tonneliers.*

IL convient que je parle de quelques ouvrages de peu de conféquence & aifés à faire, avant de traiter de ceux qui exigent plus d'adreffe : je vais dire comment on fait les chevilles que les Tonneliers emploient pour les fonds de leurs futailles.

On fait ces chevilles avec toute forte de bois : lorfque les Fendeurs fe trouvent avoir des billes de Chêne qui n'ont que 8 ou 10 pouces de longueur, & qui par cette raifon ne peuvent être employées à d'autres ufages, ils les mettent à part pour occuper leurs apprentifs à en faire des chevilles ; mais quand il arrive que l'on manque de ces billes de fauffe coupe, on fe fert de bois de Tremble, de Peuplier, de Saule ou de Bouleau.

En Bourgogne on fait ces fortes de chevilles fort longues, parce qu'on en garnit tout le fond des demi-muids ; mais dans l'Orléanois, on ne donne à ces chevilles que 8 pouces de longueur pour les demi-quarts ; celles pour les quarts, font moins longues ; en Angoumois, ces chevilles n'ont que 2 pouces de longueur, & ce font les Tonneliers qui les font eux-mêmes. Tout le bois qu'on débite en billes pour l'ufage de l'Orléanois, doit être fcié à 8 pouces de longueur.

Le Fendeur (*Pl. XXVI. fig.* 2), affis fur un bloc de bois, prend une de ces billes *a* entre fes jambes ; il pofe fon coutre dans l'axe, & frappant avec la maffe, il divife le tronçon en deux parties par la ligne 1, 1 (*Fig.* 3) ; puis plaçant fucceffivement le coutre fuivant les lignes 2, 2, le tronçon fe trouve partagé en quatre ; & chacune de ces parties ayant été enfuite

partagées

partagées par les lignes 3, 3 & 4, 4 ; il a six petites planches, (*Fig. 4*) d'un pouce d'épaisseur & de 8 pouces de hauteur sur différentes largeurs, à cause de la rondeur du tronçon. Il fend ensuite chacune de ces petites planches d'abord par la ligne 5 (*Fig. 5*), ensuite par les lignes 6, 6, enfin par les lignes 7, 7 &c. Un pareil tronçon, supposé de 8 pouces de diametre, fournit environ 40 chevilles.

Il faut ensuite dresser ces chevilles avec la plaine, les rendre plus menues par un bout que par l'autre, & les tenir même un peu moins épaisses qu'elles n'ont de largeur ; mais cette derniere opération ne regarde plus le Fendeur, c'est le Tonnelier qui donne cette façon avec la plaine, à mesure qu'il veut employer ces chevilles.

Les fusées qu'on emploie pour faire les entrevoux des planchers des Paysans, n'étant que de longues chevilles de bois blanc, qu'on ne dresse point à la plaine, & auxquelles on donne 2 pieds de longueur sur 1 & demi ou 2 pouces en quarré, pour soutenir du trochis dont on forme les entrevoux de ces planchers, ces fusées (*fig. 5.*) se fendent comme les chevilles de poinçon : on fend de même à Paris des *diligences* ou petits cotrets, pour allumer le feu.

§. 6. *Comment on fend le Palisson & les Barres pour les futailles.*

ON appelle *Palisson* de petites planches fendues (*Fig. 6*), ou des especes de douves dont on garnit l'entre-deux des solives des planchers des fermes & des maisons de peu de conséquence. On les fait ordinairement avec du bois blanc fendu à l'épaisseur d'un pouce, qui se trouve réduite à trois quarts de pouces quand elles ont été dressées à la doloire : leur longueur est fixée par la distance qui se trouve entre les solives, & qui est communément de 18 pouces, parce qu'on ne met que 6 pouces d'intervalle d'une solive à l'autre.

Les barres (*Fig. 7*), pour soutenir le fond des futailles, ont à peu-près la même épaisseur que les palissons ; on les fait de différentes longueurs, suivant la grandeur des futailles ; mais celles qu'on emploie dans l'Orléanois pour les poinçons ou les demi-queues, doivent avoir 22 pouces de longueur. Comme le palisson & les barres se fendent de la même maniere, nous parlerons de tous les deux à la fois.

On n'a pas besoin d'attelier pour fendre les chevilles, parce que les billes dont on les tire sont fort courtes ; mais on ne peut guere s'en passer pour faire le palisson & les barres ; néanmoins au lieu de l'attelier (*Pl. XXV. fig. 1*), que nous avons décrit ci-devant ; on emploie souvent pour ces petits ouvrages, une chevre à scier du bois telle que celle, *Pl. XXVI. fig. 8* : en y plaçant la piece *c* qu'on veut fendre sous la traverse d'en bas *a*, & sur celle du milieu *b*, on a un point d'appui assez solide pour résister à l'effort du coutre : il est cependant plus commode d'avoir un petit attelier qui, à la grandeur près, ressemble à celui de la Planche **XXV**. (*fig. 1*).

Quand on a scié les billes selon la longueur convenable, savoir, celles pour en faire du palisson, à 18 pouces, & celles pour les barres des demi-queues, à 22 pouces, le Fendeur prend une bille qu'il place verticalement, & posant son coutre dans le diametre de la piece, il le frappe avec une mailloche, & il commence la fente ; puis mettant le même morceau de bois dans la position où l'on voit la piece *c*, (*Fig. 8*), il appuie sur le manche du coutre ; alors la fente s'ouvre, mais il empêche qu'elle ne se referme, en y introduisant un coin ; ensuite il redresse le coutre, il le pousse plus avant dans la fente, il appuie de nouveau sur le manche, il fait suivre le coin ; de forte que la piece de bois se trouve séparée en deux par la ligne 1, 1, (*Fig. 3*) ; après quoi il sépare en deux chaque moitié par les lignes 2, 2 ; enfin il fend encore chaque morceau en deux parties, par les lignes 3, 3, &c.

D'une bille de bois blanc de 8 pouces de diametre, on retire 8 palissons épais d'un pouce, qui se trouvent réduits à 9 lignes après qu'ils ont été dressés ; ou 9 barres, parce qu'elles font un peu moins épaisses que les palissons. A l'égard de ceux-ci, on les laisse dans toute la largeur des billes dont ils ſont tirés ; mais on peut faire deux barres de celles qui ſont les plus larges.

Je remarquerai en paſſant, que les Fendeurs qui font du douvain de Chêne, mettent à part une partie de leurs rebuts pour en faire des barres ; ce qui fait que l'on voit une aſſez grande quantité de barres qui ſont de bois de Chêne.

A meſure que les Fendeurs ont débité une bille, ils dreſſent groſſiérement les barres & les paliſſons, avec le grand coutre à un ſeul biſeau, comme on le voit (*Pl. XXV. fig. 8*).

Le paliſſon deſtiné pour les bâtiments qui n'exigent aucune propreté, ſont employés tels qu'ils ſortent des mains des Fendeurs ; mais ceux qu'on emploie dans les bâtiments qui méritent plus d'attention, ſont dreſſés ſur le plat avec la doloire, & encore ſur le tranchant avec la colombe : ce travail eſt du reſſort des Tonneliers.

Pour ce qui eſt des barres, on les livre brutes aux Tonneliers, & c'eſt eux qui les dreſſent avec la doloire ou la plaine, & ils les aminciſſent par les deux bouts *a b* (*fig. 7*).

Le paliſſon prêt à être employé, forme, comme nous l'avons dit, de petites planches (*Fig. 6*) ; les barres, (*Fig. 7*), ſe terminent en tranchant par les deux bouts, afin qu'elles puiſſent s'ajuſter mieux dans les jables.

Dans la forêt d'Orléans les Marchands vendent les barres par cent, & ils ajoutent 8 chevilles par chaque barre.

On fend du Chêne de la même façon, pour en faire du bardeau qui ſert à couvrir des moulins ou d'autres bâtiments : on donne aſſez communément à ce bardeau 10 pouces de longueur ſur 5 de largeur, on le dreſſe avec la doloire : on l'attache ſur les couvertures avec des clous comme les ardoiſes.

§. 7. *Comment on fend les Echalas, les Gournables ou chevilles pour les Vaiſſeaux.*

Les échalas de vigne, qu'on nomme dans la forêt d'Orléans *du Charnier*, & dans le Bourdelois *de l'Œuvre*, ne ſont pas toujours de bois de fente ; on les fait souvent de menues perches de Tilleul, de Saule, de Peuplier, d'Aune, de Genevrier, de Pin, de Chêne, &c, que l'on coupe à 4 pieds & demi de longueur : on les arrange par bottes de 50 échalas; 25 de ces bottes font une charretée. Quand on dit que les échalas coûtent 12, 15 ou 18 liv. la charretée, on entend que 1250 échalas valent cette somme.

Les plus mauvais échalas de rondin, font ceux d'Aune, ensuite ceux de Marseau, de Saule, de Peuplier ; ceux de Chêne ne valent guere mieux, parce qu'ils ne font que d'aubier. Les échalas de Pin font très-bons ; ceux de Genevrier font encore meilleurs ; & si l'on pouvoit en avoir de Cyprès & de Cedre, ils feroient de très-longue durée : je conviens que ces arbres font rares en France ; mais c'est parce qu'on ne veut pas les y multiplier ; car ils viennent avec une facilité étonnante, surtout dans les Provinces méridionales du Royaume.

On emploie rarement les gros troncs de bois blanc pour en faire des échalas de fente, parce qu'ils ne valent rien pour eet ufage quand le cœur n'est pas fain ; & que quand ce bois est fain, on l'emploie plus utilement à faire des barres, des femelles de galoches, des fabots, de la voliche, &c. On refend en deux ou en trois les grosses perches de Saule pour en faire des échalas. Ces perches fe fendent comme celles qu'on destine à faire des cerceaux : comme nous en avons parlé à l'article des taillis, nous nous contenterons d'avertir, que quand on a fait de ces échalas refendus, il faut avoir soin de les lier par bottes, avec de bonnes hares qui puissent les ferrer très-fortement, & qu'il ne faut employer ces échalas dans les vignes que quand ils font bien fecs ; autrement, les brins en fe féchant, deviendroient très-courbes, par la raison qu'en se féchant fans avoir été contenus par aucun lien, la circonférence du bois qui contient plus d'humidité que le centre, fe retireroit davantage, & l'on courroit risque de rompre ces échalas en les piquant en terre.

Les échalas de Pin font faits de brins de 9, 10 ou 11 ans que l'on arrache : fans les refendre, on se contente feulement de les ébrancher & de les couper de longueur ; on les lie ensuite par bottes pour les vendre.

Si l'on veut faire des échalas de Genevrier, on doit y destiner de jeunes pieds que l'on a soin d'émonder, pour les déterminer à former une tige bien droite. J'en ai fait tailler de cette façon qui ont formé de belles tiges ; mais j'avois la précaution de laisser ramper au pied quelques branches dont l'ombre étouffoit l'herbe : le Genevrier a cet avantage, qu'il subsiste dans les plus mauvais terreins ; il est vrai qu'il y croît bien lentement, & qu'il n'y forme pas une aussi belle tige que dans les terreins de médiocre qualité où l'on pourroit les élever avec plus d'avantage.

Dans la plupart des vignobles de l'Orléanois, on ne fait usage que des échalas de fente de Chêne : voici comment on les fend dans la forêt.

Comme il n'est point essentiel que ces sortes d'échalas aient une figure réguliere, on n'emploie à cet usage que les arbres qui sont trop noueux pour en faire du douvain, de la latte, de la cerche, &c.

On coupe ces arbres par billes de 4 pieds & demi de longueur (*Pl. XXVI. fig. 9*) ; on les fend d'abord en deux par le centre *A B*, comme on fend celles pour les barres ; ensuite on divise encore chaque moitié en deux par la ligne *C D*, toujours du centre à la circonférence, ce qui donne quatre quartiers ; chacun de ces quartiers est encore divisé en deux parties par les lignes *E, F, G, H ;* de sorte que chaque bille fournit huit morceaux ou segments de cylindre *A C E* (*Fig. 10*), qui doivent être encore fendus de la maniere suivante.

On commence par les fendre par la ligne *G F* (*Fig. 10*) ; on emporte par copeaux avec le grand coutre la partie *H*, qui n'est que de l'écorce & de l'aubier ; ensuite on fend la planche *A E, F G* par les lignes *I, K*, qui doivent toujours être des rayons qui se dirigent vers le centre *C*, & on en tire trois échalas (*Fig. 11*), qui sont, pour la plus grande partie, d'aubier : autrefois on rejettoit entiérement l'aubier ; mais maintenant, comme le bois est devenu plus rare, on emploie tout ; quoiqu'un échalas d'aubier de Chêne dure moins qu'un rondin de saule : on fend le restant du quartier par la ligne *L M* ; & après avoir divisé en deux le morceau *F G L M* par la ligne *N O*, on a deux échalas de bon bois ; enfin la portion *L M C*, étant encore fendue par la ligne *P Q*, on a un échalas triangulaire *P Q C* ; & comme le morceau *L M P Q* se trouve trop menu pour faire deux échalas, & trop gros pour n'en faire qu'un, on leve une tranche *R S*, qui n'est pas à la vérité propre à grande chose.

Comme la forme des échalas de vigne est assez indifférente, & qu'on s'embarrasse peu qu'ils aient un air de propreté, le Fendeur ne se donne pas la peine de les dresser avec le grand coutre : il les couche entre quatre piquets *A*, *B*, *C*, *D*, enfoncés en terre ; (*Fig. 1 2*,) où il les arrange comme en *G H*. Ils sont supportés à chaque bout par deux morceaux de bois *E F*, afin que l'Ouvrier ait la facilité d'y passer les harres pour les lier en bottes comme dans la Figure 13 : chacune de ces bottes doit contenir 50 échalas ; 25 de ces bottes, comme nous l'avons dit, font une charretée, & la quantité de 1250 échalas.

Les Ouvriers ont grande attention de mettre vers la circonférence des bottes & en parement, les échalas faits de cœur de Chêne, & de renfermer au centre ceux d'aubier.

Outre les échalas pour les vignes, on en fait d'autres pour les treillages des espaliers ; ceux-ci ont depuis 6 jusqu'à 7 pieds & demi de longueur ; & comme ils doivent être dressés avec la plaine par les Jardiniers, & quelquefois à la varlope par les Menuisiers, on les fait de bois plus parfait. Au reste, la maniere de les fendre est la même que celle des échalas de vigne.

Les gournables ou chevilles que l'on emploie dans la construction des Vaisseaux, se font de pur cœur de Chêne : il est important que ce bois ne soit point gras ; le plus fort est toujours le meilleur. On fend les gournables comme les échalas ; leur longueur doit être depuis 24 pouces jusqu'à 36 sur 2 pouc. & demi ou 3 pouces d'équarrissage. Les gournables pour les Vaisseaux de 80 pieces de canon doivent avoir 15 lignes d'équarrissage ; 14 lignes pour les Vaisseaux de 74 & de 64 canons ;

13 lignes pour ceux de 50 pieces ; & 12 lignes pour les Frégates : on les vend au millier.

§. 8. *Comment on fend les lattes pour la tuile & l'ardoise.*

Jusqu'à présent je n'ai expliqué que la maniere de fendre les ouvrages les plus communs : ces opérations sont ordinairement commises aux Apprentifs-Ouvriers ; maintenant je vais parler des ouvrages de fente qui exigent plus d'adresse & d'expérience : les lattes sont de ce genre.

On doit avoir déja remarqué que les Fendeurs divisent leurs quartiers suivant deux directions ; tantôt ils les fendent suivant les lignes dirigées, comme *A B*, ou *C D*, (*Pl. XXVII. fig. 1*) ; d'autres fois suivant des lignes qui forment des rayons *EF*, *EG*, *EH*, *EI*, &c ; mais on doit observer qu'ils ne fendent leur bois suivant les lignes *AB*, *CD*, &c, que pour les premieres divisions où il reste beaucoup de bois, & que les subdivisions qui sont plus difficiles à exécuter, parce que les pieces qu'on leve sont minces, se doivent faire toujours suivant les directions *EF*, *EG*, &c. La raison de cela est, qu'ils ont apperçu que la fente se fait toujours plus réguliérement par des lignes qui s'étendent du centre à la circonférence ; c'est-à-dire, suivant la direction des insertions ou mailles, que dans toute autre direction ; & l'on en comprendra la raison, si l'on veut recourir à ce que j'ai dit dans la *Physique des Arbres*, que le tronc d'un arbre est formé par des couches qui se recouvrent les unes les autres, & qui forment sur l'aire de la coupe d'un tronçon de bois les cercles *L*, *L*, *L*, *L*, &c. Comme ces cercles sont plus durs que la substance qui les unit, cela fait que, quand on dirige la fente suivant les lignes *A B*, ou *C D*, &c, il s'y fait des éclats qui se détachent des cercles, où le bois a moins d'adhérence, pour rester unis aux cercles qui ont plus de densité. La même chose n'arrive pas quand on fend le bois suivant les lignes *EF*, *EG*, *EH*, &c, qui coupent perpendiculairement les cercles *L*, *L*, *L*. Nous avons encore fait remarquer dans le même Traité, qu'on voyoit sur la coupe d'une piece de bois, des lignes qui s'étendent du centre à la circonférence : Grew compare ces lignes aux lignes horaires des Cadrans ; il les nomme *infertions* ou *mailles* ; il dit qu'elles font formées par le tiffu cellulaire ; qu'on les apperçoit par plaques brillantes fur le plat d'un morceau de bois fendu : or il eft certain que le bois a beaucoup de difpofition à fe fendre par ces points ; & que c'eft ce qui fait que les arbres ne fe fendent jamais plus réguliérement, que fuivant les rayons qui s'étendent du centre à la circonférence. Quelque jugement que l'on porte de cette théorie, le fait n'eft pas moins certain ; & les Fendeurs favent très-bien que leur fente feroit peu réguliere, s'ils levoient les pieces minces & délicates fuivant toute autre direction que *E F*, *E G*, *E H*, &c. Il y a encore une remarque générale à faire & qui eft importante ; c'eft que la fente fe conduit mieux quand les deux portions qu'on fépare, font à peu-près de même épaiffeur, que quand l'une fe trouve fort épaiffe & l'autre très-mince ; c'eft ce qui fait que les Fendeurs féparent toujours, autant qu'il leur eft poffible, leurs pieces par moitié ou par tiers : s'ils ont à fendre le quartier *E*, *F* (*Pl. XXVII*, *fig.* 1), en 4 tranches, ils ne commenceront pas par placer leur coutre en *a E*, mais en *b E* ; enfuite ils diviferont chaque morceau en deux, par les lignes *a E* & *c E*.

Par la même raifon, s'ils ont à fendre en lattes le quartier *a b c* (*Fig.* 2), ils commenceront par mettre le coutre en *dd*, puis en *e e*, & enfuite en *ff* ; chaque tranche fera divifée en lattes, d'abord par la ligne 1,1, puis par les lignes 2, 2, enfuite par les lignes 3, 3, &c.

Achevons d'expliquer par un exemple, la maniere de fendre les lattes quarrées pour la tuile.

On choifit pour cela des Chênes fans nœuds & les plus propres à la fente ; on les coupe par billes de 4 pieds de longueur, que nous fuppoferons avoir 9 pouces de diametre ; on les fend d'abord en deux ; chaque moitié encore en deux ; enfin chacun de ces quartiers encore en deux ; ainfi de chaque bille, l'Ouvrier retire huit quartelles femblables à *a b c* (*Fig.* 2), qui font 5 pouces de *b* en *c*, & 3 & demi de *a* en *c*.

Il commence par fendre ces quartiers suivant la ligne *d d* (*Fig.* 2), puis *e e*, puis par la ligne *f f*. Il emporte avec le grand coutre l'écorce & une partie de l'aubier *a g e*; ensuite il leve dans la tranche *a c, e e*, trois échalas qui sont presque entiérement d'aubier, & qui n'ont que 4 pieds de longueur, au lieu de 4 pieds & demi qu'ils devroient avoir; c'est la tranche *d d, e e*, qui fournit des lattes; cette tranche doit avoir 15 à 16 lignes d'épaisseur, parce qu'elle donne la largeur des lattes pour la tuile, qu'on nomme *lattes quarrées*. L'Ouvrier commence par la diviser en deux par la ligne 1 1; ensuite il fend chaque moitié en deux, par les lignes 2, 2, de sorte que chaque quart lui fournit trois lattes qui doivent avoir 2 lignes & demie ou 3 lignes d'épaisseur.

La ligne *e e* étant plus longue que la ligne *d d*, les lattes doivent être plus épaisses d'un côté que de l'autre; les Couvreurs mettent le côté le plus épais en en haut, pour recevoir le crochet de la tuile.

Quand une latte se trouve considérablement plus épaisse par un de ses bouts que par l'autre, le Fendeur la met entre les deux fourchets de l'attelier; il la courbe en en bas; il appuie dessus avec sa main gauche; & avec son coutre à deux biseaux, il en enleve un copeau qu'il conduit jusqu'au bout de la latte; ou bien il se contente d'enlever une partie de l'épaisseur du bois avec le grand coutre.

Dans une bille de 9 pouces de diametre, la seule couronne dont *d d, e e* fait une partie, fourniroit environ 96 lattes. L'Ouvrier arrange ensuite les lattes par bottes de 50, (*Fig. 4*), entre quatre chevilles, disposées comme le voit (*Fig. 5*).

Il ne faut que 20 bottes pour faire une charretée, par conséquent la charretée de lattes ne contient que 1000 lattes. Souvent la latte se vend au cent de bottes.

On fend pour Paris, & on débite en lattes quarrées la tranche *a c e e* (*Fig.* 2), qui n'est presque que de l'aubier. On nomme cette latte, *latte blanche*; elle sert à latter les parties qui doivent être recouvertes de plâtre, comme plafonds, cloisons, &c: les Maçons prétendent que la latte de cœur de Chêne tache le

plâtre;mais ce peut être un prétexte pour employer la latte blanche qui leur coûte moins que l'autre. Dans la forêt d'Orléans,
on fait des échalas avec cette tranche. Les lattes à ardoise se
fendent comme celles pour la tuile; elles ont de même quatre
pieds de longueur, environ deux lignes & demie d'épaisseur;
mais comme elles doivent avoir 3 pouces & demi ou 4 pouces
de largeur, il faut que la tranche *f g d e* (*Fig. 3*), ait 4 pouces
d'épaisseur, ce qui oblige de choisir des arbres plus gros, & souvent on renonce à faire des échalas au - dessus de la tranche
f g, & en ce cas la ligne *f g*; est placée au bord de l'aubier, &
l'on tire de la latte de la tranche *d e, a b* : les bottes de lattes voliches ne sont que de 25 lattes.

A l'égard du triangle *h i k l*, (*Fig. 3*), on a coutume d'en
faire des échalas : nous remarquerons en passant, que les lattes
qu'on emploie en échalas sont peu estimées, non-seulement
parce qu'elles sont d'un demi-pied plus courtes que les autres,
mais encore parce que celles qui sont prises dans la tranche
a c e e (*Fig. 2*), ne sont presque entiérement que de l'aubier.

§. 9. *Comment on fend le douvain, le merrain ou tra-verfin, c'est-à-dire, les douves ou douelles de fond, & celles de long pour les futailles.*

La maniere de fendre les douves ou douelles pour les futailles, differe peu de celle que nous avons expliqué pour les
lattes.

Il faut choisir du bois de belle fente qui ne soit point trop
gras : il est nécessaire que les rondines soient d'autant plus
grosses, qu'on a à faire des douves pour de plus grosses pieces,
parce que celles qui sont destinées pour de grosses futailles,
sont ordinairement plus larges que celles qu'on doit employer
pour des barrils, & qu'on prend toujours la largeur des douves
dans le même sens que les lattes de la *Figure* 3 ; il est évident
que la largeur des lattes quarrées, étant de 15, 16 ou au plus
18 lignes, elles peuvent être prises dans un arbre moins gros,
que les douves qui ont 4, 5 & même 6 & 7 pouces de largeur.

Les Tonneliers ne trouvent jamais le merrain trop large, parce qu'il avance d'autant plus leur ouvrage; néanmoins plus les douves de long font étroites, meilleures en font les futailles; & j'en ai vu de très-belles dont les douves n'avoient que 2 pouces, 2 pouces & demi ou 3 pouces de largeur.

J'ai dit qu'il falloit choisir pour le merrain des arbres de belle fente : on en sentira la nécessité, quand on fera attention que les futailles qui ne font assemblées qu'à plat-joint, doivent contenir des liqueurs précieuses, assez exactement pour ne point courir risque qu'il s'en perde dans les transports : or des nœuds qui donneroient aux douves des contours irréguliers, ou qui occasionneroient un défaut de bois, ne conviendroient point à un assemblage exact à plat-joint, surtout pour des planches qui n'ont qu'une petite épaisseur.

Les futailles qui seroient faites avec du bois perméable aux liqueurs, occasionneroient un grand coulage ; c'est pour cela qu'on n'y emploie aucuns bois blancs, tels que Saule, Tremble, Peuplier, Tilleul, &c : on n'emploie communément pour les futailles qui doivent contenir du vin ou de l'eau-de-vie , que du Chêne.

Dans le Limousin, l'Angoumois , &c, on fait de très-bonnes futailles avec le jeune Châtaigner ; j'ai vu de grosses tonnes faites avec de l'Acacia; enfin dans les Provinces méridionales du Royaume, on fait du merrain avec le Mûrier blanc.

On rebute le Chêne qui est trop gras, non-seulement parce que ce bois est perméable aux liqueurs , mais encore parce que comme il est fort cassant , quelque douve pourroit se rompre, lorsqu'on roule des pieces pleines sur un terrein dur où elles pourroient rencontrer un caillou.

Le bois de Chêne extrêmément gras , prend une couleur rousse bien différente du bon Chêne dont le bois est presque blanc ; c'est pourquoi il est défendu par les Statuts des Tonneliers d'Orléans , d'employer pour les futailles où l'on renferme des liqueurs, aucunes douves de bois rouge ou vergeté , excepté la douve du bondon qu'il leur est permis de mettre de ce bois.

C c c c ij

Dans les Ports où l'on fait de grosses recettes de douvain, outre les marques extérieures qui font juger de la qualité du bois, on éprouve les douves en les frappant le plus fortement qu'il est possible sur l'angle d'une enclume ou d'une grosse pierre fort dure : alors si elles résistent à ce coup, ou si elles se rompent, on juge de la qualité de leur bois par les éclats qu'elles forment : si elles rompent net & sans éclats, c'est signe que le bois est gras ; & quand il est trop gras, on le rebute. Il est bon que ceux qui font exploiter des bois, soient avertis des défauts qui pourroient empêcher les Tonneliers d'acheter leur merrain, afin qu'ils évitent de laisser employer à cet usage certains bois qui n'y seroient pas propres.

On fait néanmoins à dessein du merrain & du traversin avec du Chêne rouge très-gras, avec du Hêtre, ou même avec des bois blancs ; mais ces douves ne font propres qu'à faire des tonnes pour le sucre, des barrils pour renfermer de la clincaillerie ou d'autres marchandises seches ; & pour ces objets, où l'exactitude n'est pas aussi nécessaire que quand il s'agit de contenir des liqueurs, on tient les douves fort minces.

Enfin, quand on a choisi le bois convenable à l'usage qu'on veut faire des futailles, on coupe les billes plus ou moins longues, suivant la grandeur des tonneaux qu'on se propose de construire. On fend d'abord les billes par quartiers, comme quand on veut faire de la latte; mais comme il arrive souvent que les billes font trop courtes pour des échalas ou des lattes, dans les parties qu'on n'emploie pas en merrain, on fait en sorte que le segment qu'on fait au-dessus de *fg*, (*Fig. 3*), emporte tout l'aubier, parce qu'il est important qu'il n'y en ait absolument point dans les douves. On leve ensuite une tranche semblable *fg d e*, à laquelle on donne la largeur que les douves doivent avoir ; enfin on divise cette tranche, suivant les lignes 1, 1, 2, 2, &c, en observant de donner aux douves une épaisseur proportionnée à leur longueur.

A l'égard des tranches *h, i, k, l*, on peut les couper de longueur, & les fendre pour en faire des gournables ou chevilles pour la construction des Vaisseaux, supposé toutefois que ce bois soit bien sain, & ne soit pas gras; car dans les recettes des gournables, les préposés sont très-difficiles sur la qualité du bois, & ils rebutent absolument celui qui a quelque marque de retour.

Comme l'industrie du Fendeur consiste à employer utilement tout son bois; s'il ne peut pas trouver dans la tranche *d e a b*, (*Fig. 3*), des douves pour de grosses futailles, il essayera d'en débiter pour des barrils, ou des lattes voliches qu'on emploie sur les jointures des batteaux, ou pour des ouvrages de moindre conséquence; car ces sortes de billes sont trop courtes pour les débiter en lattes propres aux Couvreurs.

Quand le douvain est fendu, le Fendeur le dégauchit grossiérement avec le grand coutre à un biseau : on le vend en cet état aux Tonneliers, qui le dressent sur le plat avec la doloire, & sur le chant avec leur colombe ; ces opérations font partie de l'art du Tonnelier dont il n'est pas ici question.

§. 10. *Tarif de la longueur, largeur & épaisseur du traversin & du merrain pour quelques futailles de différentes grandeurs.*

Pieces de 4.	Longueur.	Largeur.	Epaisseur.
Merrain.	51 pouces.	6 pouces.	15 lignes.
Traversin.	38 pouces.	7 pouces.	18 lignes.
Pieces de 3.			
Merrain.	48 pouces.	6 pouces.	15 lignes.
Traversin.	34 pouces.	7 pouces.	15 lignes.
Pieces de 2.			
Merrain.	45 pouces.	6 pouces.	12 lignes.
Traversin.	30 pouces.	7 pouces.	14 lignes.
Demi-queue.			
Merrain.	36 à 37 pouc.	5 à 6 pouces.	7 à 9 lignes.
Traversin.	24 à 25 pouc.	5 à 8 pouces.	7 à 9 lignes.

Les Fendeurs ont soin de mettre de côté les pieces les plus courtes ou celles qui sont échancrées par les bouts, parce qu'elles peuvent être employées à faire des chanteaux ou *accoinfons* pour les fonds.

Comme les jauges varient felon les différentes Provinces, on doit proportionner la longueur des douves à celle des fu-tailles, qui font le plus en ufage dans le pays où l'on en doit faire la confommation.

Quand les Tonneliers n'emploient que des douves étroites, leur ouvrage en eft bien meilleur; mais auffi leur prix doit être moindre que celui des plus larges, parce qu'il en entre beau-coup plus que de celles-ci dans la conftruction d'une futaille.

A Orléans, les Tonneliers achetent ordinairement le mer-rain au millier, afforti & compofé de 1400 douelles ou douves de long, & 700 de douves de fond, propres à faire des maî-treffes pieces & des chanteaux.

Le merrain pour les demi-queues, jauge d'Orléans, a deux pieds 6 pouces de longueur, 5 à 6 pouces de largeur: le traverfin a 2 pieds de longueur fur 6 à 7 pouces de lar-geur; l'épaiffeur de toutes ces douves, tant de long que de fond, eft de 5, 6 ou 7 lignes au fortir des mains du Fen-deur.

Les Tonneliers ont grande attention de flairer les douves avant de les employer, pour s'affurer fi elles n'ont aucune mauvaife odeur; car comme ils répondent du vin qui contrac-teroit un goût de fût dans les futailles qu'ils vendent, il leur eft important d'éviter cette perte. Il m'eft arrivé d'avoir fait rem-plir de bon vin, des tierçons que j'avois fait faire avec des douves puantes que les Tonneliers avoient rebutées; & ce vin n'y a pris aucun goût: il eft cependant certain qu'il y a des futailles qui gâtent le vin; mais je puis affurer que ni les Fen-deurs ni les Tonneliers n'ont point de méthode fûre pour les connoître parfaitement: ils rebutent abfolument les douves faites avec du bois du pied des arbres où il s'eft trouvé des fourmillieres, quoiqu'il ne foit pas certain qu'elles puiffent gâter le vin.

§. 11. *Maniere de fendre les Cerches pour les Boiffeliers.*

LES Cerches font des planches minces, de bois de fil, & fendues comme les douves : elles fervent à faire les caiffes des tambours, les bordures des tamis, les feilles, les minots, les boiffeaux & d'autres mefures de toutes grandeurs jufqu'au demi-litron, qui eft la plus petite mefure pour les grains.

Les cerches font toutes faites de bois de Chêne; & l'on choifit pour ces ouvrages les bois de la plus belle fente.

La cerche eft plus avantageufe au Marchand que le merrain; le merrain plus que la latte; & la latte plus que les échalas.

Les Marchands vendent aux Boiffeliers pour faire des feilles, des boiffeaux, &c, des cerches de trois efpeces : celles qui retiennent le nom de *cerches* pour le corps des feaux, ont depuis 10 pouces jufqu'à un pied, ou 13 pouces de largeur fur 3 pieds, ou 3 pieds 6 pouces de longueur, & 3 à 4 lignes d'épaiffeur, dreffées à la plaine. Les cerches qu'on nomme *bordures*, font de la même longueur & de la même épaiffeur, mais elles n'ont que 4 à 5 ou 6 pouces de largeur. On en fournit encore qu'on nomme *garnitures* ou *Apreft-marchand* : celles-ci ne différent des *bordures*, que parce qu'elles ont 6, 7 ou 9 pouces de largeur.

Les cerches pour les minots, ont quatre pieds & demi de longueur fur 14, 15, 16 ou 17 pouces de largeur : les plus larges font réfervées pour les caiffes de tambours : on vend encore aux Boiffeliers des *enfonçures*; ce font des planches fendues : celles pour les feilles ont 10 à 12 pouces en quarré, & 5 à 6 lignes d'épaiffeur : il s'en fait de plus grandes pour les minots.

Les Marchands ont coutume de livrer par *affortiment* aux Boiffeliers les cerches & enfonçures : un affortiment eft compofé de huit bottes de grandes cerches; chaque botte en contient fix, en tout 48; plus, 16 bottes de garnitures ou *Apreft-marchand* : ces bottes contiennent 12 cerches, en tout 192 :

les bottes de bordures contiennent plus de 12 cerches, & leur nombre augmente à proportion qu'elles font plus étroites; enfin pour compléter un pareil affortiment, on livre fix fonds pour chaque botte de grandes cerches, en tout 48.

Dans quelques endroits, une fourniture complette eft compofée de 108 corps de feaux en 18 bottes; plus, 108 bordures en 9 bottes, ou 216 bordures diftribuées en 18 bottes & 108 fonds.

Une bille de belle fente, de 3 pieds 6 pouces de longueur & de 4 pieds de diametre, peut fournir 200 cerches pour corps de feaux; ce qu'on retranche du cœur avant de la fendre, fournit de bons échalas. On donne à peu-près 7 liv. aux Fendeurs pour fendre un affortiment complet.

On pourroit imaginer que pour avoir des cerches d'un pied, & de 14 pouces de largeur, il faudroit fendre l'arbre par fon diametre, & enfuite par des lignes paralleles pour fournir de la garniture & de la bordure, mais cela n'eft pas praticable; il faut néceffairement carteler l'arbre, ainfi que nous l'avons dit pour débiter la latte, & comme nous le ferons voir encore dans le paragraphe fuivant,

§. 12. *Ordre que fuivent les Fendeurs dans leur travail.*

Un arbre fuppofé tel que celui de la Planche XXVII. (*Fig.* 6) & marqué *A*, ne pouvant être propre à faire une belle piece de charpente à caufe des branches *a*, *b*, *c*, & des nœuds qui s'y rencontrent, on l'abandonne aux Fendeurs qui le fcient par billes, pour les débiter en ouvrages auxquels on les juge propres, relativement à leur groffeur & à la longueur qu'il eft poffible de donner à chaque bille.

En fuppofant qu'un pareil arbre a 12 pieds de circonférence par le pied; on commence par donner un trait de fcie en *e*, pour en féparer la culaffe (*Fig.* 7), qu'a fourni l'abattage. On fend cette culaffe en deux par la ligne *gg*; chaque moitié encore en deux par les lignes *h, h*, ce qui donne des quartiers comme la *Figure 8*; on ôte le bois du cœur de ces quartiers,

quartiers, représenté par le triangle ponctué *kk* (*Fig.* 8) : on fend ensuite ces quartiers par les lignes *n, n, n,* (*Fig.* 9) ; enfin on refend ces tranches par planches de demi-pouce d'épaisseur, qui servent à faire des fonds de seaux. Comme les culasses ne peuvent pas fournir tous les fonds nécessaires, on y supplée en coupant une rondelle entre les nœuds du corps de l'arbre ; comme par exemple en *a b* de la *Figure* 6, lorsqu'on peut y en trouver une de 7, 8, 9 ou 10 pouces de longueur : quelques-uns de ces fonds sont faits de deux pieces ; alors on les assujettit avec de petits gougeons de fer.

Lorsqu'on peut lever dans le même arbre, entre *a* & *e* (*Fig.* 6), une bille bien saine & sans nœuds, de 3 pieds cinq à six pouces de longueur, on la destine à faire de la cerche pour les corps de seaux.

Supposons qu'une bille telle que celle de la *Figure* 10, se trouve avoir 3 pieds 6 pouces de longueur, & 4 pieds de diametre : pour la débiter en cerches, l'Ouvrier qui doit la fendre en deux par la ligne ponctuée *r r*, place perpendiculairement le tranchant de la cognée sur cette ligne ; & frappant sur la tête de la cognée avec la mailloche *t* (*Fig.* 11), il commence une petite fente vers chaque extrémité du diametre *rr* (*Fig.* 10).

Quand ces deux ouvertures sont faites, il place dans chacune le tranchant d'un coin de bois de Charme, de Cormier ou de tout autre bois bien dur : ces coins *x* (*Fig.* 11) sont fort longs, & ils ont peu d'épaisseur ; & par cette raison, la tête de la cognée suffit pour ouvrir une fente ; souvent même il n'est pas besoin d'employer un troisieme coin pour diviser en deux une pareille bille ; néanmoins lorsque le Fendeur apperçoit quelques éclats qui tendent à interrompre le droit fil du bois, il introduit en cet endroit un troisieme coin qui procure une séparation réguliere des deux moitiés : chaque moitié est fendue ensuite en deux par la ligne *yy* (*Fig.* 12), & les quartiers de même en deux, par les lignes *z, z* ; puis ces chanteaux, dont le Fendeur enleve le bois du cœur qui fait un triangle, comme *kk* (*Fig.* 13), le sont aussi en cartelles par les lignes *&, &* ; & celles-ci sont encore fendues en deux pour en former d'au-

D d d d

tres plus minces ; on porte celles-ci dans la loge où l'on travaille les cerches.

Mais en levant le triangle *k k*, il faut que le Fendeur prenne garde que la partie *m o, n o*, (*Fig. 14*), porte 11 à 12 pouces, qui est la largeur requise pour faire les cerches de seaux, dans un arbre de 4 pieds de diametre. Comme on se contente ordinairement de lever des cerches de 11 à 12 pouces de largeur, ce qui fait 22 à 24 pouces, le Fendeur peut emporter un prisme de 10. pouces de hauteur en *k k* (*Fig. 13*) ; & en ôtant, comme nous allons le dire, deux pouces de bois en *o*, il lui reste un madrier de 12 pouces de *m* en *o*, & de 3 pieds 5 à 6 pouces de *m* en *n* ; on porte ces madriers à la loge des Fendeurs où l'on acheve de fendre les cerches. En supposant qu'une tronce (*Fig. 10*), ait 4 pieds de diametre, c'est-à-dire, 144 pouces de circonférence, chaque tranche ou chaque seizieme de cette tronce (*Figure 14*), doit avoir 9 pouces d'épaisseur du côté de *o o* ; mais elle n'aura au plus que 3 pouces du côté de *m n*. Comme dans chacune de ces seiziemes parties, on doit lever 12 cerches, il faut partager le côté *o* en 12 parties, & aussi le côté *m n* en 12 ; & quand les cerches seront fendues, elles auront 9 lignes d'épaisseur du côté de *o*, & seulement 3 lignes du côté de *m n*. Les Fendeurs, sans prendre aucune mesure, exécutent cependant ces divisions très-exactement : reprenons l'ordre de leur travail.

Le Fendeur ayant un genou en terre, & tenant de la main droite le coutre, emporte, en hachant, le secteur *o, q, o* (*Fig. 14*) ; ainsi il équarrit la pièce en emportant l'écorce avec une partie de l'aubier ; cela se fait avec un coutre à deux biseaux, dont la lame a un pied de longueur : il fend ensuite sur la fourche ou l'attelier (*Pl. XXV. fig. 1*), la tranche en 2 par la ligne *p q* (*Fig. 14*) ; il fend encore chaque moitié en 3, & chaque tiers en 2, ce qui fait les 12 cerches.

J'ai dit ci-dessus comment l'Ouvrier conduit la fente bien droite ; mais je dois faire remarquer ici que quand les arbres sont moins gros, comme les cartelles forment un coin plus aigu, il ne seroit pas possible de diviser le côté *n m* (*Fig. 14*), en autant de cerches que le côté *o* ; par exemple, ſi l'arbre n'avoit que 36 pouces de diametre, c'eſt-à-dire, 108 pouces de circonférence, chaque cartelle d'un ſeizieme ne pourroit avoir que 6 pouces & demi d'épaiſſeur du côté de *n*, pendant que celle que l'on tireroit d'une rondelle de 4 pieds de diametre, auroit 9 pouces ; & par conſéquent ſi l'on vouloit conſerver aux cerches la même épaiſſeur du côté de *n*, on n'en pourroit tirer que 8 au lieu de 12 ; cependant on pourroit refendre la partie *o* en 12, puiſque la partie *n* de la bille de quatre pieds de diametre peut être diviſée en cette quantité, quoiqu'elle n'ait que 3 pouces au plus de largeur ; mais la cartelle d'une bille de 3 pieds de diametre, n'a que 18 pouces de largeur de *n* en *o* (*Fig. 13*) : ſi en ôtant le cœur de cette cartelle, & en la pelant de ſon écorce, on en tiroit un pied de bois, comme on fait aux cartelles d'une bille de 4 pieds, cette cartelle ne ſe trouveroit plus avoir que 6 pouces de largeur, & elle ne pourroit fournir que de la bordure. Pour tirer de ces cartelles des cerches pour les ſeaux, on ſe contente de n'enlever que 5 pouces ou 5 pouces & demi du cœur, & on ne retranche qu'un pouce & demi du côté de l'écorce ; alors la largeur de cette cartelle ſera de 11 pouces, ce qui eſt ſuffiſant pour faire des corps de ſeaux ; mais auſſi chaque cartelle n'aura que 2 pouces ou 24 lignes d'épaiſſeur du côté de *n* (*Fig. 15*), ce qui ne peut fournir que 8 ou 9 cerches ; & comme on perdroit du bois en ne levant que 8 cerches du côté de *o*, on commence par faire deux levées *r* & *s* (*Fig. 15*), dans la partie la plus épaiſſe, avec leſquelles on fait des bordures ou de *l'apprêt-marchand* ; reſte la piece *o n*, qu'on fend en deux ; puis chacune de ces moitiés encore en deux, & encore chacune de ces pieces en deux, & on aura 8 cerches pour des corps de ſeaux ; ce qui aura été retranché du cœur, fournira de très-bons échalas, mais qui n'auront que 3 pieds 5 à 6 pouces de longueur ; en tout cas on pourroit en faire des gournables.

Quand les billes n'ont que 2 pieds & demi de diametre, on ne peut tirer que 4 cerches dans la partie *o n*, & de la bordure dans les levées *r, s* ; ſi les tronces ſont encore moins grosses, on n'en tire que de l'*apprêt-marchand* & des bordures.

Lorsque les nœuds & les branches ne permettent de donner aux billes que 2 pieds & demi de longueur, on n'en tire que des cerches pour les quarts ou les litrons, & de la bordure pour l'assortiment de ces ouvrages.

Il arrive quelquefois qu'une cerche fendue a trop d'épaisseur du côté de l'aubier ; alors le Fendeur prend le coutre à un biseau, avec lequel il enleve un *bordillon*, qui est une bordure mince & étroite qui sert à lier les bottes ; & si le bois n'est pas assez épais pour permetre de faire cette levée, il n'enleve seulement que quelques copeaux, ce qui épargne de la peine au Planeur.

Quand les billes sont trop menues pour faire de la cerche, on les débite en merrain, en traversin, en lattes, ou en échalas.

Les trois Ouvriers qui font ordinairement attachés à une loge, se réunissent pour mener le passe-par-tout & couper les billes. Chacun se distribue & se charge d'une partie de l'ouvrage : l'un cartelle & enleve le cœur du bois des billes ; l'autre écorce les cartelles & fend les cerches, les bordures & les fonds. Ces fonds sortent des mains du Fendeur dans l'état où ils doivent être pour être vendus ; mais les cerches doivent passer par les mains du Planeur pour être mises d'épaisseur.

Le banc à dresser (*Pl. XXVIII. fig. 1*), est composé d'une planche inclinée *a b*, de 4 pieds & demi de longueur, 8 pouces de largeur, un pouce & demi d'épaisseur : près l'un de ses bords & environ à 2 pieds du bout antérieur *b*, cette planche est percée en *g* d'un trou, pour recevoir la queue d'un mentonnet *h* ; cette queue est fermement assujettie dans la planche du dessous *c d* : la planche supérieure *a b* ; est soutenue à 2 pieds du terrein par 2 pieds *i i*, qui entrent d'un bon demi-pied en terre, & la partie *c* du bas de cette même planche est arrêtée par quelques piquets & chargée d'un gros tronc d'arbre *k*, qui augmente sa solidité ; la planche du dessous excede par le bout *d*, de 8 à 9 pouces l'à-plomb de la planche inclinée ; elle a un mouvement de charniere en *a*, où elle est retenue à l'aise par une cheville

clavetée ; de sorte que quand le Planeur veut changer la situation de sa cerche, il éleve le mentonnet *h*, en soulevant le bout
d de la planche avec son pied ; quand il a placé convenablement sur la planche supérieure la cerche *l m*, il l'assujettit fermement en cette situation, en appuyant son pied sur l'extrémité *d* de la planche de dessous, qui lui fournit un levier assez
long pour presser fortement le mentonnet *h* contre la cerche
l m : après quoi il enleve des copeaux avec sa plane, & il diminue l'épaisseur qui est toujours trop grande du côté de l'aubier;
il retourne la cerche pour en faire autant à la partie qui étoit sous
le mentonnet. Quand ce côté de la cerche est réduit à peu-près
à la même épaisseur que le côté qui répondoit au cœur du bois,
le Planeur, pour s'assurer si cette cerche est de l'épaisseur convenable dans toute sa longueur, la retire du banc; il en pose un
bout à terre, la fait ployer d'abord dans une partie, ensuite
dans une autre (*Fig.* 2); & après avoir reconnu par la roideur
de la cerche l'endroit où il y a trop de bois, il la remet sur la
planche *a b*, pour enlever ce surplus avec la plane; il retire ensuite cette planche, la fait plier en aile de moulin pour voir si
l'épaisseur est égale vers les deux bords; la grande habitude
qu'il a contractée, lui facilite le moyen de la réduire en très-
peu de temps, à l'épaisseur convenable dans toute sa longueur;
après quoi, & afin qu'elle ne se desséche point, il la couvre
d'un tas de copeaux verds.

Le Fendeur & le Planeur continuent ainsi leur travail jusqu'au soir, & finissent par rouler les cerches par bottes, comme nous allons l'expliquer.

Quand il est question de rouler les cerches, le Fendeur &
le Planeur se réunissent pour travailler de concert à cette opération. D'abord ils piquent en terre deux barres de fer *A A*
(*Fig.* 3), qu'on nomme *chenets*, pointues par un bout, & per-
cées par en haut de plusieurs trous, dans lesquels ils ajustent
les crochets *B B* avec des clavettes : ces crochets soutiennent
à différentes hauteurs, & suivant la longueur des cerches, la
tringle de fer *CC*.

On place cet établissement au-dessus du vent & vis-à-vis un

grand feu de copeaux D (*Fig. 4*), auquel on présente les cerches E (*Fig. 3 & 4*).

Le bois qui est de bonne qualité, au lieu d'un œil rougeâtre qu'il avoit, devient blanc lorsqu'il est chauffé : il n'en est pas de même du bois roux ; celui-ci ne perd jamais cette couleur : au reste, les cerches échauffées deviennent fort tendres & capables de se plier à volonté ; de temps en temps on les retire, on les retourne & on appuie le genou dessus (*Fig.* 2), pour connoître si elles ont acquis de la souplesse : pendant que le bois chauffe, le Fendeur prend un battant ou une demi-bordure ou bordurette (*Fig. 5*), qui est une bordure manquée, étroite & mince ; il fait un trou à chaque bout ; il la plie en rond ; il passe dans les trous une laniere (*Fig. 6*), qui est faite d'un copeau de bois verd fort mince, levé avec la plane sur une jeune branche de Charme ou de Chêne ; ensuite il fait tourner chaque bout de cette laniere autour de la bordurette ; & pour l'arrêter, il en passe l'extrémité entre la laniere & le bout de la bordurette ; ensorte que plus les bouts de la bordurette font d'effort pour s'écarter, plus le nœud se resserre ; ce nœud est représenté en H (*Fig. 8*) : le diametre total du lien que forme cette bordurette, est de 12 à 14 pouces.

On prépare aussi deux gardes ou battants I (*Fig. 8*), qui consistent en deux petites planches minces que les Fendeurs ménagent en faisant les fonds des seaux : nous en expliquerons bientôt l'usage.

Les cerches étant bien chaudes & suffisamment pliantes, le Fendeur en tire trois du haloir ; il en pose une à terre, sur le bout de laquelle il place un rouleau (*Fig. 9*), qui a 3 pieds 4 pouces de longueur, 9 pouces & demi de diametre ; à un des points de sa circonférence est une grande mortaise M (*Fig. 9 & 10*), longue d'un pied 4 pouces, & profonde de 2 pouces : la coupe de ce rouleau est représentée dans la *figure* 10, & fait voir la forme de cette mortaise : le Fendeur y engage le bout de la cerche (*Fig. 11*) ; & en tournant le rouleau, il fait prendre à cette cerche la courbure qui convient pour la mettre en botte ; sur le champ il la déroule, & en met une autre à la place pour lui faire prendre le même pli. Quand ces trois cerches ont été roulées l'une après l'autre, il engage de nouveau l'extrémité de l'une d'elles dans la même mortaife ; & lorfqu'il en a plié ou roulé environ 6 pouces, il pofe une feconde cerche fur celle-là ; il tourne un peu le rouleau, & place encore une troifieme cerche fur la feconde (*Fig 11*). Comme il faut plus de force pour plier ces trois cerches, le Fendeur & le Planeur fe réuniffent pour mener enfemble le rouleau ; ils ont foin que ces trois cerches foient roulées & bien ferrées ; enfuite un troifieme Ouvrier fouleve le rouleau par un bout, un autre retire ces trois cerches & les place dans le lien (*Fig. 7*) ; comme ce lien a un peu plus de diametre que ces trois cerches roulées, elles s'y déroulent un peu, de maniere que les bouts de la cerche extérieure ne fe joignent pas : ces bouts ne manqueroient pas de fe rompre vers les bords, s'ils n'étoient fimplement réunis que par la bordurette, parce que ce bois eft de fil, & que cette cerche fait effort pour fe redreffer ; pour empêcher cela, on met fous le lien, les gardes I, I (*Fig. 8*) qui font, comme je l'ai dit plus haut, deux petits bouts de planches minces : ces gardes appuyant fur toute la largeur des cerches, empêchent qu'elles ne fe fendent.

L'Ouvrier n'a encore mis dans le lien que 3 cerches, & il en faut 6 pour faire la botte. Il tire du haloir trois autres cerches, les roule féparément, & enfuite toutes trois à la fois, ainfi que les premieres, & il les place à force dans le vuide de la botte (*Fig.7*), qui fe trouve alors complette (*Fig. 12*) : on les empile fix à fix les unes fur les autres, afin que les Marchands voyent plus aifément fi les cerches ont la largeur qu'ils defirent.

Nous avons dit qu'on tiroit les cerches qu'on nomme *aprêt-marchand*, autrement les bordures, de billes plus menues, ou dans des levées qu'on fait au bord des cartelles, & j'en ai établi la largeur : on met celles-ci par bottes comme les cerches de feaux, avec cette différence qu'il en entre 12 dans chaque botte, & que comme elles font étroites, on n'y met point de garde, parce qu'il n'y a point à craindre qu'elles fe fendent ; on n'emploie point auffi de demi-bordures pour les lier ; on fe contente de percer les deux bouts de la bordure extérieure *F F* (*Fig.* 7), & d'y mettre une feule laniere *H*.

Les cerches pour les quarts & les litrons, fe font comme les autres, excepté qu'on les leve dans des billes plus courtes, & dans des arbres moins gros.

Article VII. *Des ouvrages de Raclerie.*

On fait dans les forêts avec du Hêtre, quantité de petits ouvrages que l'on nomme *Raclerie*. Ils s'exécutent la plupart de la même maniere que la fente des cerches, par des Ouvriers à qui on vend le bois en grume, & qui le travaillent également dans les forêts : nous allons entrer dans les détails qui leur font particuliers.

§. 1. *Des Cerches pour Clayettes, Chaferets, Clifes ou Eclifes.*

Toutes ces dénominations font fynonymes, & fignifient des cerches étroites & fort minces, dans lefquelles on drefe les fromages.

On fait quelquefois ces fortes de petites cerches minces avec du bois de Chêne ; mais le plus ordinairement on y emploie le Hêtre, parce que ce bois peut être réduit à une moindre épaifeur, & qu'il convient mieux pour les fromages ; c'eft auffi par cette raifon que l'on y deftine les pieces de bois qui font de la plus belle fente. Indépendamment de tout cela, l'exploitation la plus avantageufe pour les Marchands, eft toujours celle qui peut fournir les pieces les plus délicates.

Les cerches pour les clayettes doivent avoir 3 pieds à 3 pieds & demi de longueur ; il fuffit que celles pour les caferettes aient deux pieds ; la largeur des unes & des autres eft de 3 pouces, 3 pouces & demi ou 4 pouces.

En conféquence, 1°, quand on peut lever entre deux nœuds ou entre deux branches, une bille de 3 ou 3 pieds & demi de longueur, on la deftine pour en faire des clayettes ou *éclifes* :

si la

si la bille ne peut être que de 2 pieds, on se contente d'en faire des chaserets (*Fig. 16*); 2°, comme la largeur des clayettes & des chaserets n'est que de 3 à 4 pouces, on les peut prendre dans des arbres plus menus que les cerches pour les seaux, dont la largeur doit être d'un pied, ou de 6 pouces pour l'*Apprêt-marchand*.

Si l'on fait ces sortes d'ouvrages avec du bois de Chêne, il faut retrancher au moins une partie de l'aubier : dans le Hêtre, la portion de l'arbre qui est la plus précieuse, est le bois qui se trouve immédiatement sous l'écorce ; c'est cette partie qui se fend le mieux, & que les Fendeurs conservent avec le plus de soin. Ces Ouvriers commencent par scier les tronçons d'une longueur convenable pour les clayettes ou les chaserets ; ainsi en supposant une bille de 24 pouces de diametre & de 3 pieds de longueur, ils la fendent d'abord en deux, puis par quartiers, puis par demi-quartiers ; ils emportent 8 pouces du bois du cœur, dont il seroit cependant possible de tirer de menus ouvrages ; mais le plus souvent on en fait du bois à brûler : la tranche se refend en deux, puis encore en deux, comme pour les cerches à seaux, excepté qu'on ne donne à celles-ci qu'une ligne ou une ligne & demie d'épaisseur. On acheve de mettre les clayettes d'épaisseur avec la plane, sur le chevalet que nous avons décrit en parlant des cerches à seaux : on chauffe ces feuilles comme les cerches à seaux ; mais comme elles sont plus minces, & par conséquent plus aisées à plier, on n'emploie point de rouleau, mais on les roule sur le moulinet (*Pl. XVIII. Fig. 14*). C'est une espece d'attelier qui consiste en une fourche semblable à celle de l'attelier des Fendeurs, mais beaucoup plus légere ; les deux branches n'ont gueres que trois pouces de diametre, & elles sont assez resserrées pour qu'il n'y ait de l'une à l'autre branche, au bout où elles s'écartent le plus, que 6 pouces de distance. On soutient cette espece de fourche à quatre pieds de hauteur sur des fourchets enfoncés en terre ; & le tout est assez solidement établi, pour qu'en passant une cerche toute chaude, successivement dans toute sa longueur, entre les deux branches du moulinet, & en appuyant dessus, on

E e e e

la force de prendre une courbure qui la difpofe à être mife en botte : ayant percé une de ces cerches (*Fig. 15*), pour arrêter les deux bouts par un lien, un Ouvrier prend les cerches qui ont été pliées au moulinet 3 à 3, & en les pliant, il les force d'entrer dans celle qui fert de lien ; & quand il en a mis ainfi fucceffivement 12 les unes dans les autres, la botte (*Fig. 13*), fe trouve compofée de 13 écliffes, y compris celle qui fert de lien : le Marchand paye le Fendeur à raifon de 10 fous du cent, & il les vend à la groffe, qui eft compofée de 160 bottes, 36 ou 38 livres.

Ces écliffes fe vendent auffi à des Vanniers qui les garniffent d'ofier pour faire des chaferets (*Fig. 16 & 17*), ou ils les vendent tout garnis d'ofier aux Boiffeliers : comme il y a des Provinces où l'on dreffe les fromages fur des clayons (*Fig. 18*), en ce cas on ne garnit point d'ofier les cerches. Les Payfans dreffent leurs fromages dans des écliffes qu'ils retiennent avec un lien de ficelle ou d'ofier ; dans d'autres endroits on dreffe les fromages dans des chaferets, dont le fond eft garni d'ofier (*Fig. 16 & 17*).

§. 2. *Lattes pour les fourreaux d'épée.*

LES lattes pour les fourreaux de fabre & d'épée, font de vraies lattes de Hêtre qui ont 3 pieds 4 pouces de longueur, 3 pouces & demi de largeur par un bout, & 2 pouces & demi par l'autre : on les fait les plus minces qu'il eft poffible : les habiles Ouvriers en font qui n'ont qu'une ligne & demie d'épaiffeur ; mais, pour l'ordinaire, leur épaiffeur eft de deux lignes.

On deftine à ces ouvrages des billes de 14 pouces de diametre ou environ. On fend ces billes par quartiers, enfuite par demi-quartiers, & l'on a foin de réferver du côté de l'écorce, une tranche de 3 pouces & demi d'épaiffeur ; le cœur de la bille fe met avec le bois à brûler ; enfuite le Fendeur réduit avec le coutre un des bouts de la tranche à deux pouces & demi environ d'épaiffeur.

Il fend la tranche ainfi préparée en deux comme pour la latte ; chaque morceau encore en deux, & il continue ainfi juqu'à ce que ces lattes n'aient au plus que deux lignes d'épaif-feur. Comme la façon fe paye au cent à l'Ouvrier, & que le Marchand les vend au compte ; il eft évident qu'on tire d'autant plus de profit d'un arbre, qu'on fend les lattes plus minces.

Le Fendeur remet les lattes au Planeur qui les dreffe fur le chevalet, & les réduit à moins d'une demi-ligne d'épaiffeur. Le Fendeur fait une table de fon moulinet, en pofant fur les branches de la fourche une planche épaiffe ; c'eft fur cette planche qu'il pofe les cerches pour clayettes & chaferets lorf-qu'il les met en botte ; c'eft auffi fur cette planche que celui qui fait les lattes pour fourreaux d'épée, les pofe, pour les mettre en botte de 25, liées de trois lanieres.

Les Ouvriers ne rejettent pas les lattes rompues ; ils les mettent au milieu des bottes, où elles font retenues par celles qui font entieres ; de forte qu'il y a telles bottes où il ne fe trouve de lattes entieres que celles qui font la couverture.

Le Marchand donne aux Ouvriers 10 fous du cent de lattes ; & il les vend à la groffe de 3000 feuilles ou lattes, fur le pied de 36 ou 38 liv.

§. 3. *Pieces pour les Rouets.*

Les Fendeurs débitent encore des pieces qu'on vend aux Tourneurs pour faire des rouets. L'ouvrage des Fendeurs pour cet objet, eft de débiter les planches qui forment le banc ou table du rouet, & les cerches qui font la jante de la roue.

On fcie les billes pour faire ces cerches à 6 pieds de lon-gueur ; & comme il fuffit qu'elles aient 4 pouces de largeur, on les prend dans des arbres de 18 à 20 pouces de diametre : en les écœurant, on obferve de n'en ôter que le fuperflu, & que la tranche pour les cerches, puiffe porter 4 pouces de large : on refend cette tranche en deux, & ainfi jufqu'à ce qu'on ait réduit les cerches à deux lignes ou deux lignes & demie d'é-

paisseur dans le plus mince ; on les dresse ensuite à la plane
sur le chevalet, on les chauffe, & on les dispose sur le moulinet à prendre la courbure qu'elles doivent avoir, sans le se-
cours du rouleau, parce que, comme les bottes ont un grand diametre, il faut peu de force pour plier ces cerches, qui d'ailleurs
font minces : en cet état, on en forme des bottes de 12 cerches.

A l'égard des bancs, comme ils doivent avoir deux pieds
& demi de longueur & 9 à 10 pouces de largeur, & 10 à 11
lignes d'épaisseur, on les prend dans des billes plus courtes
& plus grosses.

Les Marchands vendent ces fortes de cerches environ 25
fous la botte, formée de 12 pieces ; & les planches pour le
banc ou table, fur le pied de 8 livres le cent.

§. 4. *Des Layettes.*

Les Ouvriers qui s'occupent à faire des *Layettes*, s'établis-
fent ordinairement aux bords des forêts de Hêtres ; c'est-là
qu'ils font les boîtes à perruque, des coffrets qu'on nomme
layettes, parce qu'ils fervent à renfermer les layettes des enfants : les boîtes pour mettre des confitures feches, & pour une
infinité d'autres ufages. Ces ouvrages fe vendent tout affemblés
aux Layetiers de Paris par affortiment de fix, qui, diminuant
toujours de grandeur, s'emboîtent les uns dans les autres. Ces
boîtes ne font affemblées qu'avec des clous de fil d'archal ou
de laiton, ainfi que les charnieres & les crochets qui les ferment. Nous ne nous étendrons pas davantage fur cet art qui
fe pratique plus fouvent dans les Villes que dans les forêts.
Mais les planches que les Layetiers y emploient & qu'on
nomme *hauffes* ou *goberges*, font fendues au coutre dans les forêts, ou on les dreffe auffi à la plane, précifément comme la
cerche de feau ; elles ont ordinairement 3 pieds & demi de
longueur, 4 à 6 pouces de largeur, & doivent avoir, dreffées & blanchies, 3 lignes à 3 lignes & demie d'épaiffeur ;
celles qui n'ont que 2 lignes ou 2 lignes & demie, ne font
employées que pour les petites boîtes : les hauffes fe vendent
par bottes.

§. 5. *Des Copeaux pour les Gaîniers, & ceux dont on fait les Rapés.*

IL n'y a aucun ouvrage de fente auſſi délicat à faire que les copeaux ; mais il n'y a point auſſi d'exploitation plus avantageuſe pour le Marchand. Ainſi, quand on peut eſpérer d'avoir un grand débit du copeau, on deſtine à cet uſage les bois propres à la plus belle fente.

Comme le copeau doit être très-mince, on le vend toujours très-cher, relativement au bois qu'il conſomme : ſi un Hêtre pouvoit être entiérement débité en copeaux, il produiroit une ſomme conſidérable, quoiqu'il coûte beaucoup de main-d'œuvre, & qu'on perde beaucoup de bois. On coupe les billes à 3 pieds & demi de longueur ; on les cartelle & on les écœure pour en former des parallélipipedes *a b* aſſez réguliers (*Pl. XXIX. fig. 1*); on abat dans toute la longueur les angles *a* & *b*, pour qu'ils ſe tiennent plus ſolidement ſur l'établi, comme on voit en *k* (*Fig. 4*) ; enfin, par le moyen d'une machine dont nous allons donner la deſcription, on leve les copeaux ſur celle des faces, qui répond de l'écorce au cœur de l'arbre ; de ſorte qu'à l'épaiſſeur près, les copeaux ſont fendus comme les clayettes & tous les autres ouvrages de fente, c'eſt-à-dire, du centre à la circonférence.

Comme la feuille de copeau eſt trop mince pour pouvoir être enlevée avec le coutre, on emploie un gros rabot qui la leve avec préciſion & avec promptitude. On penſe bien qu'il faudroit que l'Ouvrier eût des bras prodigieuſement vigoureux pour faire agir un rabot capable d'enlever les feuilles de copeaux d'un quart de ligne d'épaiſſeur, de 3 pieds & demi de longueur, & de 6, 12, ou quelquefois 14 pouces de largeur ; auſſi emploie-t-on la machine repréſentée (*Pl. XXIX. fig. 2 & 3*), qui multiplie la force : quatre hommes ſont employés à la faire mouvoir. Voici la deſcription de la machine que j'ai vu ſervir à cet uſage : on auroit pu y retrancher une lanterne & une roue ſans perdre de force.

A (*Fig.* 2 & 3), eſt une lanterne qui porte onze fuſeaux ;
B hériſſon qui a 12 dents ; *C,* une autre lanterne à 8 fuſeaux &
qui eſt enarbrée avec le hériſſon *B* : *D*, hériſſon qui porte
17 alluchons ; *E,* une bobine que l'on voit ponctuée à la Figure
2 ; elle eſt enarbrée avec le hériſſon *D* : tout ce rouage eſt por-
té par deux jumelles paralleles *L L* : *K* eſt la piece de Hêtre
qui doit être réduite en copeaux : elle eſt reçue & ſolidement
affermie entre deux autres jumelles *M M* (*Fig.* 2, 3 & 4) : *G*
eſt le rabot qui doit lever les copeaux : les jumelles *LL*, & *MM*,
ſont ſoutenues par des montants *O O*, aſſemblés dans deux forts
patins *N N* : *HH* eſt la corde qui communique le mouvement
du rouage au rabot : *I*, eſt un rouleau qu'on peut hauſſer &
baiſſer pour maintenir la corde à la hauteur convenable. Le
gros & fort rabot *G* détache les copeaux de la piece de bois
K : un homme monté ſur un gradin , ſaiſit la poignée *P* du rabot, qu'il dirige dans ſa marche , & qu'il retire en arriere quand
le copeau eſt levé ; & deux autres hommes ſont appliqués aux
manivelles *F*, qui obligent la corde *H* de ſe rouler ſur la bobine *E*. Par cette machine, la force des hommes eſt multipliée ;
mais il ſeroit aiſé de l'augmenter encore davantage : on pourroit auſſi la ſimplifier en ſupprimant la roue *B* & la lanterne
A. On met ordinairement en *Q* une bobine ſemblable à *E*, parce que celle-ci étant établie plus bas , on roule la corde ſur la
bobine la plus élevée, quand le bloc de bois *K* a beaucoup
d'épaiſſeur ; & l'on tranſporte la corde ſur la bobine placée
plus bas , quand, après avoir levé beaucoup de copeaux, le
bloc eſt devenu plus mince , afin que la tirée de la corde ſoit
toujours à peu-près horiſontale & parallele au plan ſupérieur
de ce bloc : on conçoit que cela eſt néceſſaire pour que le rabot ſoit bien mené. Pour faciliter encore la direction de la
corde , on la fait paſſer ſur le rouleau *I*, qui eſt reçu entre deux
montants , & qu'on peut élever ou baiſſer à volonté.

Il eſt clair que quand on fait agir les manivelles, la corde
H, ſe roulant ſur une des bobines , le rabot eſt tiré ſur le
bloc , & en détache un large copeau ; & quand le fer ou lame
du rabot eſt parvenu au bord oppoſé du bloc, après en avoir

détaché un copeau, les Ouvriers appliqués aux manivelles, les tournent en fens contraire, pendant que celui qui eft à la conduite de la poignée *P* du rabot, le rappelle en arriere pour le mettre en état de reprendre un autre copeau. Il eft inutile de dire qu'il faut avoir des rabots de différentes grandeurs, fuivant qu'on veut enlever des copeaux plus ou moins larges, comme depuis 6 jufqu'à 14 pouces.

Nous avons dit ci-devant, qu'il falloit quatre hommes pour fervir cette machine; & cependant on n'en a vu jufqu'à préfent que trois occupés; favoir un qui conduit le rabot, & deux qui tournent les manivelles: le quatrieme eft chargé de ramaffer & arranger les copeaux.

Ces quatre Ouvriers travaillant enfemble font 800 feuilles de copeaux par jour; on leur paye 4 fous de la botte, formée de 50 feuilles; & elle fe vend environ 16 fous.

Quand celui qui ramaffe les feuilles de copeaux, en a raffemblé 50, il les porte fous une preffe (*Fig. 5*), formée de deux fortes membrures *a b, c d,* qui peuvent être rapprochées l'une de l'autre par deux vis *e f,* au moyen des leviers de fer *g h.* Il arrange les feuilles entre ces plateaux, dont la longueur doit être proportionnée à celle des copeaux; & après les avoir ferrés entre ces plateaux avec les vis, il coupe avec une plane tout ce qui déborde, à peu-près comme les Relieurs rognent les feuilles des livres: au fortir de la preffe, il lie chaque botte avec trois liens; c'eft en cet état qu'on vend les copeaux.

On vend à bas prix ceux qui font rompus aux Marchands de vin qui en font des rapés pour éclaircir leurs vins: on prétend que les copeaux de Hêtre leur donnent de la qualité. Ces copeaux fe raffemblent en bottes de la même maniere qu'on le voit repréfenté par la Figure 6. Comme les Marchands trouvent un débit affez avantageux du bois à brûler, les Ouvriers ne ménagent point les bois qu'ils fendent pour les cerches & autres ouvrages de cette efpece; celui qu'ils enlevent du cœur des pieces & qui pourroit fervir à faire des lattes pour les fourreaux d'épées, eft jetté au bois de corde: il eft vrai que la partie de l'arbre qui fe fend le mieux eft toujours celle qui eft plus voifine de l'écorce, & qu'on ne pourroit pas faire d'auffi belle fente du bois du cœur ; mais il y a des cas où les Ouvriers devroient être plus économes du bois. Par exemple, pour affujettir le bloc, deftiné à faire des copeaux, fur les pieces qui le foutiennent, ils entaillent le deffous en chanfrain, comme on le voit en K (*Fig. 4*) ; & cette partie ne peut plus fervir à faire du copeau. Il ne feroit pas difficile d'imaginer un moyen fimple d'affujettir ce bloc d'une autre façon, fans en rabattre les angles inférieurs, & par conféquent on tireroit un plus grand nombre de copeaux de cette piece de bois.

Les Gaîniers emploient beaucoup de copeaux; les Miroitiers en font auffi ufage pour garantir le tein des glaces.

§. 6. *Des Panneaux ou Battans de Soufflets.*

Comme on fait des foufflets de différentes grandeurs, on coupe les billes de 12, 14 & 18 pouces de longueur.

On fend ces billes par quartiers qu'on écorce fouvent fort peu, afin de ménager la largeur qui eft néceffaire pour *les* grands foufflets ; car on ne choifit ni le plus gros ni le plus beau bois pour cette forte d'ouvrage, qui a encore l'avantage de n'exiger que des billes affez courtes.

Le Fendeur emporte avec fon coutre le bois qu'il y a de trop du côté de l'écorce, pour en former des efpeces de planches (*Fig. 7*), qui foient à peu-près d'égale épaiffeur du côté de l'écorce & du côté du cœur.

Un Ouvrier ébauche le foufflet avec une hache bien tranchante, & emporte les angles *a, b, c, d* ; & comme le tuyau du foufflet doit être placé du côté de *e*, il laiffe les levées *a, b*, plus épaiffes que celles *c, d*, ce qui commence déja à donner une lofange qui fait la forme alongée au corps du foufflet.

Le foufflet dégroffi paffe au Planeur qui, fur une fellette femblable à celle dont fe fervent les Planeurs de cerches, réduit cette lofange à l'épaiffeur qu'elle doit avoir ; favoir 14 à 15 lignes du côté de *e*, & 10 à 11 lignes du côté de *f*.

Il eft bon de remarquer que fur la fellette à planer, il y a une
planche

planche à laquelle eſt faite une entaille ou mortaiſe qui en tra-
verſe l'épaiſſeur auprès de la ſerre ; c'eſt ſur cette planche que
l'on poſe verticalement le panneau que l'on veut planer ſur ſon
épaiſſeur.

Quand le Planeur a mis d'épaiſſeur le panneau de ſoufflet ; il
le rend à celui qui l'a ébauché ; celui-ci le préſente ſur un patron,
& trace avec de la pierre noire la figure exacte que ce panneau
doit avoir (*voy.* *Fig. 8*), & ſur le champ il emporte avec ſa
hache tout le bois qui excede le trait de la pierre noire ; &
avec autant de promptitude que d'adreſſe, il forme la poignée
g (*Fig. 8*), ainſi que tout le contour du ſoufflet juſqu'à *f*, avec
aſſez de préciſion, pour que le Planeur, qui reprend enſuite ce
panneau, n'ait plus qu'un coup à donner ſur le tranchant, pour
perfectionner le contour, qui ſe trouve déja bien régulier au
ſortir des mains du premier Ouvrier.

On ſait que les ſoufflets ſont formés de deux panneaux, dont
celui de deſſous porte la ſoupape & la tuyere *a b c d* (*Fig. 9*) ;
le panneau ſupérieur *e f g h*, eſt plus court, parce que la
portion *e h c d*, qui porte la tuyere, appartient à celui de deſſous. Autrefois on travailloit à part ces deux panneaux, on
conſommoit plus de bois, & les Boiſſeliers étoient alors em-
barraſſés à trouver des panneaux qui puſſent s'ajuſter l'un à l'autre. On a remédié à ces petits inconvénients, en levant les
deux panneaux dans la même piece ; ainſi, après qu'elle a été
formée, comme *a b c d e* (*Fig. 9*), on paſſe un trait de ſcie par la
ligne ponctuée depuis *a*, juſqu'à *h*, & pour cela, on aſſujettit
pluſieurs panneaux enſemble, comme dans la *Fig. 9*, dans une
encoche, qui eſt une piece de bois *A B* (*Fig. 10*), de 12 à 15
pouces de diametre, & d'environ 28 à 30 pouces de longueur :
cette piece eſt ſoutenue à 4 pieds & demi du terrein par quatre
forts pieds *c, c, c, c*, qui entrent en terre de quelques pouces ;
& pour augmenter la ſolidité de cette eſpece d'établi, on charge
les pieds de derriere avec des bûches *D*, qui ſervent outre
cela de degrés au Scieur pour s'élever au-deſſus de l'*encoche*.

Le devant de cette piece de bois eſt creuſé d'une grande
mortaiſe longue de 9 pouces de *E* en *F*, large de 3 pouces,

F fff

& profonde de 4 pouces : c'est dans cette mortaise que l'Ouvrier met six soufflets à la fois par le bout de la tuyere ; il les y
assujétit avec des coins assez fermement, pour qu'un compa-
gnon qui pose un de ses pieds sur le billot, & l'autre sur les soufflets, puisse conjointement avec un second Ouvrier placé dans
une fosse au‑devant de l'encoche, passer tous deux le trait
de scie entre chaque panneau pour les séparer. Il est essentiel
que ces soufflets soient fixés dans l'encoche, de maniere que
leurs surfaces soient exactement verticales ; afin que tous les
panneaux soient d'égale épaisseur ; il faut encore que les Ouvriers appuient bien légérement la scie, quand ils refendent
les poignées pour ne les pas rompre ; mais quand ils sont à la
partie évasée du soufflet, ils menent la scie à grands traits pour
avancer la besogne : lorsque le feuillet de la scie est parvenu
à la mortaise de l'encoche, l'ouvrage est fini, parce qu'il n'y
a que la partie du panneau *e h d c* (*Fig. 9*), qui s'y trouve en-
gagée, & celle‑là ne doit point être séparée.

Ce font les Boisseliers à qui l'on vend ces panneaux ainsi
préparés, qui achevent de les séparer, & ils n'ont plus que le
trait de scie *e h* (*Fig. 9*) à y donner. Ce font aussi les mêmes
Boisseliers qui font faire par les Tourneurs quelques moulures
sur les panneaux des soufflets qu'ils veulent enjoliver.

§. 7. *Des Battoirs à lessive.*

Les battoirs à lessive font faits par les mêmes Ouvriers qui
font les soufflets. On scie les billes dont on les tire, à 12 ou
13 pouces de longueur ; la partie évasée du battoir doit avoir
12 pouces de large, & l'épaisseur, vers le manche, doit être
d'environ 15 lignes. Quand la bille a été débitée en planches,
on les dresse à la plane ; puis on y présente un patron dont on
trace le contour avec de la pierre noire ; ensuite un Ouvrier
emporte avec la hache tout ce qui est hors du trait, & le Planeur acheve l'ouvrage. (*Voyez Pl. XXX. fig. 4.*)
On enfume ces battoirs de la même maniere que les sabots,

§. 8. *Des Ecopes.*

Pour faire les *Ecopes* (*Pl. XXX. fig. 5 & 6*) dont se servent les Bateliers, pour vuider l'eau qui entre dans leurs bateaux, on coupe les billes de bois à 4 pieds de longueur, parce que le manche *a b*, a 2 pieds & demi de longueur, & la cuiller *b c*, 18 pouces. On ne fend chaque bille qu'en quatre, de sorte que chaque quartier *d d d d* (*Fig. 7*), doit faire une écope.

On dégrossit avec la hache, la cuiller & le manche de l'écope; on creuse la cuiller avec un *aceau* très-courbe & qui a le tranchant assez large (*Fig. 8*), & on finit de creuser la cuiller avec un autre outil (*Fig. 9*), qu'on nomme *tie*, qui est une acette peu recourbée, mais dont la lame n'a que 2 pouces de largeur; cet instrument qui est très-tranchant, mené à petits coups, perfectionne l'intérieur de la cuiller; enfin, on met l'écope sur la sellette, où le Planeur en perfectionne l'extérieur.

§. 9. *Des Pelles à four & autres.*

Comme les pelles des Boulangers doivent avoir des pales de 18 à 20 pouces de longueur sur 11 à 12 pouces de largeur, on est obligé d'y employer de gros arbres qui aient au moins 4 pieds de diametre; & quand le manche est de la même piece que la pale (*Fig. 10*), comme ce manche doit avoir 7 pieds de longueur, il faut des billes de 8 pieds 7 à 8 pouces de longueur, ce qui consomme beaucoup de gros bois. On équarrit l'arbre, on le fend par quartiers & on l'écorce; chaque quartier est refendu en deux autres quartiers; chacun de ces demi-quartiers l'est encore en deux, & ainsi jusqu'à ce qu'ils soient réduits en planches d'environ quatre pouces d'épaisseur qui doivent fournir deux pelles. On trace une pelle sur une face de la planche ainsi réduite (*Fig. 10*); on emporte avec la hache tout le bois superflu; on refend avec le coutre cette planche qui donne par ce moyen deux pelles, que l'on acheve de perfectionner sur le chevalet avec la plane.

On fait des pelles dont la pale eſt longue & étroite pour enfourner les pains longs, & pour certains uſages des Pâtiſſiers, (*Fig. 11*).

On conſomme néceſſairement beaucoup de bois pour les pelles, parce que leur manche eſt pris dans une tranche qui eſt de toute la largeur de la pale ; il eſt ſenſible que ſi l'on enlevoit à la ſcie les côtés *A* & *B* (*Fig. 10*), on pourroit employer ce bois à faire des petits ouvrages de fente ; mais ce n'eſt pas l'uſage.

J'ai vu des pelles dont le manche étoit rapporté (*Fig. 12*); elles ſont un peu plus lourdes, & ne ſont pas ſi ſolides que celles d'une ſeule piece ; mais auſſi elles dépenſent beaucoup moins de bois ; & comme le manche en eſt plus arrondi, il y a des Boulangers qui les préferent aux autres.

Les pelles à fumier (*Fig. 13*), & celles pour remuer les grains (*Fig. 14*), ſe font comme celles à four ; mais comme le manche de celles à fumier n'a que 2 pieds 6 pouces de longueur, & la pale, quatorze pouces de longueur ſur 10 à 11 pouces de largeur, & que le manche des pelles à grain, ainſi que la pale eſt de même longueur ſur 8 à 9 pouces de largeur, on coupe les billes plus courtes, & on y emploie des arbres moins gros. Il y a encore des pelles pour charger les terres & les gravois, qui ne different de celles à fumier, que parce que la pale en eſt plus petite. Les pelles à fumier & à gravois ſont plus épaiſſes en bois que celles à grain, & elles ſont peu creuſées dans leur face ſupérieure ; au lieu que les pelles à grain ſont minces & légeres, mais plus creuſées, ce qui exige qu'on tienne les tranches de bois un peu plus épaiſſes, afin d'y former des bords. Au reſte, quand les tranches ont été fendues & dreſſées à la plane, on y trace la figure de la pelle ; on emporte tout le bois ſuperflu avec la hache ; on forme le manche & le dos de la pale avec la plane ſur le chevalet, & on creuſe le dedans de la pale des unes & des autres avec l'aceau & la tie ; & l'on finit par les enfumer comme les ſabots.

§. 10. *Travail de l'Ouvrier Arçonneur, des Atelles de colliers de chevaux, &c.*

Les Marchands de bois font faire quelquefois par leurs Ouvriers exploitants des atelles de colliers, des bâts, des arçons de felle ; mais plus ordinairement, ce font des Ouvriers particuliers que l'on nomme *Arçonneurs* *, & qui viennent s'établir aux bords des forêts, qui travaillent ces fortes d'ouvrages pour leur propre compte, & qui en achetent le bois des Marchands.

Il faut que le bois, pour être propre à ces ufages, foit fans nœuds, & qu'il puiffe fe fendre aifément ; néanmoins il n'eft pas auffi important qu'il foit de belle fente, que pour quantité d'autres ouvrages de raclerie, parce que l'*Arçonneur* exécute une partie de fon travail avec la fcie.

Il commence par fcier fes billes à la longueur de 3 pieds 6 pouces, s'il fe propofe de faire les plus grandes atelles ; car pour les petites atelles, ces billes doivent être plus courtes, & il fe conforme à cet égard à l'ufage des pays ; car il y en a où les atelles portent de grandes oreilles, & d'autres où elles font terminées par un petit crochet. Après que la bille a été fendue en quartiers & en demi-quartiers, l'Arçonneur pofe une atelle fur une de fes faces, pour en tracer le contour avec la pierre noire (*Pl. XXX. fig. 1*) ; enfuite il retranche le cœur *A* de ce quartier, & ébauche l'ouvrage avec une hache, il s'aide auffi de l'aceau; & quand la cartelle a reçu le contour de l'atelle (*Fig. 2*), il refend à la fcie la piece de bois en autant d'atelles de 10 à 11 lignes d'épaiffeur qu'elle en peut fournir. L'Arçonneur affujettit perpendiculairement fur un chevalet (*Fig. 3*), les cartelles dégroffies, pour les refendre horifontalement avec une fcie de long, comme font les Ebéniftes, mais il eft feul à mener cette fcie : voici comment il affujettit les cartelles.

Cette pratique eft cependant affez mal imaginée. Le chevalet *A B* (*Fig. 3*), confifte en un foliveau de 5 pieds de longueur, de 6, 8 ou 10 pouces de largeur, & de 8 à 9 pouces

* Dans les forêts, on appelle ces Ouvriers *Arcoleurs.*

d'épaiſſeur ; il eſt ſoutenu comme un banc ordinaire, par quatre pieds ſolides *C*, qui l'élevent de deux pieds & demi au-deſſus du terrein.

Au milieu eſt une coche ou entaille *DE*, de 4 à 5 pouces de profondeur. L'Ouvrier place verticalement les cartelles dans cette coche, où il la ſerre fortement avec des coins. Comme la piece a 3 pieds & demi de longueur, & qu'elle n'eſt retenue ici que par une de ſes extrémités, dans une coche qui n'a que 4 à 5 pouces de profondeur, la ſcie appliquée en *F*, a une grande puiſſance pour la déranger ; ce qui oblige l'Ouvrier de l'aſſujettir par un, deux ou trois arcboutants *G*, dont il retient ceux des côtés ſur le chevalet avec des taſſeaux, & un troiſieme qu'il appuie contre un arbre ou un mur à l'aide d'une entaille.

Si on ſe repréſente l'attitude de l'Ouvrier, tenant horizontalement une ſcie à refendre, on concevra qu'il doit être bien gêné en commençant chaque trait de ſcie à la hauteur de cinq pieds : pour plus de facilité, il incline la cartelle en arriere ; & à meſure qu'il avance les traits de ſcie, il en change la poſition, ſelon ſa commodité.

Quand les atelles ont été refendues, on les finit avec la hache & l'aceau ; chaque atelle ſe travaille en particulier : on finit par les enfumer, & on les vend par paquets aux Bourreliers.

§. 11. *Maniere de faire les Bâts.*

L'ARÇONNEUR ſe ſert pour faire les bâts du même chevalet (*Pl. XXX. fig. 3*) ; d'un grand couteau tout de fer (*Pl. XXXI. fig. 1*), & qui eſt fort tranchant du côté de *a* ; d'un fort ciſeau en bec-d'âne (*Fig. 2*), & de la tie (*Pl. XXX. fig. 9*). Il travaille ſur un établi à peu-près ſemblable à celui du Menuiſier ; ſes outils ſont pendus à des râteliers attachés au fond de ſa loge, ou à la muraille s'il travaille chez lui.

Il emploie de gros corps d'arbres qu'il refend en cartelles, comme pour faire les atelles ; mais il faut ici que les cartelles aient au moins 28 à 30 pouces de face, ſuivant la grandeur des bâts ; car ceux des Mulets doivent être beaucoup plus grands que ceux qu'on fait pour les ânes.

Un bât est formé de deux pieces cintrées *a*, *b* (*Pl. XXXI. fig. 3*), que l'on nomme *courbes* (*Fig. 4*); celle du devant *a*, est plus relevée que celle de l'arriere *b* : ces deux courbes font liées par deux pieces ou especes de planches *c*, presque plattes (*Fig. 3 & 5*); on les nomme *les lobes*. Comme les fils du bois traverfent les courbes, quand on les évuide, on coupe les fibres par le travers.

Quand la cartelle a été fendue à une épaisseur convenable pour en pouvoir tirer plusieurs courbes les unes sur les autres, comme pour les atelles ; l'Ouvrier en trace tous les contours avec un patron (*Fig. 4*) ; puis il emporte avec la hache & la tie, tout le bois qui excede le trait de la pierre noire ; ensuite il assujettit la cartelle sur le chevalet (*Pl. XXX. fig. 3*), avec des coins ; il sépare autant de courbes qu'il en peut prendre dans l'épaisseur de sa piece de bois, & emploie pour cela la scie à refendre, de la même maniere que l'Arçonneur, & ainsi que nous l'avons expliqué dans le paragraphe précédent.

Les courbes sciées doivent être épaisses ; ce qui est nécessaire pour qu'on puisse les finir avec la plane, la tie, & même quelquefois avec une rape à bois. Les *lobes* se prennent, ainsi que les courbes, dans des cartelles d'environ 3 pieds & demi de longueur, que l'on divise ordinairement en trois ; de sorte que suivant la grandeur des bâts, chaque partie doit avoir 15 à 17 pouces de long. La cartelle n'a besoin que d'être équarrie; & comme elle est ordinairement assez épaisse pour en fournir plusieurs, on la refend si le bois est de belle fente, ou on la sépare à la scie, comme les courbes ; ensuite, avec l'acette & la tie, on la creuse un peu sur une de ses faces, & on donne un peu de convexité à la face opposée ; enfin l'Arçonneur creuse sur la face supérieure deux rainures *d*, *d* (*Fig. 5*), plus larges au fond qu'à l'entrée, pour recevoir les languettes *e*, *e*, des courbes (*Fig. 4*), qui étant plus épaisses au bord *e* qu'au fond, forment un assemblage à queue d'aronde : comme les languettes de ces courbes entrent dans les rainures des lobes, la courbe de l'avant se trouve liée avec la courbe de l'arriere, ce qui fait le bât monté. Ces rainures & ces languettes fe font avec le couteau (*Fig. 1*), & le bec-d'âne (*Fig. 2*). Ce travail produit beaucoup de copeaux qui ne fervent qu'à brûler.

Quelquefois, pour ménager le bois, on fait les courbes de deux pieces *e, e* (*Fig. 4 & 6*), qui s'affemblent à mi-bois, & qui font jointes avec de la colle forte : les Bourreliers les fortifient encore avec une petite bande de fer. On enfume les courbes, les lobes & les atelles, comme nous l'expliquerons dans la fuite.

§. 12. *Du travail des Arçons pour les felles.*

L'ÉTABLI de ces Ouvriers confifte en une forte table ronde qu'ils appuient contre un mur quand ils travaillent chez eux, ou contre les poteaux de leur loge lorfqu'ils travaillent dans la forêt ; fouvent un billot folide leur fuffit.

Leurs outils font une hache, un aceau & une tie dont le fer eft creufé comme une gouge : ils manient ces inftruments avec beaucoup d'adreffe lorfqu'ils creufent les parties qui doivent être concaves, & qui, au fortir de l'aceau & de la tie creufe, fe trouvent coupeés fort uniment, proprement & réguliérement ; ils font encore grand ufage de rapes à bois.

Il y a des arçons de quantité de formes différentes ; celle que nous prendrons ici pour exemple (*Fig. 7*), fe nomme *arçon de cavalerie*. Le dos de cet arçon eft formé de trois pieces, favoir le pontet *a*, & les deux bouts *b, b* : le devant eft également formé de trois pieces ; favoir, le devant d'arçon *c*, & les deux pointes *d, d* ; le devant eft joint à l'arriere par les deux panneaux *e, e*. L'Ouvrier trace toutes ces pieces fur des patrons de cuir ou de carton ; il les ébauche avec la hache, les perfectionné avec l'aceau & la tie ; puis il les affemble toutes à mi-bois, & les joint avec de la colle forte ; enfin il les finit avec la rape à bois.

L'arçon de femme, (*Fig. 8*), outre les pieces que je viens de nommer, & qui font indiquées par les mêmes lettres, a de plus un dos *f*.

Quoique

Quoique les Arçonneurs ne confomment pas beaucoup de bois, ils ne s'embarraffent point, pour le ménager, d'entretailler les pieces les unes dans les autres. Ils prennent une bille de Hêtre qu'ils refendent & qu'ils coupent de la longueur qui leur convient ; ils travaillent chaque piece en particulier, & abattent tout le bois fuperflu avec la hache & l'aceau. Quoique *toutes* les pieces foient jointes les unes avec les autres à mi-bois, favoir, les pointes avec le pontet (*Figure* 7) , & que l'union de ces pieces exige de la précifion, néanmoins ils ne travaillent chacune de ces pieces qu'avec l'aceau & la rape, qu'ils favent manier avec beaucoup d'adreffe ; ils fe conduifent par leurs patrons, qu'ils préfentent fréquemment fur les pieces qui doivent s'affembler à mi-bois : on enfume ces pieces.

§. 13. *Du travail des Tourneurs.*

Il y a encore des Tourneurs qui s'établiffent dans les forêts où l'on exploite beaucoup de Hêtre : ces Ouvriers font avec ce bois des moules à fuif, des fébilles de toutes grandeurs, des fonds & des deffus de lanternes d'écurie, des rouets de poulie, des égrugeoirs, &c.

En détaillant le travail des moules à fuif & des fébilles, il fera facile de comprendre comment fe font les autres ouvrages.

Le Tourneur établit fon tour d'une façon très-groffiere fous une loge. Il enfonce en terre, & il affujettit folidement avec des coins, deux poteaux, *A, B* (*Pl. XXXI. fig.* 9), qu'il lie enfemble par les deux traverfes *C, C* ; le poteau *B*, porte une pointe & fert de poupée ; en conféquence il n'y a que la poupée *D* qui foit mobile : *E*, eft une piece de fer qui eft repréfentée féparément en *E* (*Fig.* 16), & qui eft attachée par un bout fur la poupée *D*, & appuyée par l'autre bout fur une des traverfes *F*, qui fervent à donner de la folidité au tour ; car ces pieces *F*, font appuyées fur les poteaux de la loge : *G*, eft la perche à reffort à laquelle eft attachée la corde *H*, qui, après avoir fait deux révolutions fur le mandrin ou la *Clouiere I*, va

Gggg

s'attacher à l'extrémité de la marche ou pédale *L* : la hauteur
des poteaux *A*, *B*, est de 3 pieds 8 pouces ; la distance entre eux
est de 3 pieds ; la poupée *D*, a 8 pouces à peu-près de hauteur,
& il y a ordinairement 1 pied 6 ou 8 pouces de la poupée *D*,
au poteau *B* : *M* est un billot sur lequel l'Ouvrier ébauche &
dégrossit son ouvrage.

Il commence par fendre en deux une rondine (*Figure* 10),
qui est d'un pied & demi de hauteur, & dont chaque moitié
doit servir à faire un moule à suif ou une sébille ; il trace à volonté un cercle sur la face plate du morceau fendu (*Fig.* 11) ;
il en abat les angles avec sa hache, & en très-peu de temps il
ébauche très-adroitement son morceau de bois, & lui donne
une figure très-approchante du dehors d'un moule à suif, d'une
sébille ou de tel autre ouvrage qu'il se propose de tourner.

Il pose le moule ébauché sur le billot *M* ; il place pardessus
un mandrin *I* (*Fig.* 12), qui est garni à un de ses bouts de
pointes de clous, & qui pour cette raison est nommé *Clouiere*
(*Fig.* 13) ; il frappe pour faire entrer les pointes dans sa piece
de bois, qu'il met ensuite sur le tour, de façon que la pointe
de la poupée *D* (*Fig.* 9), entre dans le morceau de bois qu'on
travaille, & la pointe du poteau *B*, dans la clouiere, autour
de laquelle s'enveloppe la corde *H*, ou plutôt la courroie ; car
c'est presque toujours de cette derniere, dont se servent ces
Ouvriers, au lieu que les Tourneurs ordinaires emploient une
corde de boyau.

La poupée étant bien assujettie par son coin, l'Ouvrier pose
le pied sur la marche pour faire aller le tour ; & en appuyant
une main sur la piece qu'il tourne, il juge au tact si elle est bien
ou mal centrée : si le centre est trop haut ou trop bas, il frappe
sur sa piece avec sa mailloche pour qu'elle tourne plus rond ;
ensuite l'Ouvrier appuyant son dos sur une planche *K*, placée
derriere lui, & inclinée comme un pupitre, il prend en main
un ciseau *A*, qu'on nomme *plane* (*Fig.* 16), parce qu'il a le tranchant droit ; il l'appuie sur le support *E* (*Fig.* 9 & 16), & il
travaille la surface extérieure du moule.

Quand ce moule est travaillé par dehors, il l'ôte du tour, &

il le retourne de façon que la pointe de la poupée *D*, entre dans la clouiere, & la pointe du poteau *B* dans le moule; après quoi, avec l'outil *B* (*Fig.* 16), il commence à le creuser en faisant une rainure entre le noyau & le moule; il approfondit ensuite cette rainure avec les outils *C*, *D*, *F*, *G* (*Fig.* 16), dont les crochets augmentent toujours de grandeur, de sorte que le dernier *G*, porte 7 pouces: quand il juge qu'il approche de l'épaisseur que doit avoir le moule vers son fond, il gratte l'extérieur du moule avec son ongle, & il juge par le son que le bois rend, s'il y reste assez de bois. Comme la rainure est assez large pour que l'Ouvrier ait la liberté d'incliner son outil, il creuse le noyau en dessous avec ses crochets; mais à la profondeur seulement de 3 à 4 pouces, ce qui suffit pour qu'il puisse le détacher du fond du moule; il se sert pour cela de deux ciseaux courbes (*Fig.* 14), qui n'ont que 4 pouces de longueur; il enfonce un de ces ciseaux dans la rainure à différents points, & en le frappant avec un marteau dans le sens des fibres du bois, il détache aisément & proprement ce noyau.

Quand le noyau est détaché, l'Ouvrier retouche l'intérieur du moule (cette opération se réserve pour la fin de la journée); il reprend chaque moule l'un après l'autre sur le tour; il emploie une clouiere (*Figure* 13), plus longue & moins grosse que celle dont il s'étoit servi en premier lieu; il en fait entrer les clous dans le fond intérieur du moule; il remet cette piece sur le tour, & travaille l'intérieur avec les crochets; & comme il ne reste plus qu'à perfectionner l'endroit du fond où étoit attachée la clouiere, il se sert, pour finir cette partie, d'un petit aceau recourbé, ou d'une tie, & quelquefois même il se contente de gratter cet endroit. Les moules finis d'être travaillés, sont mis en tas & recouverts de copeaux pour empêcher qu'ils ne se fendent au hâle jusqu'au Samedi, jour où on les enfume.

Les noyaux que l'on a enlevés des moules, passent à d'autres Ouvriers qui en font des sébilles, que l'on travaille précisément comme les moules à suif.

Si l'on ne veut pas employer les noyaux qui sortent de ces

fébilles pour en faire de plus petites, on les réferve pour en faire du charbon. La façon des grandes & des petites fébilles fe paye un même prix l'une dans l'autre.

A chaque coup de pied que donne le Tourneur, les moules à fuif font un tour & demi : l'Ouvrier paroît travailler lentement ; mais fes copeaux font bien formés, & l'ouvrage avance. Ce font ces mêmes Tourneurs qui fabriquent & qui réparent toutes les pieces de leur tour, ainfi que leurs outils pour lefquels ils emploient ordinairement de vieilles limes.

Ces Tourneurs font encore avec du Hêtre, de l'Orme & du Frêne, les rouets de poulies.

§. 14. *Des Poulies & des Cuillers à pot, des Egrugeoirs, &c.*

Pour faire les rouets de poulie, on cartelle des tronces de Hêtre, de Frêne ou d'Orme, fciés felon la longueur que doit avoir le diametre des poulies ; on trace fur les planches fendues dans ces cartelles, le contour du rouet de poulie ; on l'ébauche avec la hache, après quoi on la fixe fur le tour avec la clouiere, ou mandrin à pointes : enfin on les finit & on y forme la gorge par les mêmes procédés que nous avons décrits dans le paragraphe précédent.

Les cuillers à pot & les égrugeoirs font toujours faits de bois blanc ; on les tourne à peu-près comme les fébilles.

§. 15. *Remarques générales.*

Dans certaines forêts, il eft d'ufage d'abandonner les copeaux aux Ouvriers qui en font leur profit ; dans d'autres endroits il leur eft feulement permis pour leur ufage, d'en brûler dans leurs loges. Les Marchands qui exploitent du charbon, réfervent les gros copeaux pour mettre au centre de leurs fourneaux, ou bien ils les vendent par tas ramaffés de l'étendue d'une corde, aux Payfans des environs, ou par charretées.

Les Ouvriers qui travaillent dans les forêts, établiffent tous

leurs atteliers fous des loges faites avec des fourches enfoncées
en terre, des traverfes qui fervent de fablieres & de filieres, par-
deffus lefquelles ils mettent des copeaux, des rames & du ge-
nêt en affez grande quantité, pour qu'ils puiffent être garantis
de la pluie ; ils ménagent une place découverte auprès de leur
loge, où ils chauffent les bois qui doivent être pliés, tels que les
cerches ; c'eft auffi dans cet endroit qu'ils enfument leurs ouvrages : fouvent ils conftruifent une autre loge en pain de
fucre près de la premiere, & femblable à celle des Sabotiers
(*Pl. XXIV. fig. 8*), au milieu de laquelle il y a toujoursdu feu
allumé, & où ils couchent & font bouillir leur marmite.

§. 16. *Maniere d'enfumer les ouvrages de Raclerie.*

Quoique j'aie dit ci-devant comment on enfume les fabots,
je reviens cependant ici à parler encore de cette opération,
parce que les Ouvriers qui travaillent la raclerie, s'y prennent
un peu différemment. Ici, comme pour les fabots, on enfume
l'ouvrage auprès de la loge : c'eft ordinairement le Samedi au
foir & après le foleil couché, qu'on enfume tout ce qui a été
travaillé pendant le cours de la femaine ; & l'on choifit le foir
préférablement au plein jour, parce qu'on peut mieux remarquer le progrès du feu, & le gouverner en conféquence.

Il y a des ouvrages, tels que les moules à fuif & les fébilles,
qu'on n'enfume que par le dehors ; d'autres, comme les battoirs de leffive, les pelles, &c, s'enfument des deux côtés.

Pour cette opération, on place fur le chan une groffe
piece de bois équarrie *A B* (*Pl. XXXI. fig.* 17), de 9 pieds
de longueur, & de 2 pieds d'épaiffeur ; on pofe fur cette piece
les deux madriers *D E*, *F G*, de forte que les bouts *D* & *F*
pofent à terre, & les bouts *E G*, fur le bloc de bois. Ces madriers ont 7 à 8 pieds de longueur, & ils doivent être affez forts
pour fupporter les pieces dont on les chargera ; enfin on place
fur ces madriers à différentes hauteurs plufieurs fortes perches
H, I, K, L, fur lefquelles on arrange les pieces qui doivent
être enfumées, la face tournée vers le bas.

Quand toutes les perches font garnies, on allume au-deſſous de petits copeaux humides qui rendent beaucoup de fumée & donnent peu de flamme : lorſqu'on eſt obligé de ſe ſervir de copeaux ſecs, on les mêle de gazons afin d'empêcher qu'ils ne brûlent avec trop d'ardeur. L'Ouvrier qui conduit le feu doit y veiller avec une attention continuelle, non-ſeulement pour que le feu ne prenne pas à l'ouvrage, mais encore pour que les pieces ne prennent pas trop de couleur, & qu'elles ne ſoient point noircies.

Quand les premieres pieces ont été convenablement enfumées, on en remet d'autres, & on retourne celles qui demandent à être enfumées des deux côtés.

On enfume ces ouvrages, non-ſeulement pour leur faire prendre une couleur qu'on trouve plus agréable que la couleur naturelle du bois, mais encore pour empêcher que les pieces ne ſe fendent : malgré cette précaution, il arrive ordinairement que ſur 2000 moules à ſuif conſervés pendant un an dans un magaſin au frais, il s'en trouve 2 à 3 cents de fendus. Les bâts, les atelles & les pelles ſe mettent pluſieurs à la fois les unes ſur les autres pour être enfumées : on n'enfume point les cuillers à pot.

Article VIII. *Du toiſé des Bois en grume.*

On vend une grande quantité de bois en grume ; ſavoir, aux Charpentiers pour faire des pilots ; aux Charrons pour la plus grande partie de leurs ouvrages ; à l'Artillerie pour les affûts ; aux Fendeurs ; aux Tourneurs, & à ceux qui font des ouvrages de raclerie. Aſſez ſouvent ces bois en grume ne ſe toiſent point : les Charrons achetent les moyeux de roues à la paire ; les pieces pour limons, & les brancards à la piece ; les menus bois à la toiſe de longueur, les gros compenſant les menus. Chaque forêt a ſes uſages différemment établis, & ſi bien connus des vendeurs & des acquéreurs, que les uns & les autres n'ont point de fraude à craindre. Par exemple, les bois en grume de la forêt de Compiegne ſe vendent à la ſomme

qui eſt de huit ſolives ; mais lorſque ces pieces ſont bien équarries, elles ne produiſent que cinq ſolives ; de ſorte qu'il faut
environ vingt ſommes pour faire un cent de ſolives. Le plus
ſûr, tant pour l'acquéreur que pour le vendeur, eſt de toiſer
les bois en grume, non pas ronds comme des cylindres, ainſi que
l'on compte les mâts, mais comme s'ils avoient été équarris ;
parce qu'il ne ſeroit pas juſte de payer l'écorce & l'aubier,
autant que le bon bois. Il eſt vrai que l'acheteur y perd les copeaux ; mais auſſi il épargne les frais de l'équarriſſage. L'acheteur eſt encore favoriſé en ne comptant pas les pieces équarries à vive-arrête ni réduites au quarré ; il examine ſi ces pieces
diminuent réguliérement de groſſeur, depuis le point de l'abattage juſqu'au menu bout, ſans qu'il y ait de défournis conſidérables ; pour cet effet il prend avec une chaînette le pourtour
ou la circonférence au milieu de la piece ; il ſouſtrait de cette
longueur la dixieme partie, & il diviſe le reſtant en quatre, ce
qui lui donne l'équarriſſage.

Si la piece étoit mal faite, plus groſſe au milieu que vers les
extrémités, à raiſon des loupes, des nœuds trop conſidérables,
&c ; il prendra la circonférence aux deux extrémités, &
même en trois endroits différents ; & joignant ces ſommes, il
les diviſera par deux ou par trois, ce qui lui donnera la groſſeur
moyenne, ſelon laquelle il operera comme nous l'avons dit ;
puis connoiſſant l'équarriſſage des pieces, il les réduira en ſolives ou en pieds-cubes, ainſi qu'il le jugera à propos.

Exemple : un arbre de belle taille aura 10 pieds de circonférence au milieu ; ſi l'on retranche un dixieme, reſte 9 pieds,
qui étant diviſés par quatre, donnent pour l'équarriſſage de
la piece, 2 pieds 4 pouces. Cette regle eſt aſſez équitable
pour le Chêne ; mais comme le Hêtre a une écorce fort mince,
& qu'il n'a point d'aubier, il paroît juſte de ne diminuer qu'un
vingtieme.

Comme les Voituriers ſont chargés de voiturer l'écorce &
l'aubier, on leur paye leur voiture ſans aucune diminution ;
ainſi un arbre qui porte dix pieds de circonférence au milieu,
eſt payé au Voiturier comme s'il portoit 2 pieds 6 pouces

d'équarriſſage. Nous paſſons légérement ſur ces toiſés, par-ce que nous aurons occaſion d'en parler plus amplement dans la ſuite.

Si cependant on veut toiſer les bois en grume avec plus de préciſion, on pourra ſuivre une méthode qui eſt en uſage en Flandre & qui m'a été communiquée par M. Fougeroux de Blaveau, Ingénieur du Roi : je joints ici ſon Mémoire tel qu'il me l'a envoyé.

ARTICLE IX. *Méthode pour meſurer les Bois en grume, telle qu'elle ſe pratique dans les forêts de Flandre.*

ON meſure les bois ronds propres à la charpente, ſoit ſur pied, ſoit abattus, ſoit en faiſceaux.

Le cent de faiſceaux de bois en grume, produit ordinaire-ment en bois équarri, 300 pieds de gîte.

Le pied de gîte a 16 pouces quarrés de baſe, & un pied de hau-teur, & eſt par conféquent la neuvieme partie du pied-cube; ainſi le cent de faiſceaux produit le tiers de 100 pieds-cubes, ou bien $33\frac{1}{3}$ pieds-cubes, ou bien 3 faiſceaux font un pied-cube*.

Le faiſceau eſt toujours de 30 pouces de hauteur; ſa baſe doit contenir en bois équarri 19,2 pouces, pour que ſon cube ſoit égal à 576 pouces-cubes, ou au tiers d'un pied-cube; ce qui donne une piece de bois de 4,38 pouces de côté. Mais comme une piece de cette meſure doit être priſe dans une piece de bois rond, il faut chercher quelle peut être la circon-férence du cercle qui peut produire une piece de bois équarri de 4,38 pouces; & cette circonférence ſera la longueur du premier faiſceau.

Pour cela on cherchera le diametre du cercle dont le côté du quarré inſcrit, ſeroit de 4,38 pouces, qu'on trouvera de 61,9 pouces, & la circonférence de 19,45; ainſi on pourra dire qu'une piece de bois rond, dont la circonférence a été trouvée de 19,45, donnera une piece de bois équarri de 4,38 de côté, ou une ſurface de 19 pouces 2 lignes, ou un faiſceau multiplié

* On s'eſt ſervi de décimales dans tous les calculs qui ne ſont pas définitifs.

par

par 30 pouces. Cette longueur de 19,45 eſt donc la meſure de la circonférence d'un arbre qui produit un faiſceau ; cette quantité revient à 19 pouces 5 lignes, un peu plus ; mais comme il ſe perd toujours une certaine quantité de bois en équarriſſant, la pratique a démontré qu'il falloit lui donner 19 pouces 6 lignes.

Ainſi 19 pouces 6 lignes eſt la longueur du premier faiſceau; maintenant, ſi l'on veut avoir la longueur du ſecond faiſceau, ou la circonférence du cercle, dont la ſurface ſeroit double, laquelle par conſéquent multipliée par 30 pouces, donneroit deux faiſceaux; les ſurfaces étant comme le quarré des circonférences ou des diametres, on aura : La ſurface qui produit un faiſceau, eſt à une ſurface double, ou 1 eſt à 2, comme le quarré de la circonférence qui produit un faiſceau, eſt au quarré de la circonférence qui produit deux faiſceaux; & extrayant la racine quarrée de ce nombre, on aura la circonférence du cercle qui produira une piece de bois équarrie, dont la ſurface multipliée par une longueur de 30 pouces, donnera deux faiſceaux.

Ainſi la proportion ſera $1 : 2 :: (19,5)^2 \, 2$ ou $380,25 : x^2 = 760,50$, dont la racine quarrée eſt 27, 57, qui ſera la longueur que doit avoir la ſeconde meſure ou ſecond faiſceau. Par une ſemblable proportion, on aura la longueur du troiſieme faiſceau, de 33 , 7 , ainſi des autres. On pourroit, ſelon cette méthode, graduer une regle, ſur laquelle on rapporteroit, par le moyen d'une ficelle, la circonférence de l'arbre, pour connoître combien elle contiendroit de faiſceaux ; mais les Ouvriers ſe ſervent d'une méthode graphique pour diviſer leur regle, qui eſt fort juſte.

Ils élevent une perpendiculaire à l'extrémité d'une ligne, (*Pl. XXXII. fig. 1 & 2*), & portent ſur chacune de ces deux lignes, 19 pouces & demi que nous avons trouvé être la longueur du premier faiſceau, & tirent la diagonale, qui eſt la circonférence du cercle, dont la ſurface eſt double de celle de 19 pouces & demi ; laquelle diagonale eſt de 27 , 57 , comme nous l'avons trouvée par le calcul, & par conſéquent la longueur du ſecond faiſceau. Ils portent enſuite cette diagonale *a b*, ſur un

H h h h

des côtés, comme de *c* en *d,* & tirent la nouvelle diagonale *d b,* qui eſt la circonférence du cercle, dont ſa ſurface eſt triple, ou la longueur du troiſieme faiſceau : portant enſuite cette nouvelle diagonale de *c* en *f,* ils tirent la nouvelle diagonale *f b,* qui fait la quatrieme meſure ; par ce moyen ils graduent leur regle *C G,* juſqu'à la groſſeur des plus gros arbres, & mettent à côté des diviſions, les chifres 1, 2, &c, qui indiquent le nombre de faiſceaux toujours meſurés de la partie *c* inférieure de la regle.

DÉMONSTRATION.

L a démonſtration de cette méthode eſt évidente ; car l'angle *a c b* étant droit, la diagonale *a b* eſt la racine quarrée de la ſomme de deux quarrés *a c, c b,* ou d'une ſurface double de celle d'un faiſceau ; & par conſéquent le côté homologue de cette ſurface.

La diagonale *d b,* eſt la racine quarrée de la ſomme des deux quarrés des côtés *d c,* & *b c* ; mais le quarré du côté *d c* eſt double de celui du côté *c b,* donc la diagonale *d b* eſt le côté homologue d'une ſurface triple de celle qui auroit la ligne *b c* pour côté, & par conſéquent la longueur du troiſieme faiſceau, & ainſi des autres ; & comme les ſurfaces des cercles ſont entr'elles comme le quarré de leurs circonférences, la ſurface du cercle qui aura deux faiſceaux de circonférence, ſera double de celle du cercle qui n'aura qu'un faiſceau de circonférence ; puiſque le quarré qui a deux faiſceaux pour côté, eſt double de celui qui n'a qu'un faiſceau pour côté, ainſi des autres.

OPÉRATION.

O n meſure avec une ficelle la groſſeur d'un arbre au milieu du tronc ; on rapporte cette ficelle ſur la regle, & l'on voit ſi elle contient 1 ou 2 faiſceaux ; on multiplie enſuite ce nombre de faiſceaux, par le nombre de 30 pouces que contient la longueur de l'arbre, & l'on a tout de ſuite la quantité de faiſceaux, & par conséquent de pieds de gîte, en multipliant le nombre de faisceaux par 3, ou de pieds-cubes, en divisant le nombre de faisceaux par 3.

On pourroit s'éviter une opération, en divisant un parchemin en faisceaux en place d'une regle ; par ce moyen on auroit tout de suite le nombre de faisceaux de la circonférence.

Comme les Marchands, lorsqu'ils vont faire l'examen d'un bois sur pied, sont bien aises, avant d'en faire le marché, de savoir le produit qu'ils pourront en retirer, sur-tout des arbres un peu considérables, ils ont besoin d'une pratique simple pour en connoître la hauteur ; chacun s'en fait une à sa mode. Celle que nous avons indiquée dans le Chapitre II du Livre III de cet ouvrage, est une des plus simples & des plus exactes. Voyez *page 259.*

La hauteur de l'arbre étant connue, ils en prennent la grosseur à 4 ou 5 pieds de terre, & ont, par la méthode ci-dessus détaillée, le nombre de faisceaux ou de pieds-cubes contenus dans l'arbre, qui peut être employé en charpente.

REMARQUES.

COMME la mesure en pieds de gîte & en faisceaux, n'est pas usitée en France, on peut se servir de la même méthode pour réduire tout de suite les bois ronds, en pieds-cubes ou solives ; il suffit simplement, partant du même principe, de changer la division de la regle ou du parchemin avec lequel on mesure la circonférence.

Pour cela, on remarquera :

1°, Que la solive est égale à 3 pieds-cubes.

2°, Que la solive se divise en 6 pieds de solives, dont chacun vaut un demi-pied cube.

Ainsi toute mesure qui donnera des solives, ou pieds de solives, se réduira aisément en pieds-cubes, & réciproquement.

La solive se représente ordinairement par une piece de bois de 6 pouces d'équarrissage & de 12 pieds de longueur ; une pareille piece contient une solive ou 3 pieds-cubes ; c'est dans

cette forme que je la confidérerai pour fervir de bafe à ma mefure, pour la réduction des bois ronds en pieds-cubes ou folives.

Ma premiere mefure fera la circonférence du cercle qui
étant équarri, porte une piece de bois de 6 pouces quarré:
cette piece, fur un pied de longueur, donnera un quart de
pied-cube ou un douzieme de folive; ainfi il en faudra 4
pieds de long pour produire un pied-cube, & 12 pieds pour
faire une folive.

Cette circonférence étant la premiere mefure, ou *faifceau*,
les autres en feront multiples; c'eft-à-dire, circonférences de
furfaces multiples : ainfi, pour avoir le cube de l'arbre propo-
fé ; après avoir mefuré fur la regle, ou avec le parchemin, le
nombre de mefures que contient fa circonférence, on multipliera le nombre trouvé par le quart du nombre de pieds contenu dans la longueur, fi c'eft en pieds-cubes qu'on veut
avoir le réfultat; ou par la douzieme partie, fi c'eft en folives
qu'on veut avoir le folide de la piece.

E X E M P L E.

Soit une piece de 3 mefures un quatrieme de circonférence
& de 24 pieds de longueur, dont on veut avoir le cube, en
pieds & en folives.

O P É R A T I O N.

1°, Si c'eft en pieds-cubes, on multipliera 3 faifceaux ou me-
fures $\frac{1}{4}$, par le quart de 24 pieds ou 6 pieds 3^mef. $\frac{1}{4}$ ou $\frac{3}{12}$.

par . . . . . 6^pieds.

18

1 — 6

Et on aura . . . . 19^pieds. 6 pouces pour
le toifé de l'arbre en pieds-cubes.

2°, Si l'on veut avoir le cube de la piece en folives, on multipliera les 3 mesures un quart de la circonférence, par le douzieme de la longueur ou de vingt-quatre pieds, & on aura . . . . $3^{\text{mef.}} \frac{1}{4}$

multiplié par . . . $2^{\text{pieds.}}$

Ce qui donnera : . . , ... 6 solives trois pieds pour le toisé de l'arbre en solives, ce qui revient au même que par l'opération précédente, puisque 6 solives 3 pieds font 19 pieds-cubes & demi ou 6 pouces.

Méthode pour graduer la regle, ou le parchemin.

On cherchera la circonférence d'une piece qui puisse fournir 6 pouces d'équarrissage, & on trouvera cette circonférence de 26 pouces 8 lignes ; mais on prendra 27 pouces à cause du déchet pour l'écorce ; & cette longueur de 27 pouces sera la premiere mesure dont on se servira pour graduer la regle ou le parchemin, par la même méthode expliquée ci-dessus. Pour y parvenir, on élevera une perpendiculaire *A C*, (*Pl. XXXII. fig.* 2), à l'extrémité d'une ligne *A D*; du point *A*, on portera les 27 pouces que nous avons trouvés pour la longueur de la premiere mesure, sur les lignes *AC*, *A D*, aux points *B* & *E*, & *A E* sera la longueur de la premiere mesure : pour avoir la seconde mesure, on tirera la diagonale *B E*, qu'on portera de *A* en *F*, & *A F* sera la longueur de la seconde mesure : pour avoir la troisieme mesure, on tirera une nouvelle diagonale *B F*, qu'on portera de *A* en *G*; & *A G* sera la troisieme mesure. On continu a de la même façon de graduer la regle ou le parchemin *A D*, jusqu'à la longueur de la circonférence des plus gros arbres que l'on peut avoir à mesurer.

Mais comme il peut y avoir des arbres à mesurer qui aient une plus petite circonférence que 27 pouces; ou qu'il peut arriver que dans de plus gros arbres, la longueur des circonférences ne soit pas une mesure juste de faisceaux, alors il sera avantageux d'avoir des subdivisions du premier faisceau, ou d'un faisceau à l'autre. Pour avoir ces subdivisions, on menera

au-deſſus de la baſe *A B* de 27 pouces, qui a ſervi pour le tracé
des meſures, une parallele *a b*, qui lui ſoit égale, afin de ne pas
embrouiller la figure ; ſur cette ligne, comme diametre, on dé-
crira un demi-cercle ; puis on la diviſera en autant de parties
que l'on veut avoir de diviſions dans le faiſceau ou meſure : le
mieux ſeroit de la diviſer en douze parties, afin que la diviſion de la meſure fût correſpondante à celle du pied. De toutes
les diviſions faites ſur le diametre, on élevera des ordonnées
vers la circonférence : d'une des extrémités *a* du diametre, on
tirera des cordes à tous les points où la circonférence eſt ren-
contrée par les ordonnées, & on les rapportera par des arcs
de cercle ſur le diametre *a b*, & par des paralleles ſur la baſe
A B, qui lui eſt égale, puis par des arcs ſur le côté *A C* deſtiné
à la diviſion de la regle ; & ces cordes ainſi rapportées, ſeront
les diviſions de la premiere meſure, correſpondantes à celles
que l'on aura faites ſur le diametre *a b* ; c'eſt-à-dire, que $A\frac{1}{4}$
ſera la circonférence du cercle qui portera l'équarriſſage d'une
piece égale en ſuperficie, au quart de celle qui a la meſure
entiere pour circonférence circonſcrite, ou 6 pouces de côté :
$A\frac{1}{2}$ ſera la meſure de l'arbre qui portera l'équarriſſage d'une
piece égale à la moitié de la ſuperficie de celle de 6 pouces
de côté, ou de 18 pouces quarrés, ainſi de $A\frac{3}{4}$.

Nota. Qu'au lieu de $\frac{1}{4}$, $\frac{1}{2}$, $\frac{3}{4}$, on pourroit mettre 3, 6, 9
parties, en ſuppoſant la meſure diviſée en 12.

Ainſi le premier faiſceau ſera diviſé en autant de parties
que l'on aura diviſé de fois le diametre *a b* dans la figure 2,
Pl. XXXII, en 8 parties ; mais le mieux ſeroit de le diviſer
en 6 ou en 12.

Préſentement, pour avoir les diviſions intermédiaires, entre
1 & 2 faiſceaux ou meſures, on tirera des diagonales du point
E de la premiere meſure, aux diviſions $\frac{1}{4}$, $\frac{1}{2}$, $\frac{3}{4}$ de la baſe *A B* ;
& les diſtances $F\frac{1}{4}$, $E\frac{1}{2}$, $E\frac{3}{4}$, rapportées le long de la ligne
A C, partant toujours du point *A*, donneront les points inter-
médiaires $\frac{1}{4}$, $\frac{1}{2}$, $\frac{3}{4}$, entre 1 & 2 meſures ou faiſceaux : on en
fera autant pour avoir les meſures intermédiaires entre les au-
tres faiſceaux.

Pour éviter les erreurs, il faut se souvenir :

1°, Que pour réduire une piece en pieds-cubes, il faut multiplier le nombre de mesures & de parties de mesures de la circonférence, par le $\frac{1}{4}$ de la longueur de la piece mesurée en pieds.

2°, Que pour réduire une piece en solives, il faut multiplier le nombre de mesures & parties de mesures de la circonférence, par le $\frac{1}{12}$ de la longueur de la piece mesurée en pieds.

EXPLICATION *des Planches* & *des Figures du Livre IV.*

PLANCHE XIV,

Relative à la formation des Fentes.

LA FIGURE 1 représente un cylindre de bois : *a, d, d, d,* les cercles annuels ; *b b,* un barreau levé dans le diametre de ce cylindre ; *c c,* barreau levé suivant la direction des fibres longitudinales ; *e, e,* direction des fibres longitudinales ; *f, f,* rayons qu'on apperçoit sur l'aire de la coupe d'un morceau de bois.

Figure 2 , cylindre de glaise.

Figure 3 , tranche très-mince levée sur l'aire d'un cylindre de glaise : *a f,* diametre de cette tranche : *a, b, c, d,* différentes couches de terre que l'on suppose être de densités inégales : *a,* 1, 2, 3, 4, *m, f,* &c, la circonférence de cette tranche, pendant qu'elle est humide : *e e e,* point où se réduit cette circonférence quand la glaise est devenue seche.

PLANCHE XV.

La FIGURE 1 représente une tranche fort mince d'un cylindre de bois : les couches 1, 2, 3, 4, 5, 6, &c, sont supposées être de densités inégales : *s,* lignes courbes *d e f,* & *a b,* re-

préfentent la forme que doit prendre une fente par la contraction des couches 1, 2, 3, &c.

La Figure 2 fait voir un rayon femblable à *a b* (*Fig.* 1), &
fait entendre ce qui doit réfulter de la contraction des rayons.

La Figure 3 fert à faire connoître ce qui doit réfulter de
la contraction des rayons & des couches ligneufes.

PLANCHE *XVI, relative à la pefanteur du bois de différents
points du corps d'un arbre, & à la forme de certaines fentes.*

LA FIGURE *1* fert à démontrer la différence de denfité du
bois du cœur d'avec celui de la circonférence.

Par la *Figure* 2, on voit la différence de denfité du bois du
pied d'un arbre d'avec celui de la cîme.

La Figure 3, fait voir comment les couches ligneufes fe
féparent les unes des autres dans les *bois roulis* lorfqu'ils fe
deffechent.

La Figure 4, fait comprendre pourquoi les bois fe fendent
plus aifément dans la direction du centre à la circonférence
que dans toute autre.

Figure 5, arbre en retour *cadranné* dans le cœur.

Figure 6, arbre auquel on a donné un trait de fcie de *a* en *b*,
pour prévenir qu'il ne s'y forme point trop de fentes.

PLANCHE *XVII. Elle fait voir comment le bois fe contracte
en fe féchant, & ce qui en réfulte.*

FIGURE *1*, piece de bois dont les parties numérotées 1 &
3, font reftées en grume, & celles numérotées 2 & 4, ont été
équarries.

Figure 2, exemple des fentes qui fe forment entre l'écorce
& le centre de l'arbre.

Figure 3, fentes qui s'étendent de la circonférence vers le
centre.

La Figure 4 fait voir la quantité de fentes qui fe forment
fur une piece de bois qui a été équarrie auffi-tôt qu'elle a été

abattue

abattue, & qu'on a laissé se dessécher trop promptement ; il faut remarquer que le bois qui en a été retranché, a empêché que les fentes ne soient aussi grandes que dans les pieces en grume.

Figure 5, corps d'arbre refendu en deux par la ligne *a b*.

Figure 6, autre corps d'arbre refendu en quatre par les lignes *c d*, & *e f*.

La *Figure 7* démontre ce qui résulte du rapprochement des fibres de la *figure 5*.

Par la *Figure 8*, on peut voir ce qui résulte de la contraction des fibres de la *figure 6*.

P L A N C H E *XVIII. Cette Planche fait voir différentes aires de coupes de pieces de bois faites en différents points, & les fentes qui en résultent.*

On voit par la *Figure 1*, que dans une piece de bois quarré *a c e f*, refendue à la scie par une ligne *d h*, les faces qui répondent au cœur deviennent convexes, & les faces opposées concaves.

Par la *Figure 2*, on voit ce qui arrive à une piece ronde, sciée par une ligne *a b*, soit à la partie *f* dans laquelle le bois du cœur est compris, soit à la partie *g* qui ne contient pas de bois du cœur.

Les *Figures 3, 4, 5 & 7*, font voir que les pieces de bois où il se trouve du bois du cœur de l'arbre, sont plus sujettes à se fendre que celles où il ne se trouve pas de ce bois.

La *Figure 6* représente un tuyau de bois, & fait voir qu'il est peu sujet à se fendre.

P L A N C H E *XIX. Cette Planche fait voir qu'une piece de bois dans laquelle le cœur d'un arbre est compris, est plus exposée aux fentes que lorsque cette partie n'y est pas renfermée.*

F I G U R E 1 , surface d'un cube de bois qui étant encore verd, avoit la forme que désignent les lettres *A*, *B*, *C*, *D*, & qui étant devenu sec a pris celle de *a b c d* : on voit en *K* où se trouve le cœur de l'arbre, qu'il s'y eſt formé de grandes fentes *L*, *L*, &c.

Figure 2, autre cube qui avoit, étant verd, la forme *E F G H*, & que la ſéchereſſe a réduit à celle de *e f g h* : le cœur du bois *K* qui ſe trouve hors de la piece, eſt très-peu fendu : ces deux Figures ont été deſſinées très-exactement d'après nature.

PLANCHE *XX*. *Cette Planche démontre ce qui arrive aux planches ſciées dans des arbres encore verds.*

FIGURE *1*, corps d'arbre refendu en planches encore tout verd : ces planches devenues ſeches & poſées les unes ſur les autres, ne peuvent ſe toucher aux points *m*, *n*, *o*, *p*, *q*, & ont peu de fentes.

Par la *Figure* 2, on voit que la Planche *a a*, *b b*, ne s'eſt point bombée comme celle de la *figure 1*, & que les ouvertures *a*, *a* & *b*, *b*, ſont produites par la contraction des parties extérieures de l'arbre *c c*.

PLANCHE *XXI*. *On voit par les Figures, que les planches ſe courbent à raiſon du racourciſſement des fibres longitudinales du bois.*

FIGURE *1*, tronc d'un jeune arbre fendu en quatre parties, par les lignes *a b* & *c d*.

La *Figure* 2 fait voir que chaque partie de cet arbre s'eſt courbée du côté de l'écorce.

La *Figure* 3 montre comment les fibres longitudinales ſe racourciſſent à meſure que les arbres ſe deſſechent.

Figure 4, piece de bois quarré refendue en deux parties *a*, *a*.

On voit par la *figure 6*, que les bouts d'une piece refendue s'écartent en *a a* : cet écartement a été exprimé trop conſidérable dans cette gravure.

Figure 7, arbre fendu en trois parties, leſquelles s'écartent les unes des autres en forme de lardoire.

Figures 8 & *9*, corps d'arbres refendus en planches.

La *Figure IX* ſert à démontrer pourquoi il y a des planches qui se tourmentent, & d'autres qui ne se courbent point, & encore pourquoi les unes se fendent, & d'autres ne se fendent pas.

Les *Figures 10, 11 & 12* servent à rendre raison de ces faits.

PLANCHE *XXII. Cette Planche est relative aux tentatives faites pour empêcher les bois de se fendre.*

Les *Figures 1, 2 & 3*, font voir dans quelles circonstances les fentes portent le plus de préjudice, & comment on pourroit en grande partie le prévenir.

Figure 4, numéros 1, 2, 3, 4, portions de cônes & de pyramides tronquées, qui contiennent le cœur du bois des pieces : aux numéros 5, 6, 7, 8, le cœur est hors des pieces : ces pieces, quoique cerclées & bien serrées, se font néanmoins fendues.

PLANCHE *XXIII, relative aux bois qui se livrent en grume pour le service de l'Artillerie.*

FIGURE *1*, flasque d'un affût marin.
Figure 2, fond d'un affût marin.
Figure 3, essieu d'un affût marin.
Figure 4, roue d'un affût marin.
Figure 5, flasque d'un affût de campagne.
Figure 6, moyeu de la roue d'un affût de campagne.
Figure 7, jante d'un affût de campagne.
Figure 8, rais d'une roue d'affût.
Figure 9, essieu d'un affût de campagne.
Figure 10, moitié de la limoniere de l'avant-train d'un affût.
Figure 11, piece qui porte la cheville ouvriere aux avant-trains des affûts.

PLANCHE *XXIV. Détail du travail des Sabotiers.*

Figure 1, chevre sur laquelle les Sabotiers coupent le bois.
Figure 2, passe-par-tout ou scie dont ils se servent.

Figure 3, *h*, maſſe des Sabotiers; *i*, ciſeau qui ſert quelque-fois à fendre; *k*, coutre, inſtrument bien plus commode pour fendre; *m*, rondine qui doit être fendue; *g*, coin de fer qui ſert à fendre les groſſes rondines.

Figure 4, quartier d'une rondine propre à faire un ſabot.

Figure 5, *A*, billot : *a*, ſerpe pour ébaucher les ſabots.

Figure 5 * 6, herminette avec laquelle on forme l'entrée & le talon d'un ſabot.

Figure 6 *, *E*, rondine propre à faire un ſabot; *F*, la même rondine ſur laquelle eſt ponctuée la figure d'un ſabot.

Figure 6 * *, (vers le bord oppoſé de la planche) ſabot H qui n'eſt qu'ébauché; & au-deſſous de la *figure* 6, *G*, ſabot paré & fini en dehors.

Figure 7, piece de bois entaillée, dans laquelle on aſſujettit avec des coins une paire de ſabots qui doit être évidée.

Figure 8, loge des Sabotiers : on voit dans cette loge la même piece en place.

Figure 9, vrille *K*, avec laquelle on commence à percer les ſabots : *h*, *i*, *l*, cuillers de différentes grandeurs pour les creu-ſer.

Figure 10, crochet ou *rouette*, pour polir & effacer les ſil-lons que les cuillers ont pu faire au-dedans du ſabot.

Figure 11, plane ou paroir pour finir les ſabots en dehors.

Figure 12, *a*, coupe d'un ſabot, ſuivant ſa longueur, pour en faire voir l'épaiſſeur : *b*, ſabot garni de ſon *emblai* : *c*, *d*, ſabots en uſage dans le Limoſin; ils ont une grande entrée & ſont garnis d'une courroie : *e*, ſabot garni d'un *miton* de peau de mouton; *f*, petit fer dont on arme quelquefois le deſſous du ta-lon; *g*, autre petit fer qui s'attache ſous le fort du pied.

Figure 13, *A*, Ouvrier qui ébauche un ſabot : *B*, autre Ou-vrier qui perce; *C*, autre qui creuſe : *D*, autre qui pare & finit le ſabot.

Figure 14, *A*, forme de ſoulier pleine : *B*, forme briſée; *C*, ſemelle de galoche; *D*, talon pour homme; *E*, talon pour femme.

Planche *XXV.* Outils à l'usage du Fendeur.

Figure 1, attelier du Fendeur : *A B C*, grande piece four-chue ; *D E F*, pieds qui la soutiennent ; *G H*, pieces de bois enfoncées en terre pour donner de la solidité à l'attelier : *I*, mailloche pour frapper sur le coutre : *O N*, piece disposée pour être fendue avec le coutre *P* : *K L*, piece en partie fendue : *M*, le coutre : *Q*, coin qui entretient l'ouverture de la fente.

Les *Figures* 2, 3, 4 & 5 font voir comment le Fendeur peut conduire la fente bien droite.

Figure 6, coutre à deux biseaux servant à fendre : *e*, coupe de ce coutre.

Figure 7, grand coutre à un biseau ; *e*, coupe de ce coutre : il sert à parer les pieces de bois, comme on peut le voir dans la *figure* 8.

Figure 9, grande cognée.

Figure 10, grand coin de bois.

Figure 11, *A*, scie dentelée ou passe-par-tout : *B B*, scie avec une denture ordinaire.

Figure 12, masse.

Planche *XXVI.* Travail du Fendeur.

Figure 1, *A*, grosse tronce noueuse, qu'on veut fendre avec de la poudre : *a*, trou de tarriere rempli de poudre à canon, & fermé d'une cheville frappée à force : *b*, lance à feu pour allumer la poudre.

Figure 1 *, *B*, la même piece de bois éclatée en trois parties par l'effet de la poudre à canon.

Figure 2, Apprentif-Ouvrier occupé à fendre des chevilles de poinçon entre ses jambes.

Figure 3, cet Apprentif commence par fendre la bille en deux par la ligne 1, 1, puis par les lignes 2, 2, puis par celles 3, 3, &c.

Figure 4, ensuite il fend ces mêmes tranches, par les lignes 5, 6, 6, 7, 7 & 4, 4.

Figure 5 , bille destinée à être fendue pour en faire des fusées pour les entre-voux des planchers.

Figure 6 , palisson ou petite planche servant aux entre-voux des Fermes.

Figure 7 , barre pour les fonds des futailles.

Figure 8 , chevre servant d'attelier pour fendre les barres & les palissons.

Figure 9 , bille sciée de longueur pour faire des échalas de vigne : les lignes ponctuées *A B*, *C D*, *E F*, *G H*, indiquent comment on doit diviser cette piece par quartiers.

La *Figure* 10 indique comment on doit fendre le quartier *A E C*, pour en tirer six ou sept échalas : les autres quartiers se fendent de même.

Figure 11 , un échalas.

La *Figure* 12 fait voir comment on arrange les échalas entre quatre piquets pour en former des bottes.

Figure 13 , une botte d'échalas liée avec des harts.

PLANCHE *XXVII. Travail du Fendeur de Lattes & de Cerches.*

La *Figure* 1 fait voir comment le Fendeur cartelle les pieces, toujours du centre à la circonférence *E A*, *E G*, *E H*, *E I*.

La *Figure* 2 représente un de ces quartiers qu'il fend d'abord par les lignes *a c*, *e e*, *d d*, *f f*; ensuite, & pour lever les lattes , par les lignes 1 , 1 , 2 , 2 , 3 , 3 , &c.

La *Figure* 3 indique la même opération pour la latte voliche.

Figure 4 , petit attelier où l'on forme les bottes.

Figure 5 , botte liée.

Figure 6 , arbre abattu, & tel qu'on le délivre aux Fendeurs, qui y donnent un trait de scie en *e* pour retrancher la culasse.

Figure 7 , la même culasse qui doit être cartelée par les lignes *g g* , *h h*, &c.

Figure 8 , cartelle dont on doit retrancher le bois du cœur, selon la ligne ponctuée *k k*.

Figure 9 , la même cartelle *écœurée* , & qui doit être refendue, suivant la direction des lignes ponctuées *n n* , pour en faire des fonds de seaux.

Figure 10, tronce de bois deftinée à faire des cerches pour des corps de feaux. Elle fe fend d'abord par la ligne *r r*. La fente fe commence avec le tranchant de la cognée, fur la tête de laquelle on frappe avec la maffe *t* (*fig.* 11), & cette premiere fente s'acheve avec les coins *x*.

La *Figure* 12 fait voir comment on cartelle chaque moitié de la tronce (*fig.* 10), d'abord par la ligne *y y*, enfuite par les lignes *z*, *z*, enfin par les lignes *&*, *&*.

La *figure* 13 indique la partie du bois du cœur qui doit être enlevée d'une cartelle, felon la ligne ponctuée *k k*.

La *Figure* 14 fait voir comment on écorce cette même cartelle, dont on enleve la portion *o q o*.

Figure 15, portions de bois *r s*, qui s'enlevent par le Fendeur, & dont il fait des bordures ou de *l'Aprêt-marchand*.

PLANCHE XXVIII. *Suite du travail du Fendeur.*

FIGURE 1, felle à planer, avec l'Ouvrier en attitude, pour dreffer les cerches avec la plane.

Figure 2, Ouvrier qui plie les cerches en différents fens, pour connoître fi elles font par-tout d'égale épaiffeur.

Figure 3, cerches préfentées au feu, appuyées fur une barre de fer, foutenue par deux chenets.

Figure 4, profil d'une cerche *E*, & des chenets qui la foutiennent vis-à-vis le feu.

Figure 5, bordure préparée pour lier les bottes.

Figure 6, laniere de bois qui attache la bordure des bottes,

Figure 7, bordure garnie de cette laniere.

Figure 8, petites planches qui fervent de *gardes* pour empêcher que les bords de la bordure ne fe fendent.

Figure 9, rouleau fervant à plier les cerches.

Figure 10, coupe de ce rouleau.

La *Figure* 11 fait voir la difpofition de trois cerches qui doivent être roulées.

Figure 12, botte de cerches : *a a* bordure qui affujettit cette botte; *b*, laniere qui lie la bordure; *c c*, gardes; *d*, cerches.

Figure 13, botte d'éclisses.

Figure 14, moulinet qui sert à plier les éclisses & les cerches de rouet, pour les disposer à être mises en bottes.

Figure 15, éclisse liée, préparée à recevoir celles qui doivent former une botte.

Figure 16, chaseret garni d'osier, le fond mis en bas.

Figure 17, chaseret garni d'osier, le fond mis en en haut.

Figure 18, éclisse à fromage posée sur un clayon, ou tournette d'osier.

PLANCHE XXIX. Maniere de faire des Copeaux & des Panneaux de soufflets.

FIGURE 1, piece parallélipipede de Hêtre, ébauchée pour en faire des copeaux.

Figure 2, machine pour former les copeaux, vue en élévation.

Figure 3, la même machine vue en plan. *A, B, C, D*, rouages qui augmentent la force des Ouvriers qui font tourner les manivelles; *F H*, corde qui communique le mouvement des rouages au rabot *G* : *I*, rouleau qui se hausse, ou qui se baisse, pour que la tirée de la corde soit horizontale : *K*, piece de bois sur laquelle on leve les copeaux : le graveur a fait cette piece trop forte par proportion avec le rabot : *L L, M M, N N*, bâti de forte charpente.

Figure 4, coupe transversale de la même machine, par le milieu du rabot : *M M*, bâti de charpente : *K*, piece de bois sur laquelle on leve les copeaux : *G*, corps du rabot, au-dessus duquel paroît le fer taillant de ce rabot.

Figure 5, presse où l'on dresse & où l'on rogne les copeaux.

Figure 6, copeaux tels qu'on les vend en paquet.

Figure 7, cartelle de Hêtre, destinée à faire des panneaux de soufflets.

Figure 8, panneau de soufflet grossiérement ébauché.

Figure 9, le même panneau fini & plané.

Figure 10, encoche, ou établi dans lequel on assujettit les

panneaux

panneaux de soufflets, pour les séparer chacun en deux parties, dont celle du dessous doit être la plus longue.

EXPLICATION de la Planche XXX, qui contient en détail, la façon de faire les Ecopes, les Pelles à four, à bled & à fumier, les Battoirs de lessive, & les Attelles de collier de Chevaux & de Mulets.

FIGURE 1, cartelle destinée à faire des attelles.

Figure 2, la même cartelle figurée en attelles, & qu'il n'est plus question que de séparer par des traits de scie pour en avoir plusieurs semblables à *B.*

Figure 3, encoche où l'on assujettit les attelles de la figure 2, pour les séparer ensuite par un trait de scie.

Figure 4, battoir pour la lessive.

Figure 5, écope vue de côté.

Figure 6, écope vue par-dessus.

Figure 7, coupe d'un rondin dans lequel on doit lever quatre écopes.

Figure 8, aceau.

Figure 9, tie.

Figure 10, piece de bois préparée pour faire des pelles à four.

Figure 11, pelle à four pour les Pâtissiers.

Figure 12, pelle à four pour les Boulangers.

Figure 13, pelle à fumier.

Figure 14, pelle pour remuer les grains.

EXPLICATION de la Planche XXXI, qui expose le travail de l'Arçonneur; & celui des Tourneurs qui font les Sébilles & les Moules à suif.

FIGURE 1, ciseau de fer.

Figure 2, bec d'âne.

Figure 3, bât de mulet, monté.

Figure 4, courbe d'un bât.

K k k k

Figure 5 , lobe d'un bât.

Figure 6 , moitié d'une courbe faite de deux pieces.

Figure 7 , arçon de Cavalerie : *a* , le pontet : *b* , *b* , les deux bouts : *c* , le devant d'arçon : *d* , *d* , les pointes : *e* , *e* , les panneaux.

Figure 8 , arçon de femme garni de son dossier *f*.

Figure 9 , tour tel qu'on l'établit dans les forêts pour tourner les moules à suif, les sébilles, les rouets de poulies, &c : *A*, *B*, deux forts poteaux : *C* , *C* , deux pieces horizontales qui les assemblent : *D* , poupée mobile : *E* , crosse ou support : *F* , piece servant à donner de la solidité aux poteaux *A* , *B* , & qui servent outre cela à appuyer le support, & à porter la planche inclinée *K* , sur laquelle s'appuie l'Ouvrier quand il travaille : *G* , perche à ressort : *H* , corde : *I* , mandrin : *L* , pédale : *M* , billot sur lequel on ébauche les pieces.

Figure 10 , rondine qui doit être fendue en deux pour faire deux moules à suif.

Figure 11 , moitié de rondine sur laquelle est tracé un moule.

Figure 12 , sébille travaillée , posée sur sa clouiere ou mandrin à pointes *I*.

Figure 13 , clouiere.

Figure 14 , ciseaux courbes qui servent à détacher le noyau de bois que l'Ouvrier enleve de l'intérieur du moule qu'il tourne.

Figure 15 , moule à suif sortant des mains du Tourneur.

Figure 16 , outils du Tourneur.

Figure 17 , disposition du chevalet pour enfumer les pieces travaillées.

PLANCHE XXXII.

Les FIGURES de cette Planche servent à l'explication de la méthode qui se pratique en Flandre pour toiser les bois ronds.

Fin du quatrieme Livre.

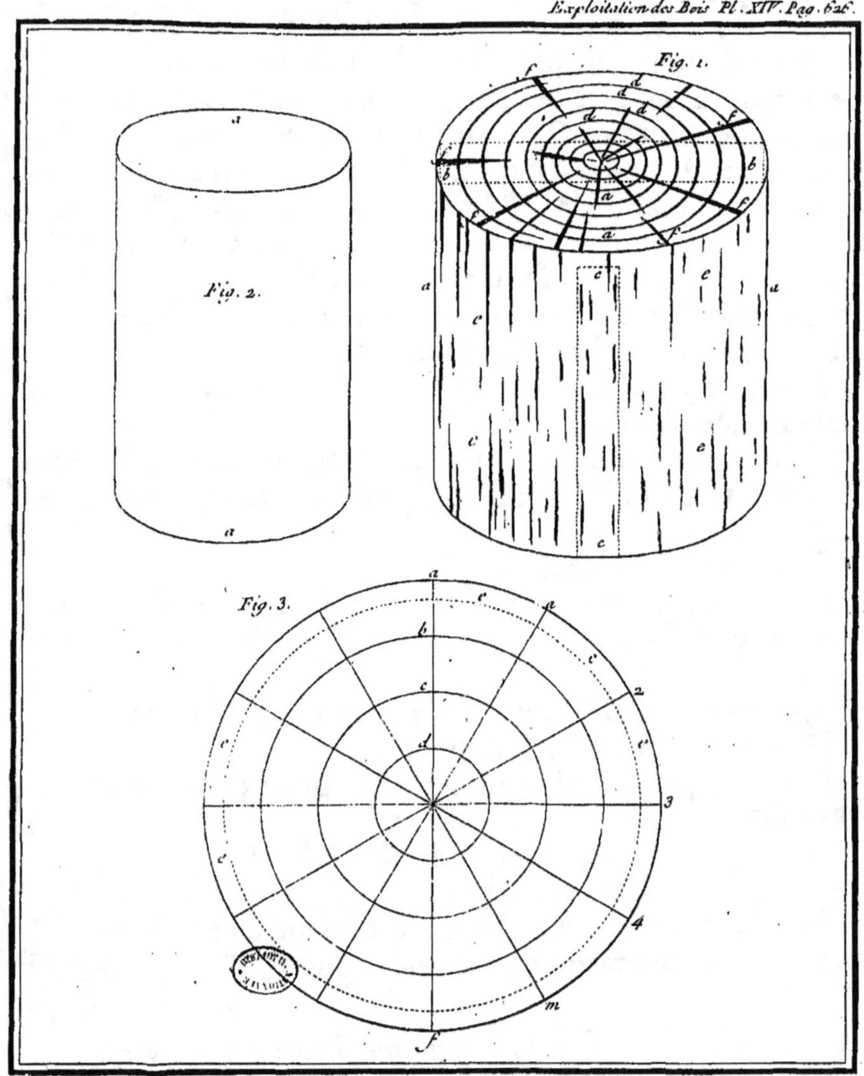

Fig. 1.
Fig. 2.
Fig. 3.

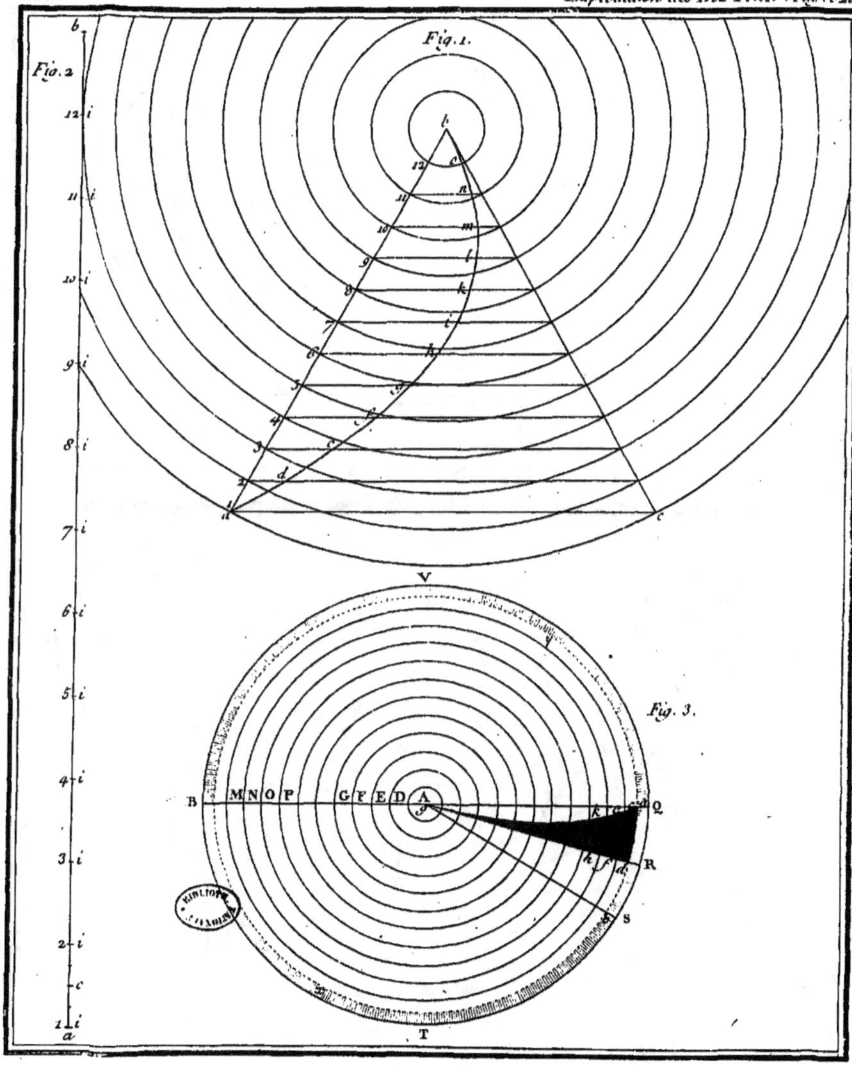

Exploitation des Bois Pl. XV. Pag. 620.
Fig. 1.
Fig. 2.
Fig. 3.

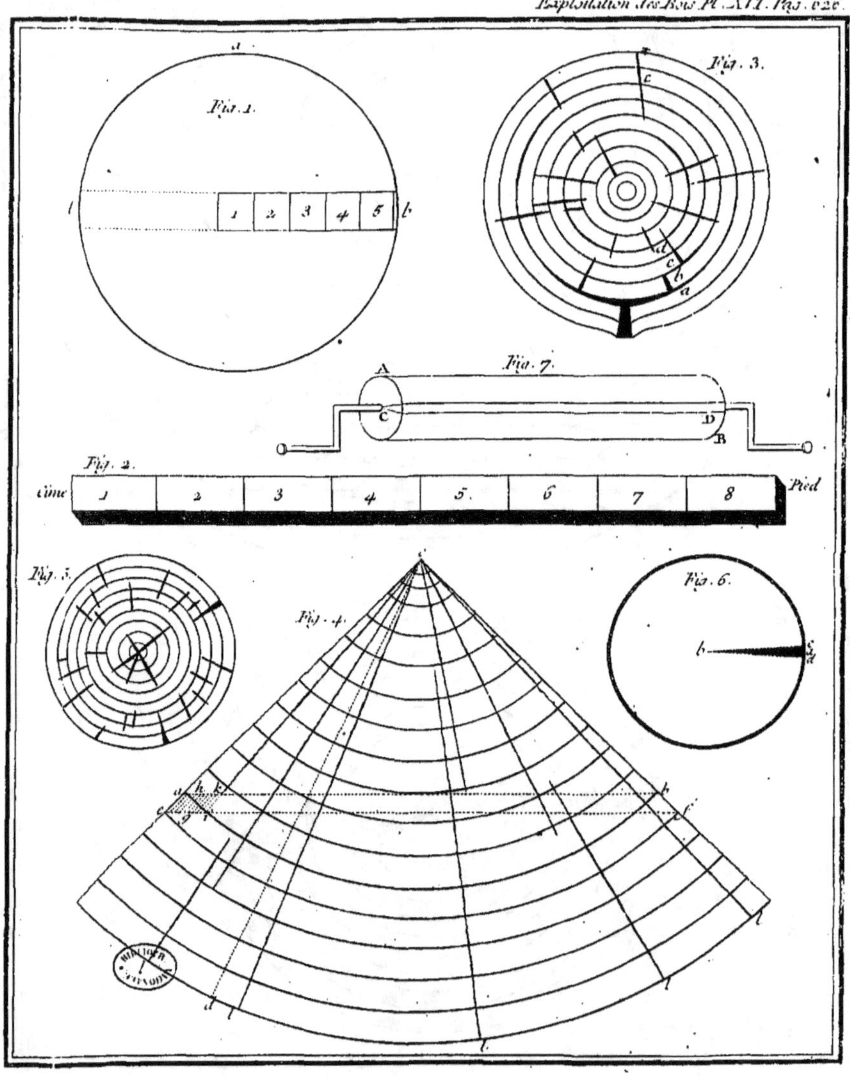
Fig. 1.
Fig. 3.
Fig. 7.
Fig. 2.
Fig. 5.
Fig. 4.
Fig. 6.
cime
Pied

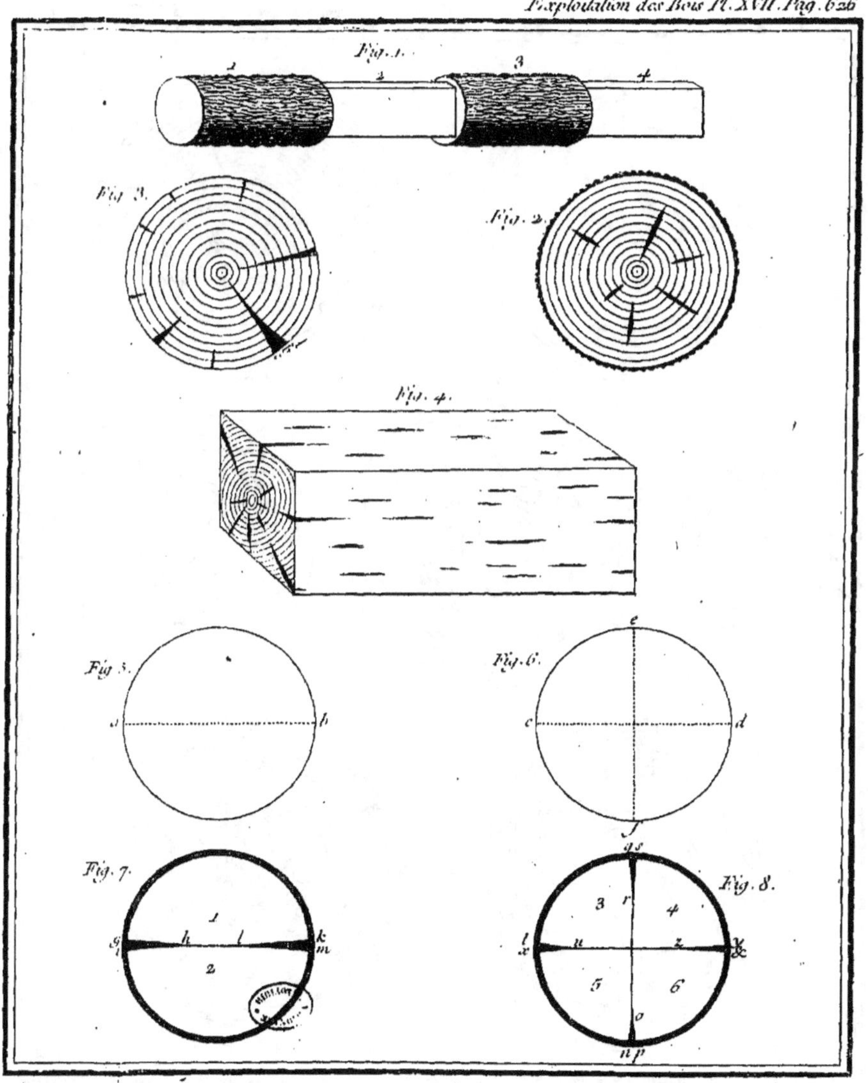

Fig. 1.
Fig. 3.
Fig. 2.
Fig. 4.
Fig. 5.
Fig. 6.
Fig. 7.
Fig. 8.

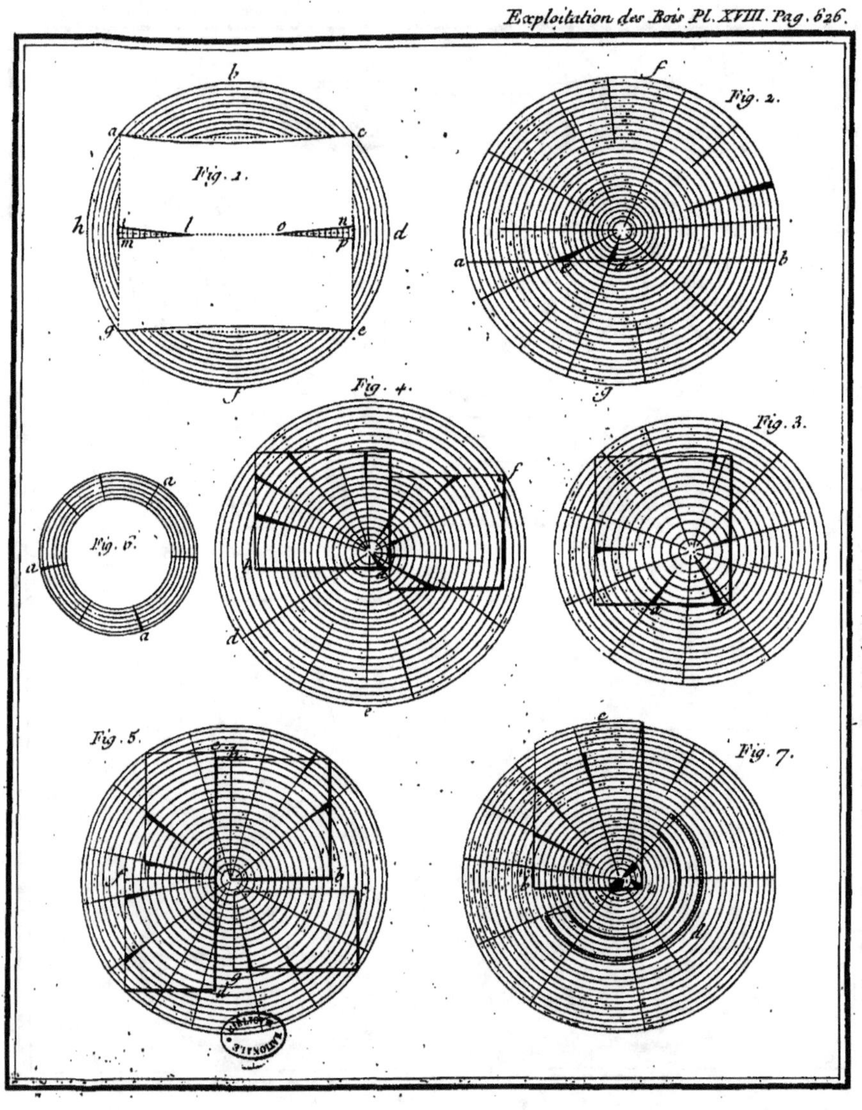
Fig. 1.
Fig. 2.
Fig. 4.
Fig. 3.
Fig. 6.
Fig. 5.
Fig. 7.

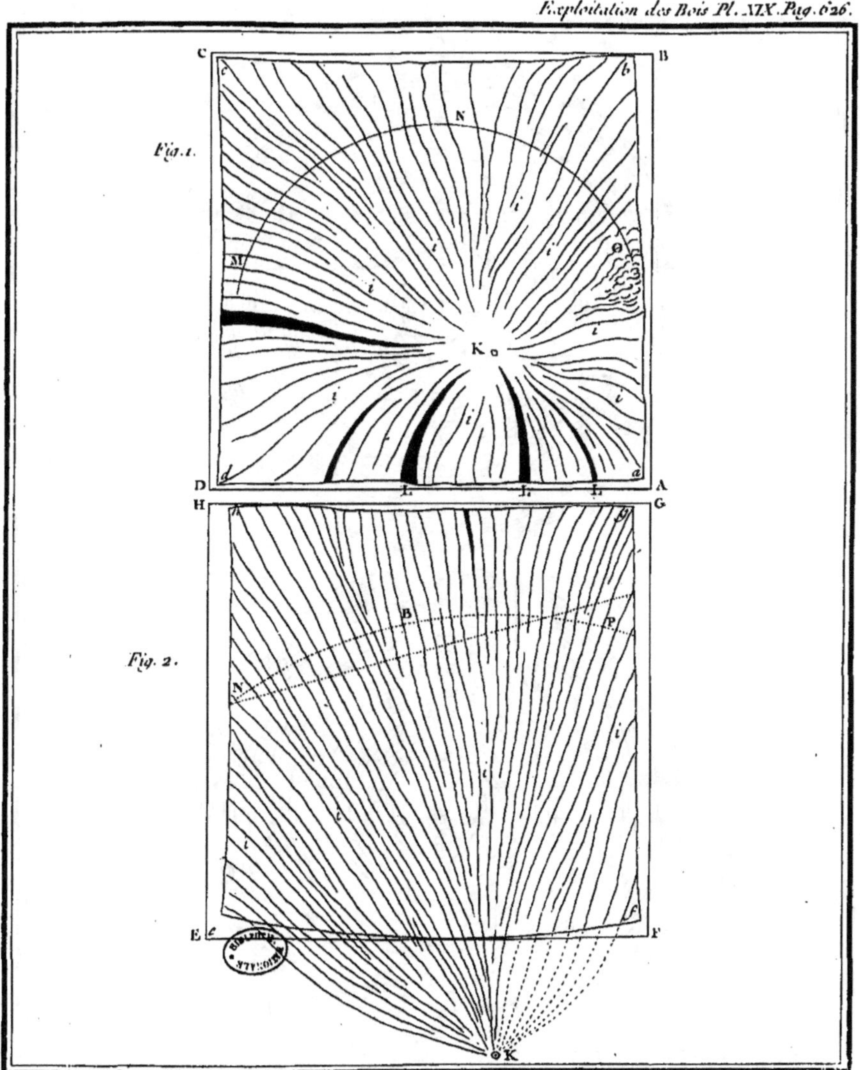
Fig. 1.
Fig. 2.

Fig. 1.

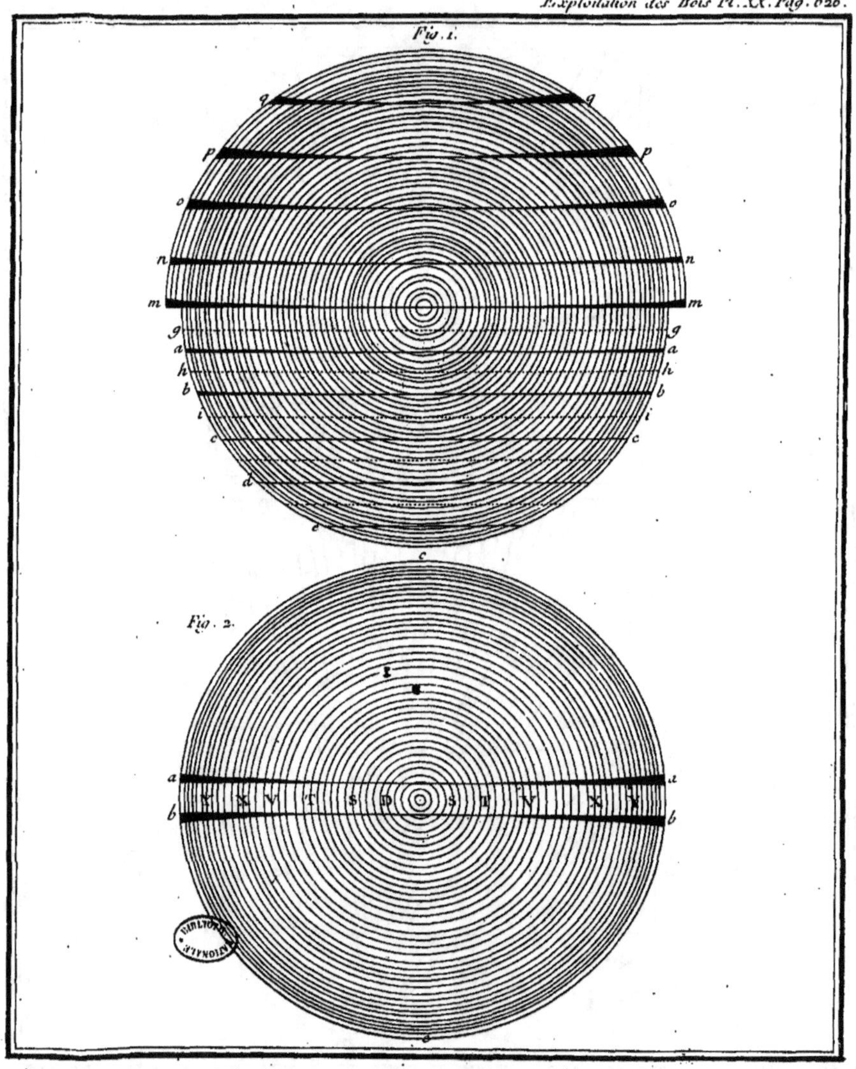

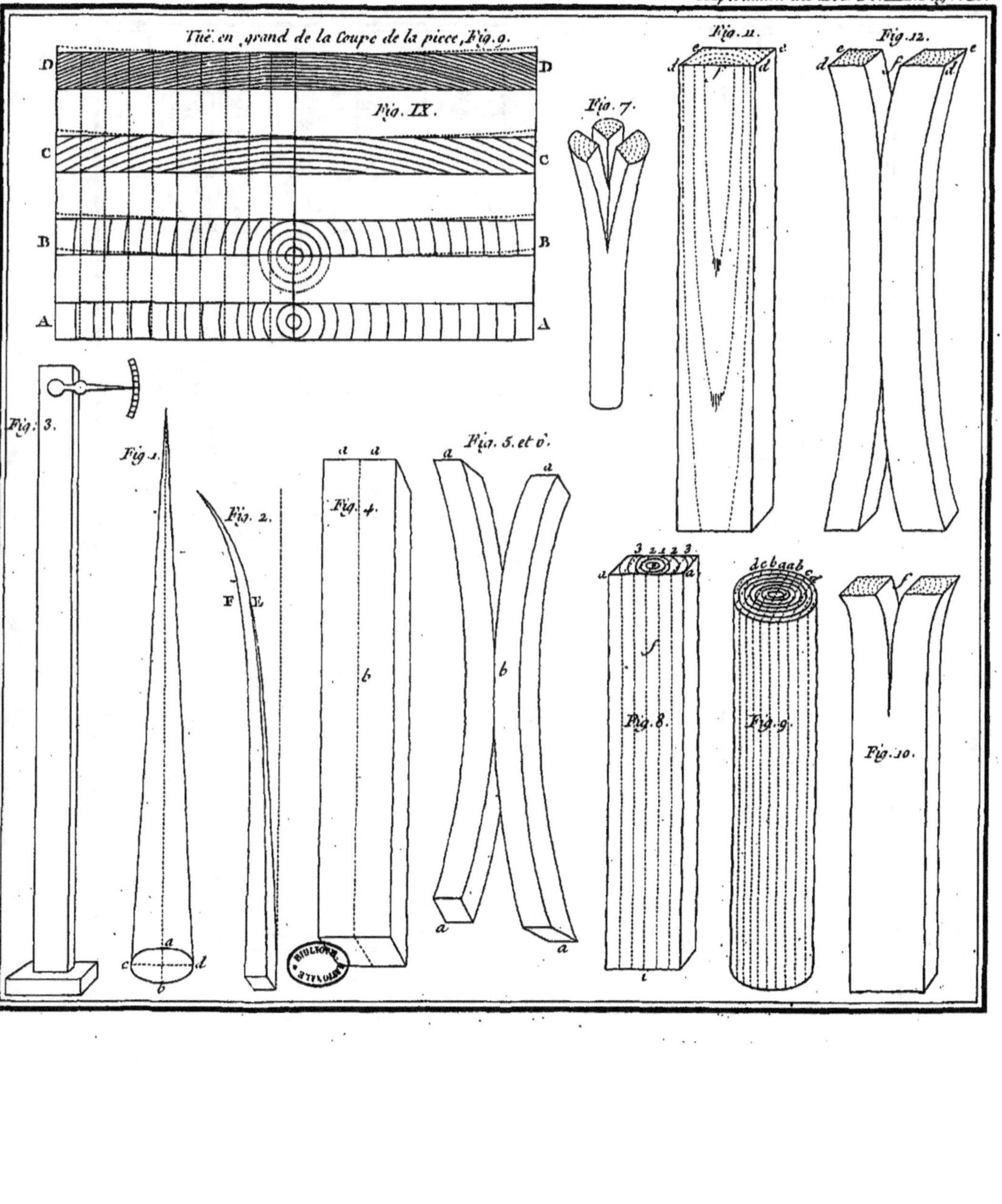

Tüé en grand de la Coupe de la piece, Fig. 9.
Fig. IX.
D
C
B
A
Fig. 7.
Fig. 11.
Fig. 12.
Fig. 3.
Fig. 1.
Fig. 2.
F E
Fig. 4.
Fig. 5. et 6.
a a
a
b
a
b
a
a
c d
b
3 2 1 1 3
a a
f
Fig. 8.
d c b a a b c d
Fig. 9.
f
Fig. 10.

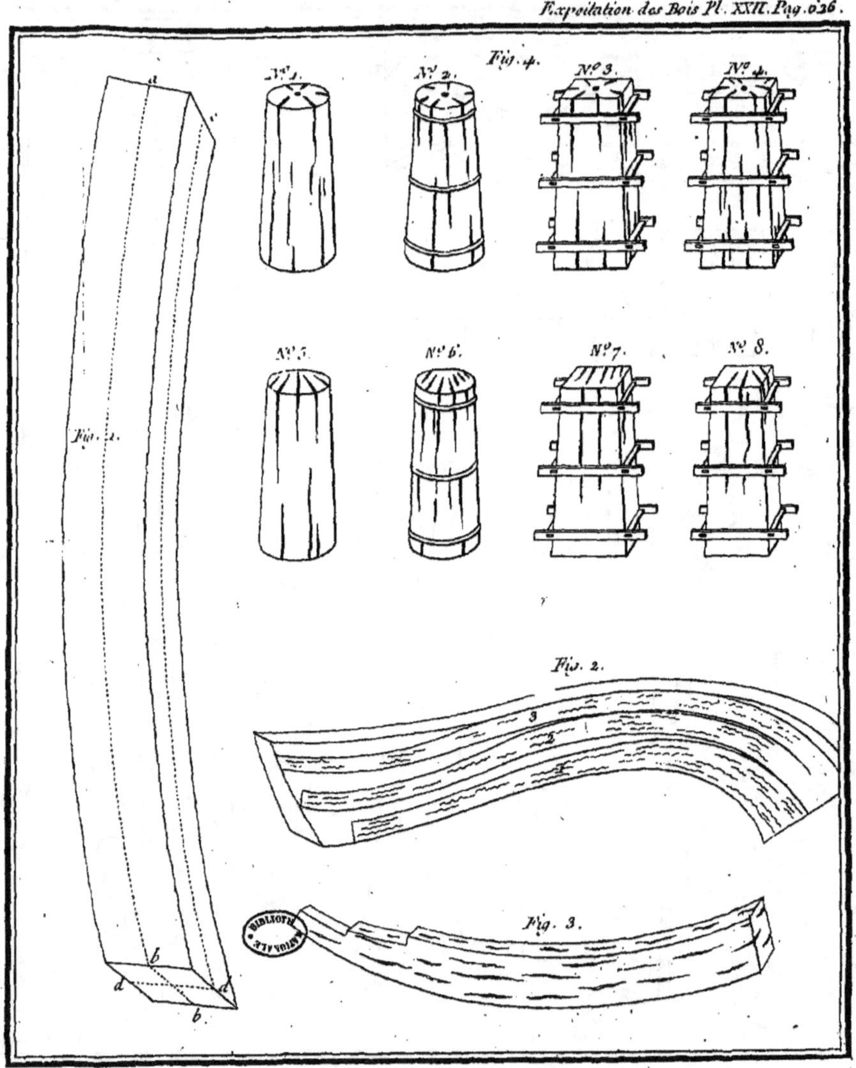

Exploitation des Bois Pl. XXII. Pag. 626.
Fig. 4.
N.º 1.
N.º 2.
N.º 3.
N.º 4.
N.º 5.
N.º 6.
N.º 7.
N.º 8.
Fig. 1.
Fig. 2.
Fig. 3.

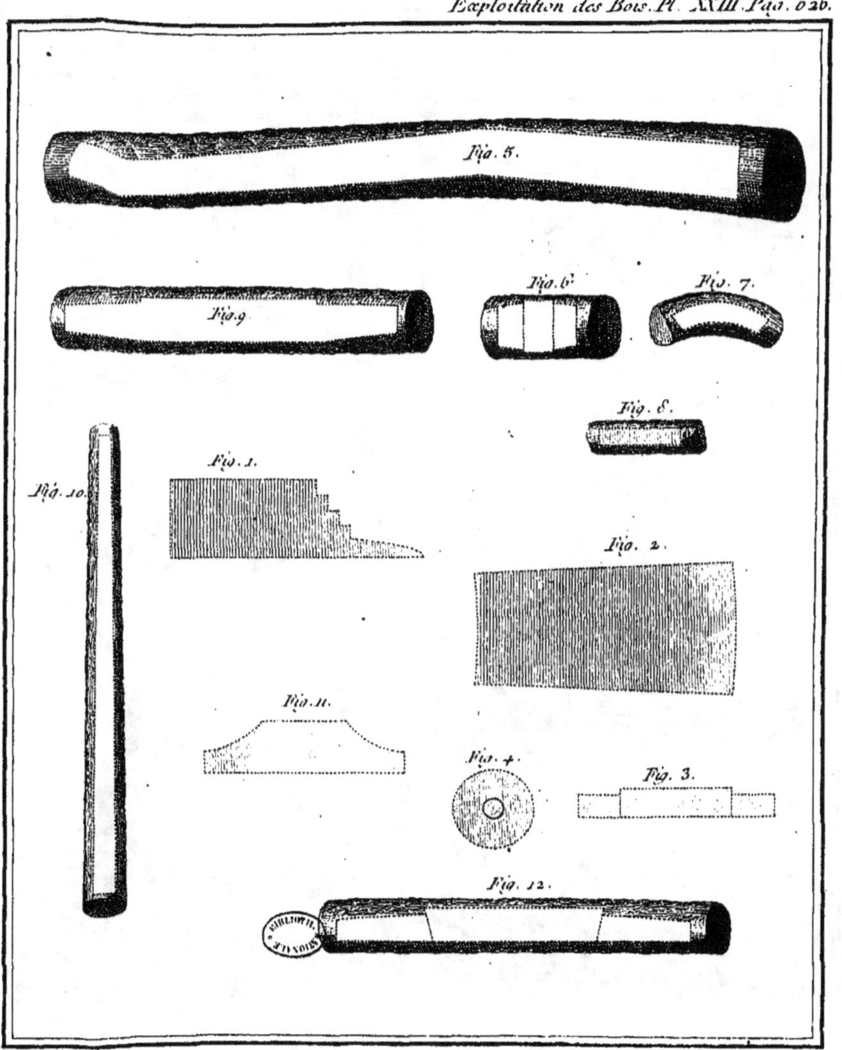

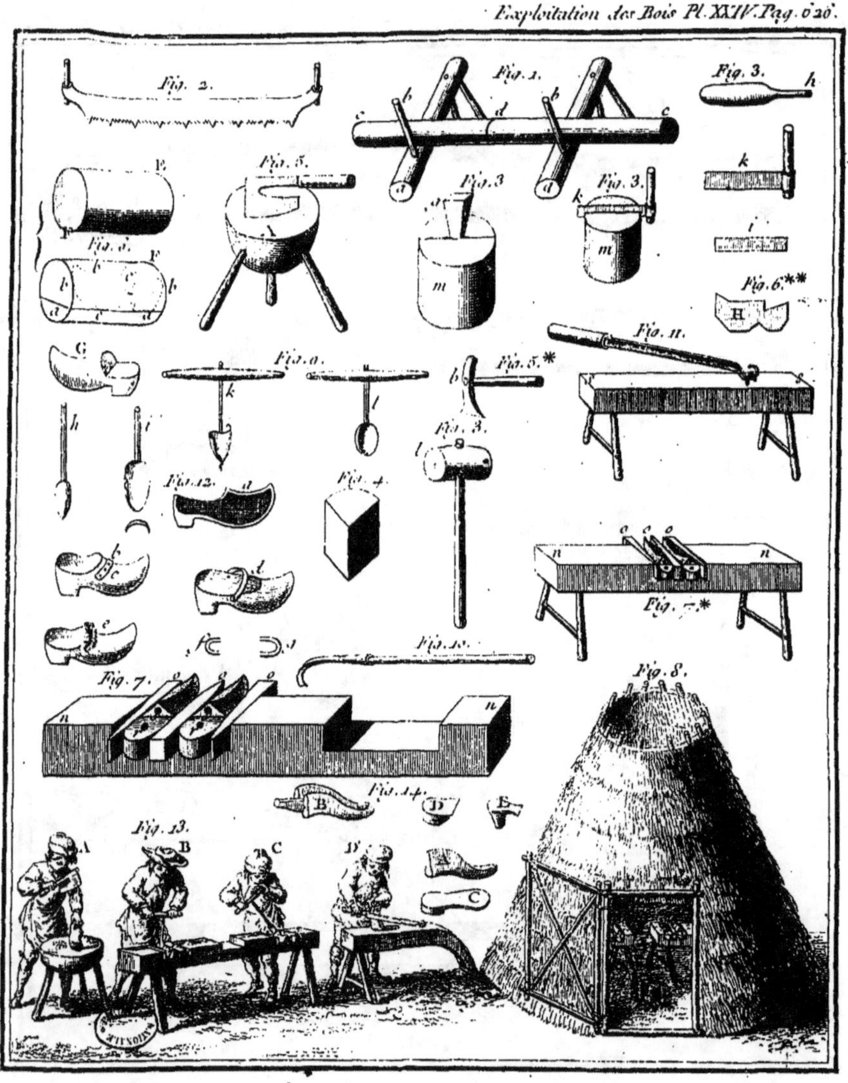
Fig. 2.
Fig. 1.
Fig. 3.
Fig. 5.
Fig. 3.
Fig. 3.
Fig. 6.**
Fig. 9.
Fig. 5.*
Fig. 11.
Fig. 3.
Fig. 12.
Fig. 4.
Fig. 7.*
Fig. 10.
Fig. 7.
Fig. 8.
Fig. 14.
Fig. 13.

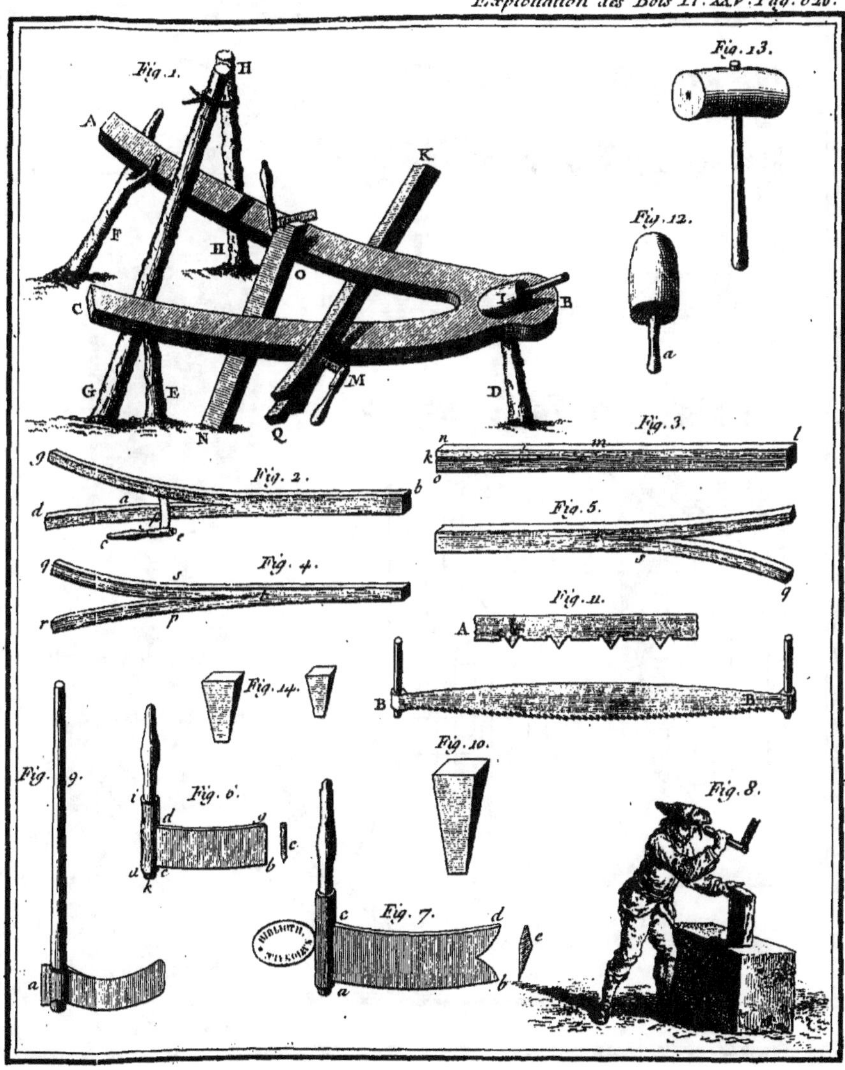

Fig. 1.
H
A
K
F
H
o
C
I
B
G
E
M
D
N
Q
Fig. 13.
Fig. 12.
a
Fig. 2.
g
a
d
c
e
Fig. 3.
n
m
k
l
o
b
Fig. 5.
f
Fig. 4.
q
s
r
p
g
Fig. 11.
A
B
B
Fig. 14.
Fig. 10.
Fig. 9.
i
d
Fig. 6.
g
c
b
u
k
Fig. 8.
Fig. 7.
c
d
e
a
b
a

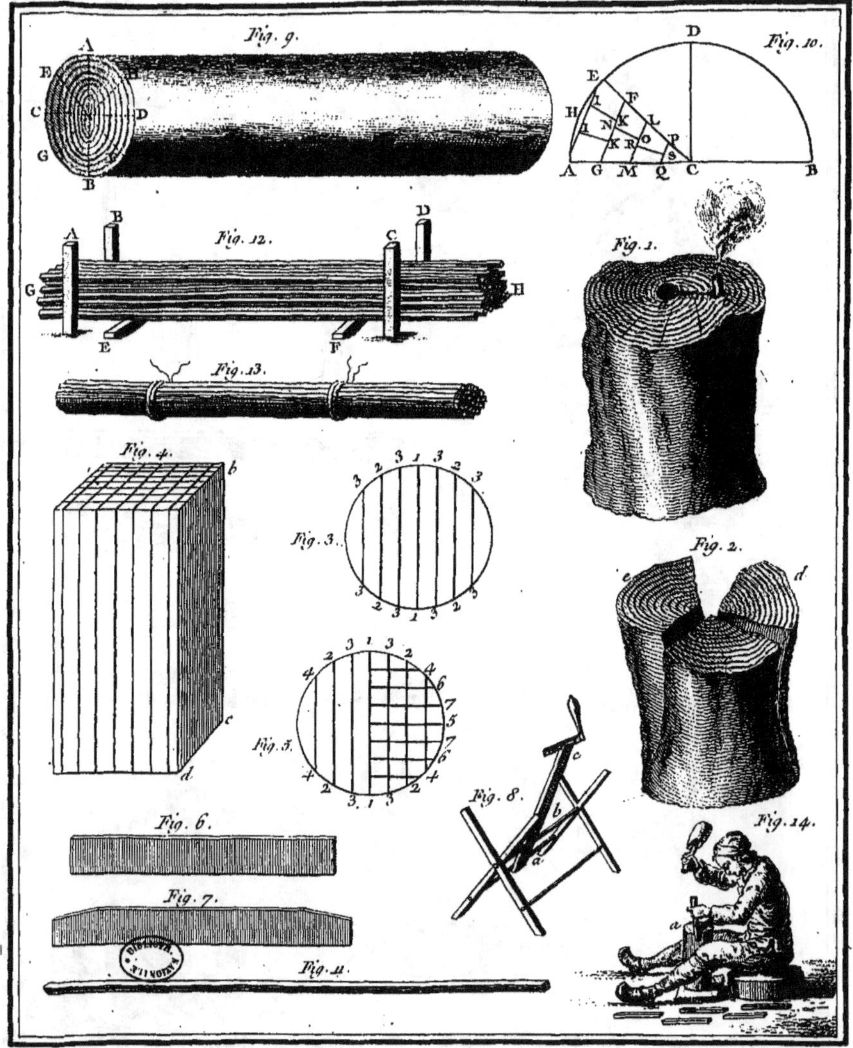

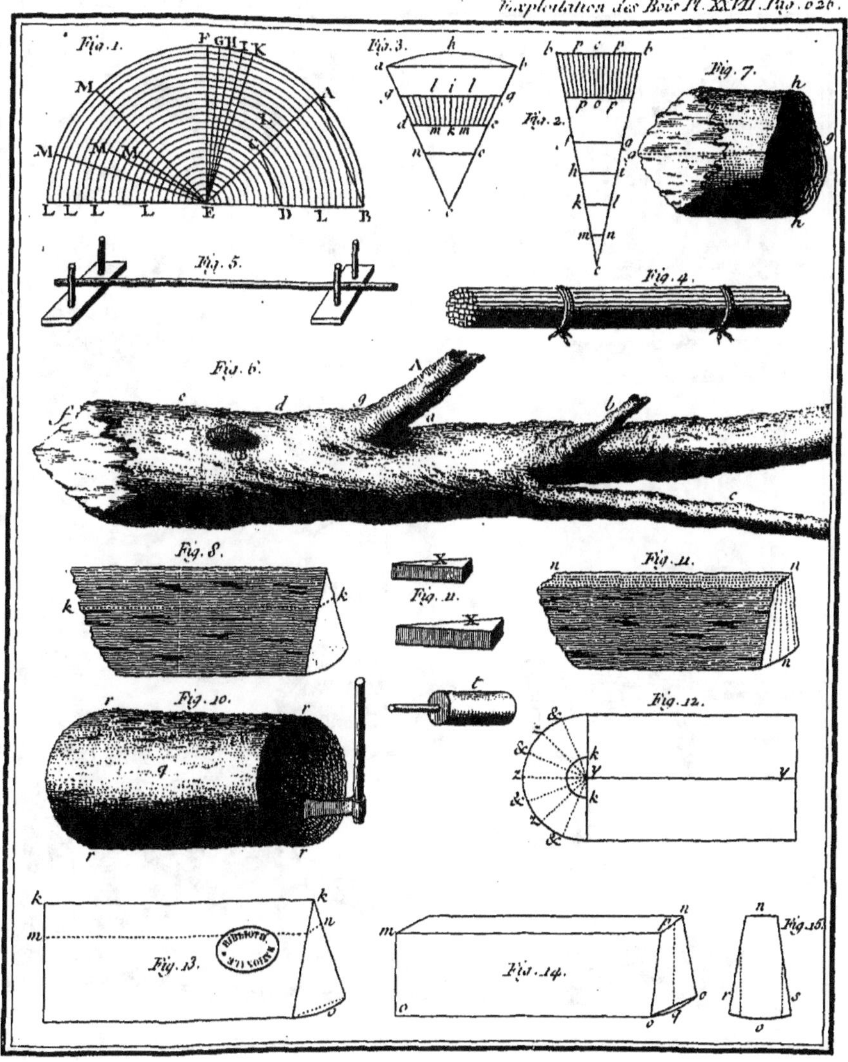
Fig. 1.
Fig. 3.
Fig. 2.
Fig. 7.
Fig. 5.
Fig. 4.
Fig. 6.
Fig. 8.
Fig. 9.
Fig. 11.
Fig. 10.
Fig. 12.
Fig. 13.
Fig. 14.
Fig. 15.

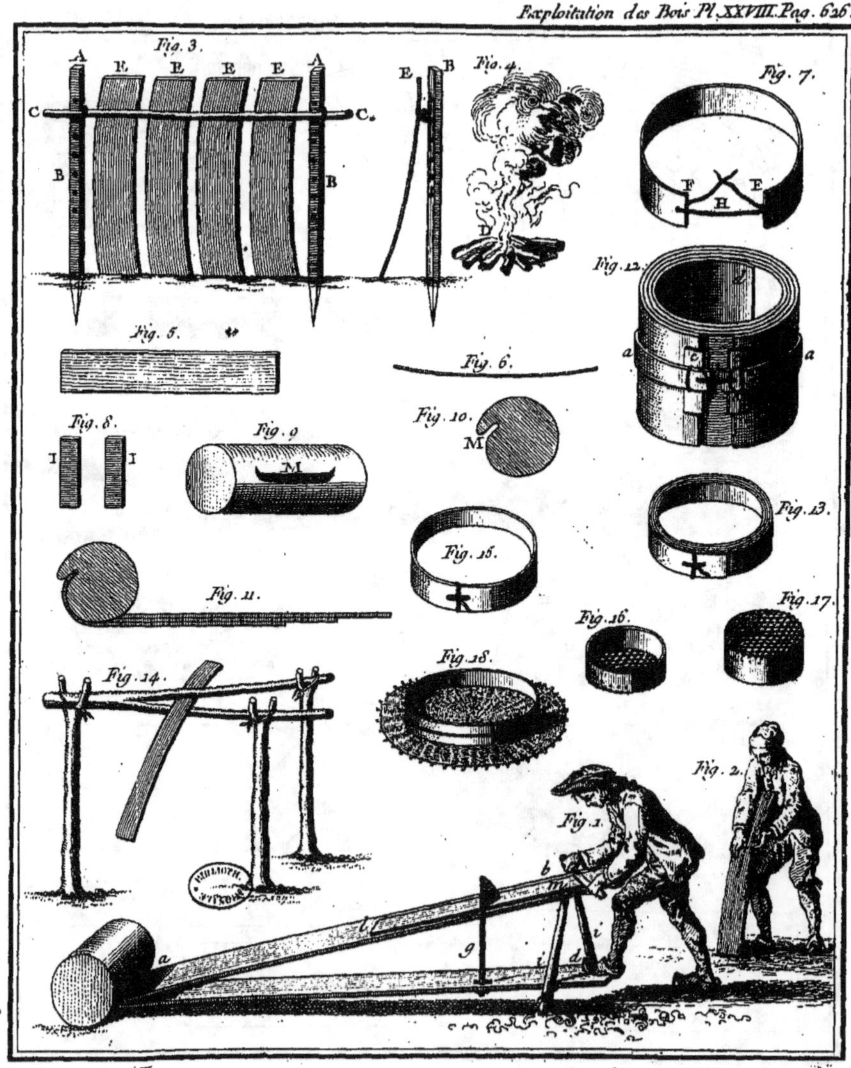
Fig. 3.
Fig. 4.
Fig. 7.
Fig. 5.
Fig. 6.
Fig. 8.
Fig. 9.
Fig. 10.
Fig. 12.
Fig. 11.
Fig. 13.
Fig. 15.
Fig. 16.
Fig. 17.
Fig. 14.
Fig. 18.
Fig. 2.
Fig. 1.

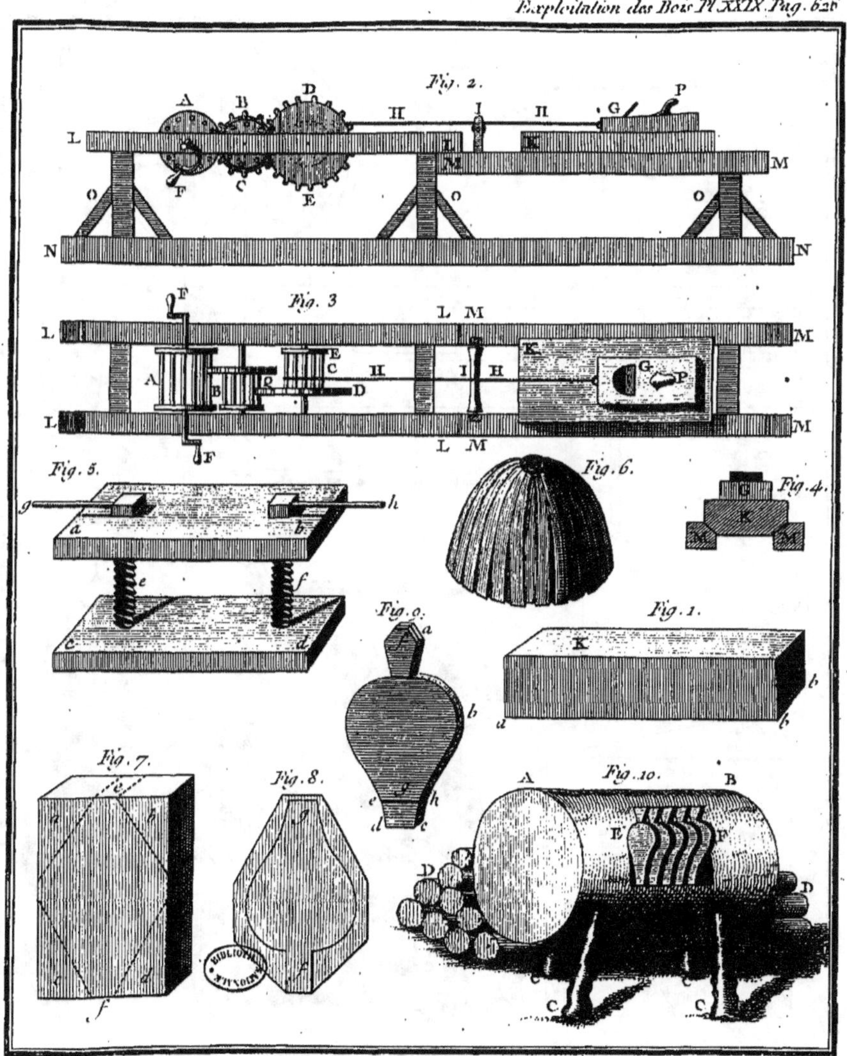
Fig. 2.
Fig. 3.
Fig. 5.
Fig. 6.
Fig. 4.
Fig. 1.
Fig. 9.
Fig. 7.
Fig. 8.
Fig. 10.

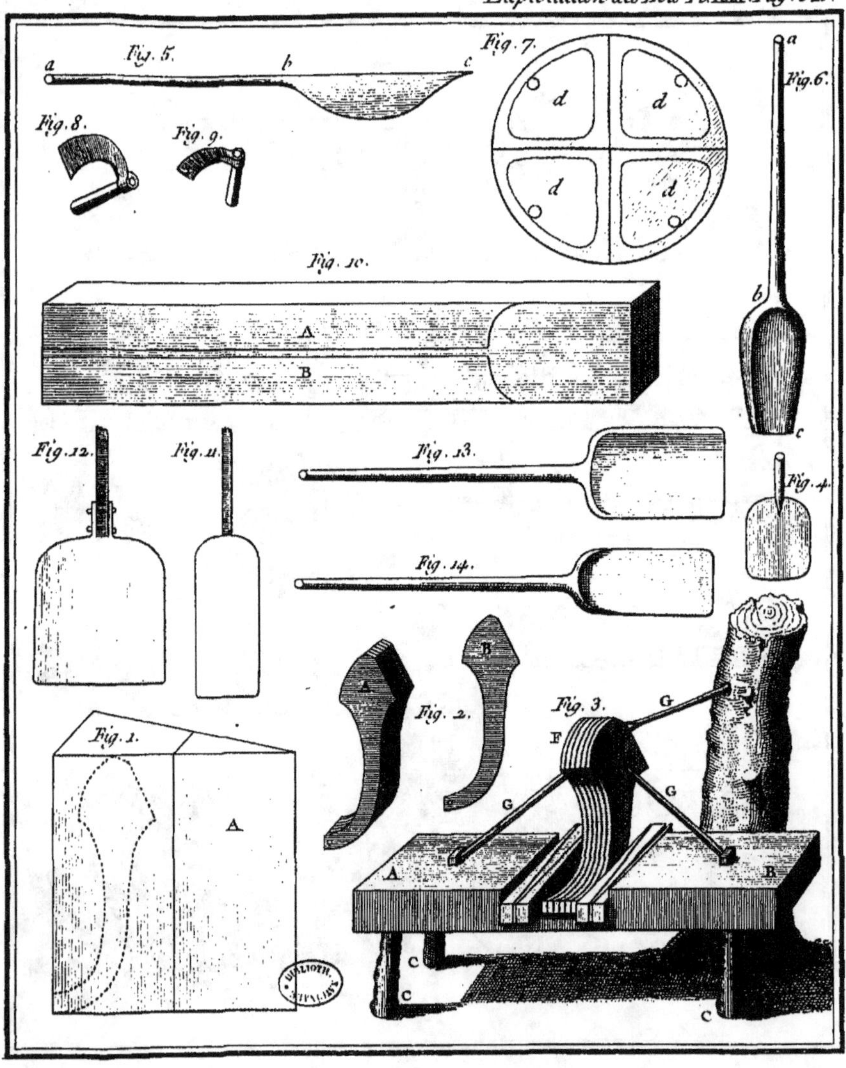

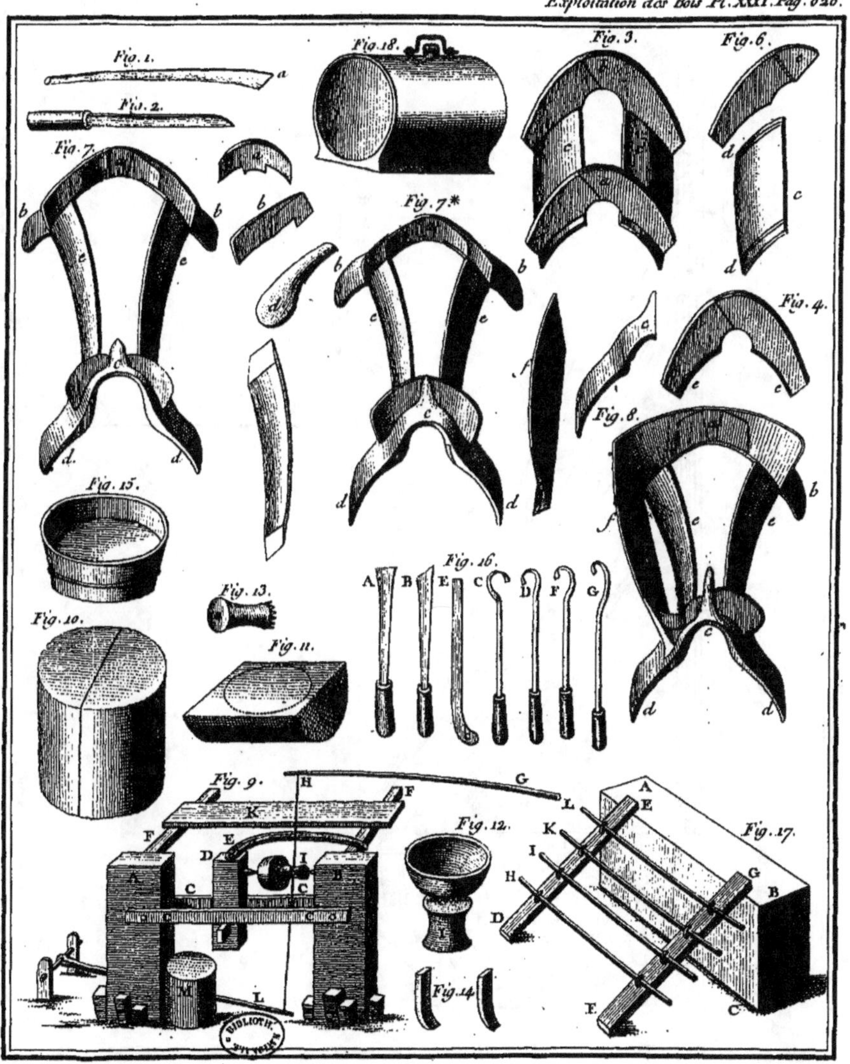
Fig. 1.
Fig. 2.
Fig. 18.
Fig. 3.
Fig. 6.
Fig. 7.
Fig. 7.*
Fig. 4.
Fig. 8.
Fig. 15.
Fig. 13.
Fig. 10.
Fig. 11.
Fig. 16.
Fig. 9.
Fig. 12.
Fig. 17.
Fig. 14.
A B E C D F G
H F
K
E
D
A C C B
M
L
G
L
A
E
K
I
H
D
G
B
C
E

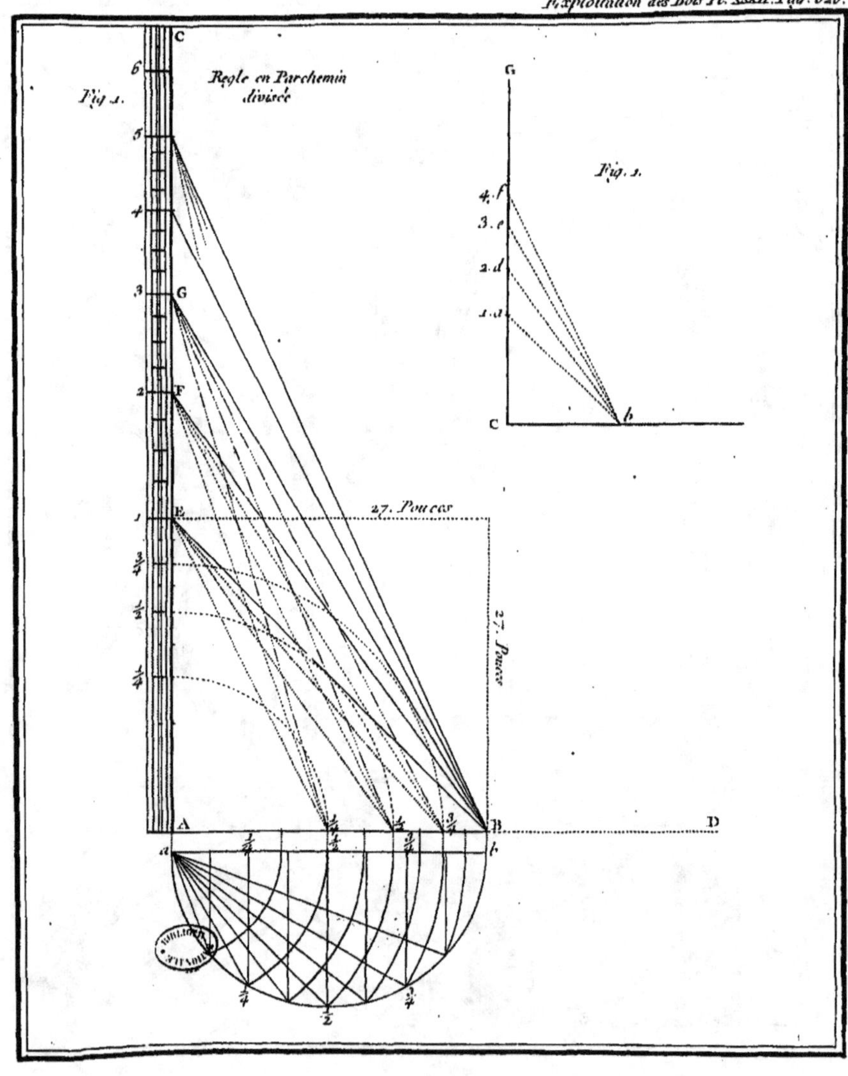
Fig. 1.
C
6
5
4
3
2
1
3/4
1/2
1/4
G
F
E
A
B
D
Regle en Parchemin divisée
27. Pouces
27. Pouces
a
b
1/4
1/2
3/4
1/4
1/2
3/4
Fig. 2.
G
4. f
3. e
2. d
1. c
C
b

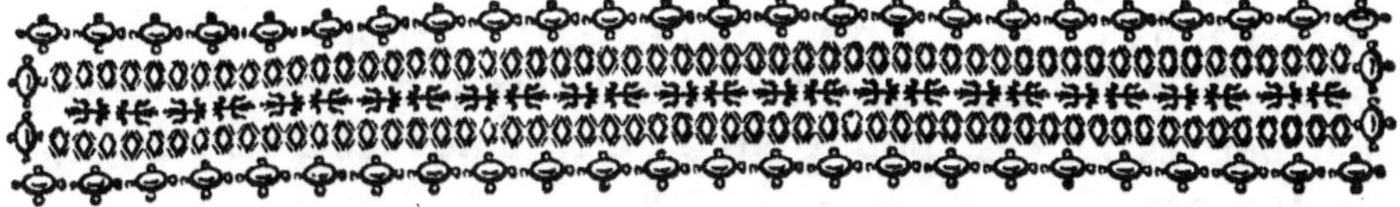

LIVRE CINQUIEME.

De l'exploitation des Bois quarrés.

Comme les ouvrages de Charpenterie, tant pour les Bâtiments civils, que pour les Vaisseaux, consomment beaucoup de bois quarrés, on doit, quand on exploite une forêt, mettre à part toutes les belles & grandes pieces pour les équarrir. Ce n'est cependant pas toujours la pratique des Marchands de bois: quand ils apperçoivent qu'ils trouveront un débit plus avantageux du bois de fente, ils font débiter en billons les plus belles pieces, & ils les réduisent, pour ainsi dire, en copeaux pour en faire de la latte, du merrain, & sur-tout de la cerche. Comme toutes ces choses & autres peuvent se trouver dans des arbres de moyenne grosseur, & qu'on peut y employer des bois qui commencent à être gras; on sacrifie rarement de beaux & grands arbres pour ces sortes d'ouvrages : mais je suis toujours fâché de voir couper par morceaux les plus belles pieces pour les débiter en cerches ; car si l'on se rappelle ce que nous avons dit sur l'art du Fendeur, on comprend qu'on ne peut lever de belles & grandes cerches que dans de fort gros arbres, sains, exempts de nœuds, & dont le bois n'est point fort gras. Il seroit à desirer qu'on ne fît de la cerche qu'avec les billes courtes qui peuvent se prendre entre deux nœuds ; si ces pieces viciées ne fournissoient pas autant de cerches qu'on en consomme , il n'y auroit pas grand mal, puisqu'il est possible de faire de petits seaux assez légers avec du merrain de bois blanc cerclé de fer très - mince : la rareté des beaux bois de charpente devroit déterminer les

K k k k ij

Marchands de bois à prendre ce parti, excepté dans les cas où la difficulté des chemins les obligeroit de réduire les bois par petites pieces, pour pouvoir être enlevées à dos de bêtes de fomme.

Je fuppofe que les Bûcherons ont abattu les arbres ainfi que nous l'avons expliqué ; qu'ils les ont ébranchés ; qu'ils ont converti en bois de corde les branches qui ne font propres qu'à cet ufage ; qu'ils ont fait des fagots & des bourrées avec les rames ; & qu'enfin le menu bois a été converti en charbon. Je fuppofe encore qu'on a délivré aux Fendeurs les bois qui font propres à faire de la fente & de la raclerie ; enfin qu'on a vendu aux Charrons & aux Fournisfeurs de l'Artillerie , les pieces qui fe vendent en grume ; & aux Charpentiers celles qui font propres à faire des pilots. Après l'enlevement de tous ces bois, il ne doit plus refter dans la vente que les pieces qui doivent être équarries ; alors les Marchands doivent connoître à peu-près ce qu'ils pourront avoir de bois quarré , fuivant les regles d'approximation que nous allons rapporter.

§. 1. *De la réduction des bois ronds en bois quarrés.*

S1 la circonférence d'un arbre eft moindre que deux toifes, on défalque la neuvieme partie , & on divife le reftant en quatre, ce qui donne fon équarrisfage. Par exemple, fi la circonférence eft de 12 pieds , ou 144 pouces, cette fomme étant divifée par 9, il vient 16 au quotient ; lefquels foustraits de 144, il refte 128 , qui divifés par 4, feront connoître que la piece aura 23 pouces d'équarrisfage.

Si l'arbre avoit 3 ou 3 toifes & demie de circonférence , il faudroit fouftraire fept parties : s'il avoit 4 ou 4 toifes & demie, on ôteroit 7 parties , & du reftant, une vingtieme partie : s'il avoit 6 ou 6 toifes & demie , on ôteroit la cinquieme partie, & du reftant, la vingtieme partie : s'il avoit 7 ou 7 toifes & demie, on ôteroit la quatrieme partie, & du refte, la feizieme. Si l'arbre avoit 9 toifes, on ôteroit la quatrieme partie , & du refte, la fixieme. Les fouftractions étant faites , on divife la fomme reftante par quatre, pour avoir la valeur de chaque face.

Par ces approximations, les Marchands pourront faire un inventaire fuffifamment exaɛt des bois quarrés qu'ils pourront tirer des arbres de leurs ventes, afin de fe rendre compte à eux-mêmes.

§. 2. *Diftinɛtion des bois droits & des bois courbes.*

LES bois droits font les plus précieux pour le fciage & pour les charpentes des bâtiments civils; car je comprends dans ce que j'appelle *bois droits*, des pieces qui n'ont qu'un peu de courbure, & que les Charpentiers favent employer pour faire des jambes de force, & plufieurs autres pieces qui n'exigent abfolument pas que les bois foient parfaitement droits. Mais les bois fort courbes font très-recherchés pour différents ouvrages, comme pour les roues des moulins, les ceintres des voûtes, pour la conftruɛtion des bateaux, & fur-tout pour celle des Vaiffeaux; car on peut direque la Marine emploie toute forte de bois droits ou courbes, pourvu qu'ils foient de bonne qualité & d'un échantillon convenable; les courbes mêmes font fouvent plus précieufes que les pieces droites. Il eft donc à propos d'expliquer comment on doit équarrir toutes fortes de pieces de bois droits ou courbes, & détailler comment les *Chabins*, (c'eft ainfi qu'onnomme les Ouvriers la plupart Auvergnats, chargés d'équarrir les bois), doivent s'y prendre pour tirer tout le parti poffible des bois qu'ils doivent travailler. Je vais d'abord parler des bois qui font droits & alignés fur toutes leurs faces.

CHAPITRE PREMIER.

Méthode pour équarrir les Bois droits.

On peut dire en général que les pieces de bois droites ne peuvent jamais être trop longues, à moins que la groſſeur de la tête ne differe trop de celle du pied. Ainſi, avant de rogner ces pieces, il faut les bien examiner & tâcher de leur faire porter le plus de longueur qu'il eſt poſſible ſuivant une ligne droite, & ſans trop trancher le fil du bois ; ſi la piece eſt un tant ſoit peu courbe dans un ſens, il vaut preſque toujours mieux ſuivre cette courbure que de l'affamer vers la partie convexe.

Pour ménager toute la longueur que l'arbre peut porter, il faut, avant de le couper de longueur, le faire rouler ſur le terrein, en examiner avec ſoin tous les côtés, & voir celui qui s'aligne le plus droit, afin de juger par le coup d'œil, juſqu'où cette ligne peut s'étendre ; quand on a décidé cette longueur, on fait couper l'arbre à la ſcie par l'extrémité d'en haut qui eſt le plus menu de la piece.

On fait enſuite tourner l'arbre ſur chacune de ſes faces avec le ſecours des leviers, juſqu'à ce qu'on ait trouvé le côté qui s'alignera le mieux dans toute ſa longueur ; puis on le cale ſolidement, & on l'appuie fermement pour qu'il ne puiſſe changer de ſituation.

On prend enſuite le diametre du petit bout avec une regle diviſée en pouces ; la moitié de la moyenne proportionnelle du tiers & du quart, indiquera de combien de pouces il faut charger la ligne ſur le corps d'arbre que l'on a deſſein d'équarrir, d'abord ſur deux faces oppoſées : donnons un exemple.

Je ſuppoſe un arbre d'environ 30 pieds de longueur, & qui ait au petit bout *A B* (*Pl. XXXIV. fig.* 1), où il a été rogné, 24 pouces de diametre, franc d'écorce ; il faut prendre le tiers de ce diametre, qui eſt 8 pouces ; puis prendre le quart qui eſt

6 pouces ; lesquels, ajoutés aux huit précédents, feront 14 pouces, dont la moitié est 7 ; c'est la quantité de bois qu'il faut retrancher de cet arbre, moitié du côté *A*, & moitié du côté *B*, pour son premier équarrissage, ou pour le parage des deux premieres faces : on divisera donc 7 pouces en deux, & ce sera 3 pouces & demi de bois qu'il faudra retrancher, ce qui indique de quelle quantité il faut charger la ligne *e h* & *f g*, sur chaque côté de l'arbre ; après quoi il ne restera plus à cette piece, quand elle sera travaillée sur ces deux faces opposées, que 17 pouces vers la tête, au lieu de 24 qu'elle avoit en grume. A l'égard du pied, on doit avoir attention de lui laisser 2 à 3 pouces de plus qu'au petit bout : ce surcroît de dimension sert à redresser les pieces quand elles se sont déjettées ; d'ailleurs, il arrive souvent que dans un bâtiment, une piece de charpente est plus chargée à un de ses bouts qu'à l'autre, ou qu'elle doit être soutenue du côté du petit bout par une cloison ; dans ces cas, on place le gros bout vers le côté qui doit supporter une plus grande charge.

Les deux coups de lignes *e h* & *f g*, étant jettés sur toute la longueur de la piece, & tracés bien à plomb sur les bouts, doivent être exactement suivies par l'Ouvrier dans toute leur longueur.

Pour bien dresser ces deux premieres faces, l'Ouvrier commence par faire de distance en distance des entailles *d d* (*Planch. XXXIII. fig.* 2), qu'il approfondit jusqu'aux lignes *c c*, & ensuite il enleve le bois *f f* qui se trouve compris entre ces entailles, ayant attention de ne point entrer plus profondément dans la piece que les lignes *c*, *c*, & de conduire ces faces bien à plomb ; c'est pour cette raison qu'il faut que les pieces soient solidement calées ; au reste, c'est le coup d'œil qui doit guider l'Ouvrier pour former ces faces bien à plomb.

Le premier parage étant fait sur les deux faces opposées, on renverse la piece sur le côté qui est le moins à vive-arrête, comme on le voit représenté (*Pl. XXXIII. fig.* 2). L'Ouvrier examine avec attention le contour que sa piece doit avoir ; il la cale de façon que les faces travaillées soient bien de niveau, c'eſt-à-dire, bien paralleles à l'horizon, afin que les quatre faces ſe coupent exactement à angle droit.

Si la piece n'a aucune courbure, on jette un coup de ligne ſur les faces qui ont été parées en premier lieu, & l'on fait enſorte qu'elles n'avivent pas trop la piece, mais qu'il paroiſſe des défournis & un peu d'aubier aux angles, pour faire voir au Marchand que la piece n'a pas été trop frappée ſur ſes quatre faces.

Les lignes *c, c* (*Fig.* 2) étant jettées, & les entailles *d d* étant faites de diſtance en diſtance, on emporte les entre-deux *ff*, comme nous l'avons déja dit, en prenant ſoin que la cognée n'entre point trop dans la piece, & que les faces ſoient bien perpendiculaires à l'horizon ; car quand un mauvais Ouvrier ne conduit pas ſes faces à plomb, les Charpentiers ſont obligés d'ôter beaucoup de bois lorſqu'ils les travaillent pour les mettre en œuvre, ce qui les affoiblit. Au reſte, il eſt facile de s'appercevoir de ce défaut, en préſentant une équerre ſur les angles de la piece équarrie.

Il arrive quelquefois qu'on a beſoin que certaines pieces ſoient beaucoup plus groſſes par un bout que par l'autre ; par exemple, pour faire des meches de cabeſtans (*Fig.* 3), des arbres tournants de moulin (*Fig.* 4. *A*), des jumelles de preſſoir (*Fig.* 5), &c ; dans ce cas, on fait enſorte que les lignes *c, c* (*Fig.* 2) ſe rapprochent vers le petit bout, ou bien on fait une retraite vers *a* (*Fig.* 3), & l'on équarrit ſéparément la partie *b a*, & la partie *c a*.

D'autres fois on équarrit *méplat* une piece, comme on en peut voir la coupe *a b c d* (*Pl. XXXIV. fig.* 2) : on verra dans la ſuite qu'il y a des circonſtances où cette façon d'équarrir eſt très-avantageuſe ; par exemple, pour les bordages & les précintes ; comme il faut que ces pieces ſoient à vive-arrête, il faut que les plançons qui doivent fournir ces pieces n'aient point de défourni, ce qui fait qu'il eſt ſouvent avantageux de les débiter méplat. Il y a à la vérité un peu à perdre ſur le *cubage* ; car en ſuppoſant que la piece quarrée *e f g h* (*Pl. XXXIV. fig.* 1), ait 16 ſur 16, la ſurface de ſa coupe ſera de 256 ; au
lieu

lieu que la piece méplate *a b c d* (*Fig. 6*), ayant 19 sur 13 , la surface de sa coupe ne sera que de 247; ce qui fait 9 pouces de moins , qui se multiplient dans toute la longueur ; mais aussi on a moins de défournis , & les bordages sont plus larges ; d'ailleurs , on peut lever à la scie, aux côtés en *I K*, deux bordages , & deux croûtes *L M*, qui payeront bien leur façon ; enfin si cette piece étoit chargée dans le sens *LM*, elle seroit plus forte , même que la piece *e f g h* (*Fig.* 1). Nous aurons occasion de parler ailleurs plus en détail de cette façon de débiter les bois.

A R T I C L E. *Façon d'équarrir les Bois courbes.*

CES sortes d'arbres exigent plus d'attention de la part des Ouvriers que les bois droits ; mais comme ils sont très-précieux pour la Marine , ils méritent qu'on prenne à leur égard ces soins particuliers.

A moins que ces bois n'aient une courbure très-considérable , on doit chercher à leur en donner plus qu'ils n'en ont naturellement, ayant cependant attention d'éviter de trop trancher les fibres du bois.

Pour y parvenir , après avoir paré la piece (*Pl. XXXIII. fig.* 13) sur son droit , & lui avoir formé deux faces opposées , comme je le dirai bien-tôt, on trace sur cette piece un trait *e f g* du côté qui est convexe ; on charge la ligne sur les bouts *e* & *g* , & l'on fait ensorte que son milieu *f* approche le plus qu'il est possible de l'écorce, comme on le voit dans cette figure. Pour tracer réguliérement ce trait , on pique dans la piece en différents endroits , des pointes de fer sur lesquelles on couche le cordeau, ou, encore mieux, on se sert d'une regle très-mince & flexible qu'on fait porter sur toutes ces pointes ; puis on trace avec de la craie la ligne *h f i*, & l'on fait ensorte de lui donner la courbure la plus réguliere qu'il est possible.

Lorsque la courbure extérieure & convexe est bien formée, elle sert à tracer la courbure concave ou intérieure *a d b*; on a foin qu'il refte des défournis en *a* & en *b*, & que la piece foit plus frappée en *d*.

A l'égard du parage de ces pieces fur le plat, j'ai déja dit qu'il fe faifoit comme aux pieces droites ; on les frappe feulement davantage comme quand on veut équarrir méplat, afin de leur donner plus de largeur pour que les Charpentiers puiffent y promener leurs gabaris, & augmenter ou diminuer la courbure fuivant que les circonftances l'exigent. Ainfi on peut donner comme un principe général de l'exploitation des bois courbes, qu'il faut beaucoup les frapper fur le plat, & ôter très-peu de bois aux furfaces courbes ; c'eft pour cela qu'on eft dans l'ufage de commencer par travailler les deux furfaces droites ; les courbes en deviennent plus aifées à travailler, & l'on y emporte peu de bois : on laiffe, par exemple, tout le bois *g b* & *e a* (*Fig.* 13).

Les pieces qui ne peuvent s'aligner droites dans aucun fens ne font pas d'une grande utilité, ni pour la charpente, ni pour la conftruction des vaiffeaux: on verra néanmoins que ces courbures fur deux fens, quand elles ne font pas confidérables, ne doivent point faire rejetter les groffes pieces ; qu'on les débite en plançons pour les bordages ; & que cette courbure en deux fens devient très-précieufe, quand elle peut fervir à faire des *barres d'arcaffe* ou des *liffes d'ourdi*.

Quoique les Ouvriers qui débitent les bois dans les forêts, foient fuppofés favoir à peu-près quelle peut être la deftination des pieces qu'ils travaillent ; ce font cependant les Charpentiers qui affignent leur véritable deftination ; ainfi il ne faut regarder ce que nous allons dire fur les dimenfions des pieces que comme des à-peu-près.

CHAPITRE II.

Dimensions des Pieces qu'on débite pour les Bâtiments civils.

On doit ménager aux pieces toute la longueur qu'elles peuvent porter ; cependant voici les longueurs qu'on a coutume dans les forêts, de donner aux pieces qu'on destine à la charpente, 6, 9, 12, 15, 18, 21, 24, 27 & 30 pieds, & ainsi en augmentant de 3 en 3 pieds ; rarement en fait-on au-dessus de 24 ; de même qu'on ne débite point de bois quarré au-dessous de 6 pieds.

A l'égard de leur équarrissage, ceux qui n'ont que 3 pouces & demi ou 4 pouces, sont réservés pour les chevrons de remplissage, & jambettes ou aisseliers ; on fait aussi des *jambettes* & des *aisseliers* de 4 & 6, ou de 5 & 7, pour les chevrons de ferme qui portent ce même équarrissage : ainsi que leurs *contrefiches* : on fait encore des *coyaux* & des *empanons* avec des bois de 4 pouces d'équarrissage. Les bois qui en ont 5 & 6, s'emploient pour les *entraits*, les sablieres des petits bâtiments & les cloisons.

Les plates-formes ont assez souvent 4 & 6 jusqu'à 4 & 12 pouces ; les bois qui portent 7 & 8 pouces, sont d'un grand usage : on les emploie pour les *faîtes* & *sous-faîtes* des grands bâtiments, *chevrons de croupe*, leurs *entraits, pannes* & *sablieres, arrêtieres, liens, jambettes, coyaux, liernes*, &c.

Suivant la grandeur des appartements, on emploie des *solives, soliveaux* & *chevêtres*, tantôt de 4 & 6, tantôt de 5 & 7, ou même de 10 & 11 pouces, lorsqu'on y emploie de fortes solives & qu'on supprime les poutres.

On donne aux *poutres* depuis 15 pouces jusqu'à 24, suivant leur portée & la charge qu'elles doivent soutenir.

A l'égard des *limons* d'escaliers, leur force & leur longueur varient beaucoup : les Charpentiers les prennent dans les pieces qui approchent le plus des dimensions qu'ils jugent convenables.

Je ne parle point non plus des bois courbes qu'on emploie pour les ceintres, les plafonds, &c, parce que leur courbure varie beaucoup : à l'égard des plafonds, on les forme presque toujours de pieces presque droites, que l'on taille selon les courbes requises.

Il ne faut pas croire que les bois dont je viens de donner les dimensions, soient toujours employés aux usages indiqués : un chantier qu'on garniroit de pieces de chacune de ces dimensions, seroit réputé b ien assorti pour les bâtiments civils.

ARTICLE I. *Des principales Pieces pour les Pressoirs.*

DANS les bois qui se trouvent à portée des vignobles, où des endroits où l'on fait du cidre, on fera bien de conserver les principales pieces qui peuvent servir aux pressoirs.

Les anciens pressoirs étoient presque tous à arbre ou à levier; mais comme il est difficile de trouver des pieces de 42 ou 46 pouces d'équarrissage, & de 25 à 28 pieds de longueur, presque tous les pressoirs qu'on fait maintenant, sont à roue ou à étau; ainsi nous ne parlerons ici que de ceux-là. Voici quelles en sont les pieces les plus précieuses ; car les autres se peuvent prendre dans les assortiments ordinaires de bois quarrés.

Les jumelles (*Pl. XXXIII. fig.* 5), doivent être de Chêne & pivotées, parce que le bas *A* doit avoir au moins deux pieds d'équarrissage : le corps *B*, dans une longueur de 10 pieds, porte 14 à 15 pouces d'équarrissage ; & au-dessus il doit y avoir une tête *C*, de 3 à 4 pieds de longueur, & de 18 à 19 pouces de grosseur. On n'équarrit pas cette partie à vive-arrête, non plus que la culasse *A*, afin de ménager la grosseur de la piece, & souvent on profite d'un fourchet pour former cette tête : la longueur totale des jumelles doit être de 18 à 20 pieds.

Il faut des pieces de 13 à 14 pieds de longueur, & de 12 à

14 pouces d'équarriffage, pour faire les *fous-arbres* & *les portes-may* : on prend les pieces de *may* dans des bois quarrés de 10 pieds de longueur fur 10 pouces d'équarriffage.

L'écrou eft fait d'une piece d'Orme,& doit être d'une groffeur confidérable ; il doit avoir 13 à 14 pieds de longueur, 28 à 30 pouces de largeur, & 24 pouces d'épaiffeur.

Les meilleures vis fe font de Noyer ; on en fait auffi de Cormier & d'Orme : elles doivent avoir 6 pieds de longueur, 16 pouces d'équarriffage vers la culaffe, & 12 pouces au moins à l'extrémité oppofée.

Les chanteaux de la roue ont 5 pieds de longueur, 5 pouces d'épaiffeur, & 18 pouces de largeur : on les prend, autant qu'il eft poffible, dans des pieces un peu courbes , pour éviter la perte du bois en les ceintrant.

Les autres pieces fe trouvent dans les affortiments de bois de charpente.

ARTICLE II. *Des Pieces les plus confidérables pour la conftruction des Moulins à chandelier.*

LES deux pieces de croifée qui portent le pied du bourdon, doivent avoir 22 pieds de longueur, 16 pouces d'équarriffage, les quatre liens, même équarriffage , & 12 pieds de longueur.

Le *bourdon* qu'on nomme en quelques endroits *l'attache*, 20 pieds de longueur, 24 pouces d'équarriffage dans toute fa longueur.

Le *couillard* eft formé de quatre pieces, de 18 pouces de largeur, 8 pouces d'épaiffeur, trois pieds de longueur.

Les deux pieces de *charti*, 18 pieds de longueur & 14 pouces d'équarriffage.

Le *fommier* qui pofe fur le bout d'en haut du bourdon, 12 pieds de longueur, 24 pouces de largeur, & 18 pouces d'épaiffeur.

Les deux *pannes meulieres*, 18 pieds de longueur, & 8 pouces d'équarriffage.

L'*arbre tournant***, 20 pieds de longueur, 24 pouces d'équarriffage par la tête, 9 pouces au petit bout, quatre chanteaux
de bois d'Orme pour le rouet, chacun de 7 pieds de longueur,
2 pieds de largeur, 4 pouces d'épaiffeur.

Les quatre *parements* qui portent les dents font faits de bois
d'Orme, ils doivent avoir chacun 8 pieds de longueur, 9
pouces de largeur, & 5 pouces d'épaiffeur.

Les *plateaux* pour la *lanterne*, 2 pieds de longueur fur pareille largeur, & 5 pouces d'épaiffeur.

La *prifon*, 8 pieds de longueur, 12 pouces de largeur, 8
pouces d'épaiffeur.

Deux *ventrieres* de 16 pieds de longueur, 12 pouces de largeur, 10 pouces d'épaiffeur chacun.

Le *joug* qui porte l'arbre, 12 pieds de longueur, 12 pouces
d'équarriffage.

Le *pâlier*, 8 pieds de longueur, 10 pouces d'équarriffage.

Les quatre *poteaux-corniers*, 18 pieds de longueur, 9 pouces
d'équarriffage.

Les deux feaux, 12 pieds de longueur, 10 pouces d'é-
quarriffage.

La *queue*, 25 pieds de longueur, 15 pouces d'équarriffage au
gros bout, 8 pouces à l'autre : elle doit être un peu courbe.

Deux *corps de verge* de 25 pieds chacun de longueur, 10
pouces de largeur par un bout fur 8 d'épaiffeur ; à l'autre bout
4 pouces d'équarriffage.

Tous les autres bois font du colombage de 5 & 6, ou 6 &
7 pouces ; comme ils fe trouvent communément dans les
Chantiers, il feroit fuperflu de les détailler : j'en dis autant des
planches voliches & des *bardeaux*.

Il y a des moulins à vent qui exigent de plus fortes pieces
que celles dont nous venons de parler : il y en a auffi de plus
petits. C'eft par cette raifon que nous nous fommes bornés à
donner feulement les dimenfions des pieces d'un moulin de
grandeur moyenne.

A l'égard des moulins à eau, leur grandeur varie encore plus
que celle des moulins à vent : au refte, les rouets & les lan-

ternes font les mêmes ; la roue à *aubes* qui eft quelquefois fort grande , eft faite de pieces courbes de Chêne , qui fe trouvent difficilement.

L'arbre-tournant a 18, 20, 22 pieds de longueur fur 15, 18, 20 pouces d'équarriffage.

ARTICLE III. *Des principales Pieces pour la conf- truction des Bateaux de riviere.*

COMME il y a bien des fortes de bateaux pour la navigation des rivieres, il faudroit un traité particulier pour pouvoir en- trer dans l'énumération de toutes les pieces dont ils font formés ; je me borne feulement ici à faire remarquer que prefque tous les bois qui fervent à leur conftruction, doivent être fort longs , & qu'ils exigent de groffes pieces très-rares à trouver , principalement des *femelles* & des *ailes :* les planches de bordage & de fond doivent être fort longues & épaiffes : les *liures* qui font des pieces courbes fervant à élever les bords des bateaux, les *clans,* les *crouchaux,* les *chefs, plats - bords , maffes de gouvernail,* toutes ces pieces & plufieurs autres fe trouvent difficilement même dans les grandes forêts. Ainfi quand on exploite des bois à portée des grandes rivieres navigables, il faut avoir l'état des dimenfions des pieces les plus rares, parce qu'on eft affuré de les vendre avantageufement.

Je me propofe de parler plus en détail de l'échantillon des bois propres à la conftruction des Vaiffeaux; mais je le ferai précéder de quelques réflexions générales : quoiqu'elles re- gardent principalement les exploitations qu'on fait pour la Ma- rine , elles auront cependant leur application & leur utilité pour tous les bois de gros échantillon.

CHAPITRE III.

Des Bois pour la Marine.

ARTICLE I. *Réflexions générales sur les Bois qu'on exploite pour la Marine.*

ON distingue les bois de Chêne qui servent à la construction des Vaisseaux en *bois droits*, ou plus exactement en *bois longs*; parce qu'une partie des bois que l'on comprend dans cette classe, sont un peu courbes; & en *courbans*, ou *bois courbes*, ou *bois tords*, ou *bois de gabari*: ces termes sont tous synonymes.

La classe des *bois longs* comprend les pieces dont on fait les *quilles*, les *baux*, les *barreaux*, les *étambots*, les *serre-bauquieres*, les *iloirs*, les *bordages*, les *vaignes*, &c.

Les bois de gabari sont toutes les pieces propres à faire les *étraves*, les *contre-étraves*, les *porques*, les *courbes d'étambot*, d'*arcasse* & autres, les *varangues de fond* & *acculées*; celles de *porques*, les *guirlandes*, les *membres*, comme *genoux-de-fond*, premiere, seconde & troisieme *alonges*; les *alonges-de-revers*, celles d'*écubier*; les *pieces de tour*, *pointes de précintes*, &c.

Toutes les pieces de *gabari* doivent être droites sur deux faces opposées; il n'y a que leur différente courbure qui fasse connoître les usages auxquels elles peuvent être employées.

Les *bois longs* qu'on livre dans les Ports, sont, à deux ou trois pouces près, équarris à vive-arrête.

Quelquefois les bois de gabari qu'on tire des forêts de Provence pour le Port de Toulon, ont été gabariés dans les forêts mêmes; mais cela ne s'est pratiqué que quand ils étoient destinés en particulier à une construction ordonnée.

Lorsqu'on a suivi cette pratique, on ne leur donnoit, en les façonnant dans la forêt, que l'épaisseur nécessaire; & sur la largeur

geur on faifoit feulement excéder l'équarriffage d'un ou de deux pouces, de forte que chaque piece avoit fa deftination déterminée & fixe.

Mais quand on exploitoit des bois pour les radoubs, on fe contentoit de fuivre la figure propre à chaque arbre, & on les équarriffoit, à deux ou trois pouces près de la vive-arrête, de forte qu'on ne donnoit à ces pieces aucune deftination déterminée.

Les bois de gabari qu'on tire de différentes Provinces pour les Ports de Breft & de Rochefort, font tous travaillés comme ceux de Provence pour les radoubs, ou pour l'approvifionne-ment général de l'Arcenal; ces pieces ne font pas entiérement équarries à vive-arrête, & on ne leur donne aucune deftination marquée; leurs dimenfions & leur courbure font telles, que chaque arbre a pu les donner; on a feulement foin que ces bois aient deux ou trois pouces de plus fur la largeur que fur leur épaiffeur; cependant il y a prefque toujours du bois à retran-cher fur l'épaiffeur.

Affez communément les Anglois ne donnent aucune façon aux bois avant de les tranfporter dans les Ports; ils en retran-chent feulement les branches inutiles & l'écorce, & fouvent ils les livrent dans les Arcenaux avec deux & même plufieurs groffes branches.

Les Hollandois tiennent le milieu entre ces pratiques; ils font équarrir groffiérement le bois dans les forêts; je dis grof-fiérement, parce que tous les bois qui viennent dans leurs Ports ont des défournis, & leurs dimenfions excedent affez confidérablement les pieces de conftruction.

Chacune de ces pratiques a fes avantages & fes inconvé-nients. Il y a très-peu de déchet fur les bois longs qui ont été équarris dans les forêts à peu-près à vive-arrête: outre que leur tranfport occafionne moins de frais, on ne paye point, lors de la réception, le bois qu'il faudra retrancher par la fuite; on épargne outre cela fur la main-d'œuvre qui eft confidérable, & cependant néceffaire pour réduire ces pieces à leurs dimen-fions. D'autre part, quand les bois n'ont été que médiocrement travaillés, on a l'avantage d'en pouvoir changer la deftination,

M m m m

& l'on est en état de satisfaire aux besoins actuels, parce qu'on peut, à la faveur de leur plus grande grosseur, & en ménageant les parties des pieces qui ne sont point *flacheuses*, faire, soit un bau ou un demi-bau avec un plançon à peu-près droit, ou bien trouver une précinte dans telle piece qui auroit été équarrie à vive-arrête, mais qui ne porteroit que la largeur ordinaire des bordages.

Il est vrai que si l'on avoit une parfaite intelligence de toutes les parties de l'exploitation, on pourroit faire cette économie dans les forêts mêmes, en y faisant refendre les arbres en précintes, iloirs, bordages, &c : par ce moyen on préviendroit que les bois ne se fendissent, & en même-temps on rendroit leur transport plus facile ; on ne peut disconvenir qu'il y auroit encore une grande économie à gabarier dans les forêts les bois destinés à faire des membres, parce qu'il ne se trouveroit presque point de déchet lorsqu'on les emploieroit aux constructions; mais cette pratique ne peut avoir lieu que quand les forêts se trouvent à portée des Ports où l'on construit, & lorsque ces forêts ont assez d'étendue pour qu'on puisse y trouver des assortiments complets : c'est ce qui se rencontre bien rarement.

Il y a un autre inconvénient à *gabarier* les bois dans les forêts: si les pieces ne doivent pas être employées promptement, elles se fendent, elles se tourmentent, leur superficie s'altere; & rarement peut-on les employer suivant leur destination, parce qu'on leur laisse très-peu de bois à retrancher. On pourroit bien remédier à une partie de ces inconvénients, si l'on conservoit les bois dans l'eau ; mais peut-être aussi leur causeroit-on d'autres dommages : c'est ce que je me propose d'examiner dans la suite.

Comme il est toujours très-difficile, & souvent même absolument impossible de porter les gabaris dans les forêts, on a dressé des tarifs où sont énoncées les dimensions des pieces & leur courbure. Si l'on ne considere ces tarifs que comme des à-peu-près qui ne doivent servir que pour dénommer provisionnellement les pieces dans les inventaires, à la bonne heure; mais dans les exploitations, il faut bien se garder de réduire exactement les pieces selon les dimensions des tarifs ; car il arriveroit que par la suite plusieurs de ces pieces perdroient une partie de leur mérite : je vais le prouver.

Il arrive rarement qu'un Constructeur fasse plusieurs Vaisseaux de même rang, parfaitement semblables dans toutes leurs parties ; à plus forte raison se trouve-t-il plus de différence, lorsque plusieurs Vaisseaux ne sont pas construits par les mêmes Constructeurs : de plus, il est sensible que la courbure des pieces change nécessairement pour les Vaisseaux de différents rangs. Il faudroit donc faire un tarif immense pour fixer, même à peu-près, la courbure que les pieces de gabari doivent avoir dans différentes circonstances : un pareil ouvrage seroit difficile à exécuter. Mais supposons-en la possibilité, il deviendroit inutile ; car qui sont ceux qui, chargés du prodigieux détail de l'exploitation des bois, pourroient se mettre les calculs d'un tel ouvrage dans la tête ? Disons plus, quand même on se le feroit rendu bien familier, on ne pourroit travailler avec l'exactitude que donne la méthode de porter les gabaris dans les forêts, qui est sans contredit la plus exacte ; & malheureusement cette méthode n'est praticable que dans des cas particuliers ; outre cela, je vais faire voir qu'elle est sujette à des inconvénients.

Un Charpentier qui, muni de ses gabaris, va faire une exploitation, s'occupe entiérement de la recherche des pieces qui lui sont demandées ; il diminue celles qui sont trop grosses, & les réduit aux foibles dimensions qu'exigent ses gabaris ; il redresse à la hache & aux dépens du bois celles qui sont trop courbes ; il racourcit celles qui sont trop longues ; en un mot, le Charpentier uniquement occupé de remplir l'état que le Constructeur lui a donné, ne s'embarrasse en aucune façon d'économiser les bois ni de ménager les pieces rares.

Pour faire sentir jusqu'où peut s'étendre une pareille déprédation, supposons qu'un arbre puisse fournir quatre pieces précieuses, & qu'on n'ait besoin que d'une de ces pieces pour le Vaisseau dont on porte les gabaris, le Charpentier commencera par exploiter celle-là, puis il travaillera le reste du corps de l'arbre suivant les autres gabaris dont il aura besoin ; en conséquence il fera tomber les trois autres pieces dans des qualités inférieures : voilà donc trois pieces perdues, & qu'on auroit dû ménager, soit pour la construction d'autres Vaisseaux, soit pour des radoubs.

Un Armateur qui n'auroit qu'un Vaisseau à construire, pourroit chercher le bois dont il auroit besoin dans un bouquet qu'il auroit acheté, parce que son unique but est de construire ce Vaisseau ; encore cet Armateur se gardera-t-il de détruire les pieces rares qui ne pourroient servir à cette construction ; il préférera de les vendre un prix avantageux, plutôt que de les dégrader pour les employer à son Vaisseau.

Mais dans les Arcenaux du Roi où il y a des *pontons*, des *rats*, des *gabares*, des *chattes*, des *canots*, des chaloupes, des frégates, des flûtes, de gros Vaisseaux à construire ou à radouber, il convient d'être assorti en bois de toutes especes ; & le meilleur parti qu'on puisse prendre, est de tirer de chaque arbre autant de pieces qu'il en peut fournir ; parce que dans de pareils Arcenaux, on trouve toujours à les employer selon la destination où ils peuvent être propres ; & l'on ne doit se déterminer à faire de grands déchets, que dans les circonstances où la nécessité en fait un besoin absolu : en pareil cas forcé, on est obligé de travailler un arbre, comme l'on dit, *à la demande du gabari*, & quelquefois un même arbre peut fournir une *courbe Capucine*, ou un *ringeot*, ou un *genou de fond*, ou une *varangue acculée*, ou une *alonge* ; on choisit entre toutes ces destinations, les pieces dont on se trouve avoir actuellement besoin, & celles qui peuvent occasionner le moins de perte.

Quand on se borne à façonner les bois dans les forêts, selon la figure des arbres, & la grosseur qu'ils peuvent fournir, ainsi que nous venons de le dire, on ne peut éviter qu'il n'y ait plus ou moins de déchet selon que l'épaisseur des pieces differe plus ou moins de la largeur ; mais aussi, plus on aura laissé de bois à retrancher, plus on trouvera de ressources pour l'équerrage, & pour varier les destinations.

Nous avons dit que les Anglois ne donnent dans les forêts

aucune façon à leurs bois : par cette méthode ils augmentent beaucoup le prix des tranſports ; mais auſſi il y a dans cette pratique une ſi grande économie de matiere, qu'elle peut dédommager de la dépenſe du tranſport. Il y a certaines pieces qui ſe rencontrent ſi rarement, & qui ſont néanmoins ſi eſſentielles aux conſtructions, qu'on ne peut apporter trop d'attention à les ménager. Cependant quand les tranſports ſe font par terre, on ne peut prendre toutes ces précautions que pour les pieces qui ſont fort rares & précieuſes ; mais on peut les étendre à un plus grand nombre, lorſque la plus grande partie du tranſport ſe peut faire par eau ; dans ce cas, & quand le tranſport des bois devient facile, je crois qu'on doit ſuivre la méthode des Anglois, parce que toutes les parties d'un arbre peuvent être employées à leur vraie deſtination. Par exemple, un arbre de 24 pouces de diametre, dans lequel on trouveroit, ſuivant la pratique de nos Ports, un plançon de 16 à 17 pouces d'équarriſſage, pourroit encore produire, en ſuivant la méthode Angloiſe, quatre bordages de deux, trois ou quatre pouces d'épaiſſeur, aux endroits marqués *I K* (*Planche XXXIV. fig. 6*). Mais pour tirer de cette économie le meilleur parti poſſible, il faudroit avoir dans les Ports des moulins à ſcies pour lever les doſſes avec le moins de frais poſſible : nous ferons voir dans la ſuite que ces moulins produiroient encore d'autres avantages.

Une utilité aſſez importante de la méthode Angloiſe & dont je n'ai point encore parlé, c'eſt de tirer de chaque arbre les pieces les plus précieuſes que l'arbre puiſſe fournir par ſes dimenſions & ſa figure, & de ſe les procurer ſelon le beſoin qu'on en peut avoir, bien plus avantageuſement qu'on ne pourroit faire, ſi l'on alloit chercher des arbres ſur pied dans les forêts, comme on fait quelquefois lorſque les beſoins ſont preſſants.

J'ajoute, comme nous l'avons déja dit en rapportant le détail des recherches que nous avons faites ſur ce qui peut produire les fentes, que les arbres qui ne doivent point être refendus à la ſcie, ſe conſervent mieux dans les Ports, lorſqu'ils reſtent enveloppés de leur aubier, que quand ils ont été équarris ; parce que l'aubier ralentit la diffipation de la feve, & qu'il empêche que le bois ne fe fende beaucoup.

Les Hollandois, en fe contentant d'équarrir groffiérement leurs arbres, fe procurent une partie des avantages de la méthode Angloife, quant à l'économie de la matiere, & aux reffources qu'ils fe ménagent relativement à la deftination des pieces ; & ils évitent en partie l'inconvénient de la difficulté du tranfport.

Chacune de ces méthodes a donc fes avantages & fes inconvénients. On ne peut gueres fe difpenfer de réduire, le plus exactement qu'il eft poffible, à leurs juftes dimenfions, les grandes pieces qu'on eft obligé de tirer des forêts éloignées ; tout ce qu'on doit exiger des Fourniffeurs, c'eft qu'ils ne coupent pas en deux les belles pieces, dans la vue d'en rendre le tranfport plus aifé ; mais on fera bien de ne faire équarrir que groffiérement, fur-tout les bois courbes, lorfqu'on les tirera des forêts voifines des Ports où fe font les conftructions, ou de ceux où l'on peut les embarquer fur des rivieres navigables ; parce que dans ce cas la matiere eft plus importante à conferver que la voiture à ménager. On pourroit même alors livrer les arbres fimplement écorcés, fi l'on prévoyoit que les bois duffent y refter long-temps avant d'être employés. Quand on doit garder long-temps les pieces avant de les employer, on eft obligé de retrancher un peu de bois de la fuperficie ; il convient alors de les tenir un peu plus groffes que les dimenfions précifes qu'elles doivent avoir pour être mifes en place.

Enfin, en toute occafion, il faut avoir foin de prendre, précifément pour chaque piece, l'arbre qui lui convient & qui ne peut être propre qu'à cette deftination : en s'écartant de cette regle, il arrive fouvent qu'on coupe pour des befoins preffants, des Chênes qui feroient mieux employés à des pieces beaucoup plus importantes. C'eft par cette raifon qu'il faut défendre aux Ouvriers de former le gabari des pieces aux dépens du bois.

Nous avons déja dit qu'à l'égard des bois de gabari, il les falloit tenir toujours *méplats*, & de maniere que leur largeur excede de 4, 5 ou 6 pouces leur épaiffeur, afin de fournir les

Ports de pieces qui puiſſent être employées à différentes deſtinations. Il eſt vrai que les pieces exploitées ſuivant ces principes, ne paroîtront pas fort contournées lors de la livraiſon; mais on pourra leur donner autant de courbure que le Conſtructeur en aura beſoin : cette méthode s'éloigne moins de celle où on livre les bois en grume.

On voit qu'il faut varier l'exploitation des bois ſuivant les circonſtances : dans les cas où les bois ſont rares & les voitures commodes, on ne doit que dégroſſir les arbres & même les livrer en grume, ſimplement dépouillés de leur écorce. Quand les bois ſont communs & les voitures difficiles, on eſt obligé de gabarier les pieces dans les forêts, & de leur donner à peu-près les dimenſions qu'elles doivent avoir quand on les mettra en place.

Si l'on fait une exploitation pour une conſtruction qu'il importe d'exécuter promptement, & que la forêt ſoit voiſine du Port, il conviendra de gabarier les bois dans la forêt même; mais s'il ne s'agit que de faire des approviſionnements de bois, il ſera mieux de les tirer groſſiérement équarris.

Je paſſe à une conſidération qui, pour être d'un autre genre, n'en eſt pas moins digne d'attention.

Article II. *Qu'il eſt très-avantageux de prendre dans les arbres les moins gros, les membres de conſtruction relatifs à leurs échantillons.*

On deſire toujours dans les Ports d'avoir de très-gros Vaiſſeaux; & dans cette idée on ne ceſſe de demander aux Fourniſſeurs de fort groſſes pieces, ſauf à les réduire ſi l'on n'a que des Vaiſſeaux de moindre rang à conſtruire.

Je dis que les dimenſions qui excedent celle des membres des Vaiſſeaux qu'on conſtruit, telles qu'on a coutume de les fixer aux Fourniſſeurs & aux Officiers commis aux recettes, font un préjudice conſidérable au ſervice de la Marine.

Je prie qu'on faſſe attention qu'il ne s'agit pas ici de pieces dont on pourroit retrancher du bois dans les forêts; je ne prétends rien changer à ce que je viens de dire à ce ſujet; mais je me plains de ce qu'en fuivant les regles auxquelles on affujet-tit les Fournifleurs, on fe met dans le cas, pour avoir la fatif-faction de tailler, comme l'on dit, en plein drap, de prendre des membres d'une groffeur médiocre dans de très-gros arbres ; je me plains encore de ce qu'on exige des Conftructeurs, que tous les membres qu'ils font mettre en place, foient équarris à vive-arrête, & fans qu'on puiffe voir aux angles ni flaches ni défournis : je vais tâcher de faire connoître combien cette pratique eft contraire au bien du fervice.

Il eft conftamment vrai que plus les pieces pour les membres font groffes, plus elles renferment de défauts & de principes de corruption. Il eft encore vrai que les gros & vieux arbres qui fourniffent les pieces d'un fi gros échantillon, ont été prefque tous rebutés par ceux qui long-temps avant les avoient déja jugés d'une qualité médiocre, ou d'un tranfport trop difficile: le temps où ces arbres ont depuis refté fur pied, les a rendus encore plus défectueux; ils ont continué à s'ufer de plus en plus ; & peut-être que dans cet état ils ont encore éprouvé les rigueurs de l'Hiver de 1709 qui aura achevé de les gâter, & de les rendre non-feulement inutiles, mais même dangereux pour le fervice. Si l'on fe rappelle ce que j'ai dit dans cet ouvrage fur l'âge des arbres, & les expériences que nous avons faites pour parvenir à connoître quelle pouvoit être la faifon la plus favorable pour les abattre ; on conviendra que tous ceux de cette efpece font fur le retour, que leur cœur eft affecté d'une corruption commencée ou prochaine : cependant quand on travaille dans les Ports les pieces de gros échantillon, pour les réduire aux dimenfions qu'elles doivent avoir, on ôte le bois de la circonférence qui dans ce cas eft le meilleur, & l'on conferve la partie déja altérée; de-là vient le peu de durée de tous les ouvrages qu'on conftruit avec de fort gros bois : fouvent c'eft à tort qu'on s'en prend à la nature du terrein où ces arbres ont crû, ou bien à la faifon dans laquelle ils ont été abattus.

Comme je crois avoir fuffifamment prouvé que tous les arbres de gros échantillon font en retour, & que tous les arbres en en retour, ont dans leur intérieur un principe de corruption, on doit en conclure qu'il faut donner la préférence aux arbres qui n'ont que la grosseur précise & convenable à l'échantillon des Vaisseaux qu'on veut construire : le Roi ne seroit pas tenu de payer aux Fournisseurs le bois qu'il faut retrancher, ni les journées d'Ouvriers qu'il faut employer pour réduire les grosses pieces aux dimensions requises : au lieu de mettre en œuvre des bois usés, & qui ont un commencement de pourriture, on emploieroit du bois vif & moins chargé de défauts. En conséquence de ces principes, il ne faudroit pas rejetter des membres qui auroient des défournis ; car pourvu que dans ces membres les faces qui se touchent, puissent se joindre exactement, il est fort indifférent que celles qui répondent aux mailles soient flacheuses ou non.

Pour éviter toute équivoque, il est bon de se rappeller que j'ai dit dans le Livre précédent, que le bois du centre des arbres en crûe est le plus parfait. Ainsi, dans les circonstances où l'on emploie du jeune bois, c'est celui du cœur qu'on doit ménager avec le plus de soin. Mais j'ai prouvé aussi que, dans les bois fort gros, & par conséquent très-vieux, le bois du centre a presque toujours contracté un commencement d'altération qui se manifeste bien-tôt par la pourriture. Si l'on pouvoit dans ce cas retrancher le bois du cœur, pour n'employer que celui de la circonférence, on supprimeroit la partie déja viciée, & ce qui resteroit seroit le moins mauvais ; mais cela ne se peut pratiquer pour les membres des gros Vaisseaux, ni pour les poutres des bâtiments civils ; & c'est en partie pour cette raison que les Frégates & les Vaisseaux Marchands, qu'on construit avec du bois de petit échantillon, durent plus long-temps que les gros Vaisseaux. Cependant on peut faire une application de ce que je viens de dire, pour avoir de meilleurs bordages ; car si l'on leve au milieu d'un plançon (*Pl. XXXIV. fig.* 8), une tranche *A B,* qu'on pourroit employer à des ouvrages de peu de conséquence, on supprimeroit le centre de ce plançon qui est ordinairement la partie viciée ; & le bois des bordages *CC, DD* en seroit d'un meilleur emploi : j'ai vu suivre cette pratique avec succès. N n n n

Je me fuis trouvé dans l'occafion de vérifier ce que je viens de dire, lorfque j'étois préfent à la vifite que l'on faifoit de plufieurs gros Vaiffeaux, pour reconnoître s'ils étoient en état de faire campagne. J'annonçois alors, avant qu'on eût délivré les bordages, que la pourriture des membres fe trouveroit ou à leur fuperficie ou dans leur intérieur. Voici ce qui me guidoit dans mon jugement.

Si je voyois par le contour des membres, que le cœur de la piece fe devoit trouver à l'extérieur du membre, j'annonçois que la pourriture fe manifefteroit au dehors du membre, auffi-tôt qu'on auroit levé le bordage ; fi au contraire le cœur de l'arbre fe devoit trouver à l'intérieur du membre, j'affurois que quand on auroit levé le bordage, l'extérieur du membre paroîtroit fain ; mais qu'en le perçant avec une tariere, on reconnoîtroit bien-tôt que l'intérieur étoit pourri. Cette obfervation juftifie ce que j'ai dit dans le Chapitre de l'âge des arbres, pour rendre raifon de ce que la plupart des groffes poutres pourriffent dans l'intérieur.

Ces réflexions, quoique préfentées uniquement ici pour les bois de Marine, peuvent donc avoir leur application à tous les bois de gros échantillon qui s'emploient dans les bâtiments civils. Mais comme je ferai obligé de revenir fur ce même objet, je termine cette digreffion pour reprendre le fil de mon objet ; en conféquence, je vais donner les dimenfions des principales pieces qui entrent dans la conftruction des Vaiffeaux.

ARTICLE III. *Dimenfions des principales pieces qui entrent dans la conftruction des Vaiffeaux de Guerre.*

J'AI dit qu'on diftinguoit en général tous les bois fervant à la conftruction des Vaiffeaux, en *bois droits*, & *bois courbes*. En me conformant à cette divifion, je ferai un paragraphe particulier de chacun de ces bois.

Je repréfenterai en figures quelques membres tracés fur les arbres même, pour faire mieux comprendre la façon de les exploiter ; mais comme par cette méthode je craindrois de trop multiplier les figures, je me bornerai pour plufieurs de ces pieces, à en marquer à peu-près le contour.

§. 1. *Des Bois droits.*

Les pieces de quille (*Pl. XXXIII. fig. 9*), doivent être des plus fortes dimensions ; elles ne peuvent être jamais trop longues ; & autant qu'il est possible, elles doivent être bien droites sur tous les sens. Leur longueur est ordinairement entre 30 & 40 pieds , & leur équarrissage de 20 pouces sur 18, ou de 17 sur 16, ou de 16 sur 15, ou de 15 sur 14, &c, suivant la force des bâtiments pour lesquels on les destine.

Les pieces pour les *baux* & les *barreaux* (*Fig. 10*) *B*, sont à l'égard des Vaisseaux, ce que les *Pontons* sont aux bâtiments civils : on laisse à ces pieces toute la longueur qu'elles peuvent porter ; elles doivent être droites & bien alignées sur deux faces opposées ; & dans l'autre sens, elles doivent être un peu courbes : la longueur ordinaire des baux est depuis 28 pieds jusqu'à 40, & plus s'il se peut : on les fait souvent de deux pieces; & en ce cas il suffit que chaque piece porte depuis 24 jusqu'à 28 pieds de longueur ; leur équarrissage doit être de 18 pouces sur 17, ou de 17 sur 16, ou de 16 sur 15, ou de 15 sur 14. Comme les baux des Vaisseaux de différents rangs, sont de différente grosseur ; & comme tous ceux d'un même Vaisseau ne doivent pas être d'une pareille force, le Constructeur choisit dans les pieces de cette espece qui se trouvent dans l'Arcenal, ceux qui conviennent le mieux au bâtiment qu'il construit.

Quant à la courbure des baux , elle varie depuis 7 pouces jusqu'à 10 ; c'est-à-dire, qu'en tendant une ligne dans toute la longueur de la piece, comme le représente la ligne ponctuée *a b* (*Fig. 13*), la longueur de la fleche *d c*, doit être de 7 à 10 pouces, c'est-à-dire, de deux à trois lignes par pied selon la longueur du bau.

Les pieces d'*étambot* (*Fig. 11*), doivent être d'égale épaisseur dans toute leur longueur ; mais on doit les tenir plus larges par le bas que par le bout supérieur : leur longueur varie depuis 25 jusqu'à 35 pieds; leur largeur depuis 18 pouces jusqu'à 20 ; & leur épaisseur depuis 14 pouces jusqu'à dix-huit :

tout cela doit être entendu relativement au rang des Vaiſſeaux.

Les *bittes* dont on peut prendre une idée (*Fig. 4*), ſont alignées droites ſur leurs quatre faces; mais elles ſont environ d'un tiers plus menues par un bout que par l'autre; elles doivent avoir depuis 19 juſqu'à 25 pieds de longueur; & d'équarriſſage, 15 pouces ſur 16, ou 13 ſur 14 vers le gros bout.

Il faut, outre les bois dont nous venons de parler, avoir un aſſortiment de plançons, & d'autres bois droits auxquels on aſſigne différentes deſtinations, ſuivant les beſoins : on ne peut ſe paſſer d'avoir beaucoup de plançons à refendre à la ſcie, pour en faire des *iloirs*, des *précintes*, des *bordages*, des *vaignes*; on y trouve encore des *barrots*, des *barottins*, des *contre-quilles*, des *contre-étambots*, des *barres* de Gouvernail, des *ſerres*, des *gouttieres*, &c.

Exemple d'un aſſortiment de Bois longs.

Longueur en pieds.	Equarriſſage en pouces.
35 . . à . . 40	16 . . . ſur . . 15
32 . . à . . 40	15 . . . ſur . . 14
30 . . à . . 36	14 . . . ſur . . 13
28 . . à . . 34	13 . . . ſur . . 12
25 . . à . . 30	11 . . . ſur . . 12
24 . . à . . 27	11 . . . ſur . . 11
22 . . à . . 27	10 . . . ſur . . 11
22 . . à . . 26	9 . . . ſur . . 10
18 . . à . . 21	10 . . . ſur . . 11
16 . . à . . 20	9 . . . ſur . . 10
20 . . à . . 24	8 . . . ſur . . 8
16 . . à . . 22	7 . . . ſur . . 7
10 . . à . . 16	6 . . . ſur . . 6
8 . . à . . 12	7 . . . ſur . . 7

Enfin des *chevrons* de différente longueur, & de trois ſur quatre.

§. 2. *Bois courbes, Bois tords ou Bois de Gabari.*

Ces bois doivent être tous bien frappés sur le droit ; leur largeur, dans le sens de la courbure, doit être d'un tiers plus forte que leur épaisseur : ceci doit être regardé comme une regle générale.

Les *ringeots* ou *brions* (*Pl. XXXIII. Fig. 1 2*), font partie de la *quille*, & de l'étrave ; ainsi ces pieces doivent former les deux branches d'une équerre fort ouverte ; la branche *b d* qui fait la prolongée de la quille, doit être plus longue que celle *b c* qui se joint à l'*étrave*, & de sorte qu'elle soit à l'autre à-peu-près comme 3 est à 5 ½ : pour connoître l'ouverture de l'angle de ces branches, on prolonge la ligne ponctuée *b a* ; & il faut, pour les gros Vaisseaux, qu'il y ait autant de fois 7 lignes de *a* en *c*, qu'il y a de pieds de *b* en *c* ; à l'égard des moyens, six lignes suffisent. Quoique ces regles varient suivant les intentions des Constructeurs, cependant les à-peu-près que nous venons de donner, pourront être utiles à ceux qui font des exploitations de bois : au reste, il y a des *ringeots* qui ont, de *a* en *d*, 16 pieds de longueur ; d'autres 26, & dont l'équarrissage est de 21 pouces sur 18, ou 19 sur 16, ou 15 sur 18, ou 14 sur 17.

Les pieces d'*étrave* représentées en grume (*Fig. 7*), doivent avoir le plus de largeur qu'il est possible de leur donner ; elle doit excéder d'un tiers leur épaisseur ; leur courbure doit être de 12, 14, 15 lignes par pieds de leur longueur ; en sorte qu'une pareille piece qui auroit 24 pieds de longueur, doit avoir une fleche de 24 à 26 pouces ; ainsi la ponctuée *a c b*, faisant la corde de la piece d'étrave (*Fig. 13*), la fleche *c d* doit avoir 24 à 26 pouces. L'équarrissage de ces pieces est de 20 sur 16, ou de 19 sur 15, ou de 18 sur 14.

Les pieces pour *contre-étraves* doivent être travaillées comme les *étraves* : leur longueur doit être au moins de 15 pieds, leur largeur d'un cinquieme plus fort que leur épaisseur : elles doivent avoir plus de courbure que les pieces d'étrave, de sorte que la fleche d'une piece qui auroit 15 pieds de longueur, devroit être au moins de 20 pouces.

On peut faire avec les pieces d'*étrave* & de *contre-étrave*, des *genoux de fond* & de *porques*, pourvu que ces pieces aient depuis 13 jufqu'à 18 pieds de longueur, & d'équariffage 18 fur 16, ou 17 fur 15.

Les *varangues de fond A* (*Fig. 14*), ont depuis 13 jufqu'à 24 pieds de longueur, & d'équarriffage 15 pouces fur 14, ou 14 fur 12, ou 13 fur 12 : leur courbure doit être d'un douzieme de leur longueur.

On prend dans les mêmes pieces des *varangues*, des *porcs*, des *alonges d'écubier*, des *pieces de tour*, quelques *guirlandes*, des *marfouins*, &c. Il eft bon que certaines pieces, telles que celles (*Fig. 15*), foient courbes, principalement par un de leurs bouts, & que quelques autres pieces aient leur principale courbure dans le milieu de leur longueur.

Les *guirlandes B* du fond des Vaiffeaux (*Fig. 14*), celles (*Pl. XXXIV. fig. 16*); les *courbes de pont* (*Fig. 17*); les *courbes d'arcaffe* (*Fig. 18*) ; les *courbâtons* (*Fig. 19*), les *varangues acculées*, & les *fourcats* (*Fig. 20, 21 & 22*), toutes ces pieces doivent être bien travaillées fur le droit : leur largeur doit être au moins d'un quart plus confidérable que leur épaiffeur.

A l'égard des *courbes*, il faut que le bras qui forme la courbe, ait au moins les deux tiers de la longueur du corps ; & il ne faut point les rogner : de plus, la groffeur du bras doit être proportionnée à celle du corps ; enfin les bras de ces fortes de pieces doivent faire, avec leur corps, un angle de 80, 90, 100, 110 ou 120 degrés au plus ; paffé ce terme, on ne peut plus les confidérer comme des courbes ; elles ne peuvent être employées que pour des *genoux de fond*, des troifiemes *alonges*, ou pour quelques *varangues acculées*, lorfqu'elles font bien fournies dans leur colet : il faut pour cela que ces pieces aient au moins 13 à 14 pieds de longueur ; & leur *courbure* doit être depuis 12 jufqu'à 18 & 20 lignes d'arc par pieds de leur longueur ; enforte qu'un *genou* ou une troifieme alonge qui auroit 12 pieds de longueur, doit avoir au moins 12 pouces de fleche ; ceux qui porteroient 15, 18, ou même 20 pieds, feroient beaucoup plus utiles pour les conftructions.

Les premieres & fecondes alonges, ainfi que celles de revers (*Figures 23, 24 & 25*), fe trouvent aifément dans les forêts, & les Fourniffeurs en livrent en plus grande quantité qu'on ne leur en demande ; de forte qu'il en refte toujours beaucoup d'inutiles & qui pourriffent dans les Ports. Les plus courtes de ces pieces doivent avoir 12 à 14 pieds de longueur : plus leur courbure eft confidérable, plus elles font avantageufes pour les conftructions & les radoubs.

Les *liffes d'ourdi* ou *barres-d'arcaffe*, doivent avoir deux courbures, ce qui les rend difficiles à rencontrer ; leur longueur ordinaire eft depuis 24 pieds jufqu'à 34 ; & leur équarriffage, de 16 à 21 pouces : il faut que la courbure foit dans un fens, de 3 lignes par pied de la longueur de la piece, & dans l'autre fens de quatre lignes.

Pour travailler ces pieces après qu'elles ont été coupées de longueur, on les met en chantier, de façon qu'une ligne droite tirée d'un bout à l'autre, puiffe rentrer au milieu de la piece d'un quart de fa longueur réduite en pouces, pour pouvoir tracer une ligne courbe dont la fleche ait cette valeur :

Suppofons, par exemple, qu'on ait à travailler une *liffe d'ourdi* de 24 pieds de longueur, & de 24 pouces de diametre vers fon petit bout ; il faut faire charger la ligne fur chaque bout de 3 pouces & demi pour le premier parage ; la ligne droite étant bien tendue, on la marque d'aplomb fur toute la longueur de la piece, & on examine s'il fe trouve au milieu 6 pouces de plus de bois, que fur les bouts ; ces 6 pouces fervent à donner à cette piece la rondeur requife fur le premier fens ; car 6 pouces eft le produit du quart de 24 pieds, qu'il faut réduire en pouces, ou bien en prendre le douzieme qui fait 6 pouces.

Si dans cet alignement, les 6 pouces ne fe trouvoient pas à l'extérieur de la ligne vers le milieu, il faudroit tourner la piece jufqu'à ce qu'ils puffent s'y rencontrer ; ou recharger la ligne droite fur la piece, fi fon épaiffeur le permettoit, jufqu'à ce qu'on ait trouvé une fleche de 6 pouces.

On divifera enfuite la longueur de la piece fur la ligne droite, en autant de parties égales qu'on voudra, par exemple, en 6; & on portera fur la divifion du milieu, 6 pouces, ce qui doit faire la plus grande courbure ; fur celle des côtés, 5 pouces ; fur celles qui fuivent, 4 pouces ; & de même, on marque fur chaque divifion la courbure que la piece doit avoir, & on la fait enfuite parer d'aplomb fuivant cette courbure.

Quand la piece a été ainfi parée fur fes deux premieres faces, on la renverfe fur le côté paré, qu'on doit mettre bien parallele à l'horizon ; quand elle a été bien calée, on préfente la ligne, de façon qu'elle fe charge fur le milieu, d'un tiers de fa longueur, divifé par douze, ou réduit en pouces ; c'eft-à-dire, pour l'exemple préfent, de 8 pouces, parce qu'on a fuppofé que cette liffe avoit 24 pieds de longueur. On opere enfuite fur cette feconde face, comme on a fait pour la premiere ; mais fa courbure doit être plus grande que celle de la premiere, puifqu'elle eft d'un douzieme du tiers de la longueur de la piece, au lieu que l'autre n'étoit que d'un douzieme du quart de cette même longueur.

On pourroit fuivre la méthode que je viens d'indiquer pour le parage des autres bois courbes, avec cette différence qu'on commenceroit par aligner bien droit deux faces oppofées, & que l'on opéreroit fur la face courbe, comme je viens de l'expliquer ; mais comme il faut peu travailler les pieces courbes fur le tors, on fe difpenfe de prendre tant de précautions.

Nous avons dit qu'il falloit être bien afforti dans les Ports de toutes fortes de bois droits ; il n'eft pas moins important d'avoir un bon affortiment de bois tors bien alignés, & frappés fur le plat, & qui n'aient point été *affamés* dans l'intérieur de leurs courbes, pour la faire paroître plus confidérable.

J'ai déja averti qu'on ne doit entendre toutes les mefures que j'ai données que comme des à-peu-près, que je crois fuffifants pour guider ceux qui font chargés de l'exploitation des bois dans les forêts. Si néanmoins on defiroit opérer avec plus

de

de précifion fur cet objet, on doit confulter le premier Chapitre, & les Tables de mes *Eléments d'Architecture Navale.*

CHAPITRE IV.

Des Bois de fciage.

APRÉS avoir parlé des bois qu'on équarrit à la cognée, &
qu'on nomme affez communément les *Bois quarrés*, je dois
parler de ceux qu'on refend avec la fcie de long, & qu'on nomme *Bois de fciage*, lors même qu'ils reffemblent par la forme
aux bois quarrés ou équarris. Ainfi une folive ou un chevron
eft compris dans les bois quarrés, quand il a été équarri à la
cognée ; & lorfque ces mêmes pieces ont été refendues avec
la fcie de long, elles font réputées bois de fciage.

Par l'opération de la fcie de long, on ménage beaucoup de
bois, & l'ouvrage s'expédie affez promptement, fur-tout quand
on fait agir plufieurs fcies par des moulins à eau ou à vent.

On a coutume de commencer par équarrir à la cognée les
bois qu'on deftine à être refendus à la fcie ; cependant il y a
des cas où il paroît plus convenable de refendre à la fcie les
bois, fans les avoir auparavant équarris ; c'eft ce que je ferai
connoître, après que j'aurai expliqué en peu de mots le travail
du Scieur de long.

ARTICLE I. *De la maniere de refendre les Bois avec*
la fcie de long.

LES Scieurs de long ne peuvent être moins de deux Ouvriers pour exécuter leur travail ; communément ils font trois,
& ce n'eft pas trop pour monter de groffes pieces fur leur chevalet. Quand une pareille piece a été mife en place, un Ouvrier *A* (*Pl. XXXV. fig. 1 & 2*), monté fur cette piece, releve la fcie & la dirige fur le trait ; un ou deux autres *B*, placés au-

deſſous de la piece, tirent la ſcie en en-bas ; & comme les dents de la ſcie ne mordent qu'en deſcendant, il faut plus de force pour la faire deſcendre que pour la remonter ; c'eſt pour cette raiſon qu'il y a ordinairement deux Ouvriers en bas. Je dis que les dents de la ſcie ne mordent dans le bois qu'en deſcendant, non-ſeulement parce que ces dents qui ſont crochues dans ce ſens ne mordent point en montant, mais encore parce que les Scieurs de long écartent la ſcie du bois, quand ils la remontent, & qu'ils l'appuient ſur le bois en deſcendant.

La premiere opération des Scieurs de long, conſiſte à établir la piece qu'ils doivent travailler ſur un chevalet (*Fig.* 2), ou ſur des treteaux (*Fig. 1*) ; car cette piece doit être aſſez élevée, pour que les deux Scieurs qui reſtent en bas, puiſſent être placés deſſous.

Lorſqu'ils travaillent dans des Chantiers où ils trouvent ordinairement du ſecours pour élever les pieces fort peſantes ; ils ont coutume de ſe ſervir de deux forts treteaux *C D* (*Fig.* 1); & quand ils ont ſcié un bout de la piece, comme, par exemple, en *E*, ils écartent le treteau *C* du treteau *D*, & ils travaillent entre ces deux treteaux qui ſont fort commodes pour cette opération toutes les fois qu'on peut avoir du ſecours pour monter les pieces deſſus. Mais comme il arrive ſouvent que les Scieurs ſe trouvent ſeuls dans les ventes, il leur ſeroit impoſſible d'élever de lourdes pieces ſur de pareils treteaux ; en ce cas ils établiſſent eux-mêmes un chevalet qui a un treteau fort ſimple & néanmoins très-ſolide.

Ils prennent pour cet effet un rondin de bois (*Fig. 3*) ; ils y font avec leurs cognées les entailles *a b*, *f g*, un peu obliques à l'axe du rondin, afin que les pieds du treteau s'écartent par le bas : les entailles ſont plus étroites par le haut du côté de *a* & *b*, que du côté de *f* & de *g*, c'eſt-à-dire, par le bas, afin que les pieds ne puiſſent entrer plus avant qu'on ne les y a chaſſés.

Ces entailles ſont auſſi plus larges par le fond que par leur entrée, afin que les pieds qui forment par leurs bouts d'en-haut, une eſpece de queue d'aronde, ne puiſſent ſortir de l'entaille.

On fait trois entailles pareilles, une en *a*, l'autre en *b* &

la troifieme en *d*; celle-ci n'eft que ponctuée dans la figure, parce que comme elle eft cachée derriere la partie du rondin qui fait le deffus du treteau, on ne la peut pas voir ici.

Les pieds de ce treteau font formés par trois pieces de bois femblables à celle marquée *c e*; elles font rondes dans toute leur longueur, excepté au bout fupérieur *c* qui eft équarri, de façon que la face qui doit remplir le fond de l'entaille, foit plus large que celle de devant. On comprend que quand ces pieds ont été chaffés à grands coups de maffe, de façon que le bout *c* qui eft en forme de coin, entre à force dans l'entaille *a*; ils y font folidement affujettis par un affemblage à queue d'aronde : ces trois pieds mis en place, forment le treteau folide *C* (*Fig.* 2).

Il eft queftion enfuite d'élever fur ce tréteau ou chevalet, la piece de bois qui doit être refendue à la fcie, telle, par exemple, que celle cotée *D*; & comme ces fortes de pieces font ordinairement affez groffes & pefantes, les trois Scieurs de long doivent ufer d'adreffe & de force pour y réuffir. En ce cas ils établiffent un plan incliné compofé de deux longues membrures de bois, dont ils pofent un bout fur le chevalet & l'autre à terre ; enfuite ils font couler, fur ce plan incliné, la piece à refendre ; ils la tournent, & après l'avoir mife de travers & en équilibre fur le chevalet, ils la lient fur les membrures *G H*, avec des cordes *E, F*. Lorfqu'ils ont fcié la piece au-delà de la moitié de fa longueur, ils la retournent, & l'entretenant toujours en équilibre fur le chevalet, ils lient la moitié fciée fur les mêmes membrures, & achevent de fcier l'autre partie de cette piece.

Quand ils ont à fcier une très-groffe piece & trop pefante pour pouvoir être élevée fur le chevalet, ou lorfqu'ils ne veulent pas en prendre la peine, ils fouillent un trou en terre, dans lequel defcendent les deux Ouvriers qui doivent rabattre la fcie.

Avant de monter la piece qui doit être refendue, foit fur les treteaux, foit fur le chevalet, les Ouvriers tracent les traits qu'ils doivent fuivre en la débitant (*voyez fig. 4*) : ces traits fe marquent avec une ligne ou cordeau frotté dans du charbon de paille délayé dans de l'eau ; ensuite on cale la piece avec beaucoup d'attention, & bien à plomb sur le chevalet ; & pour cela on tient vis-à-vis de l'œil un fil à plomb, qu'on bornoye sur les deux faces verticales de la piece : après quoi le Maître Scieur *A* monte sur la piece, & commence le sciage avec ses deux Aides *B*.

Comme c'est l'Ouvrier d'en haut qui dirige la scie suivant le trait, il doit être plus attentif que les deux autres ; son travail est aussi très-pénible, parce que c'est lui qui releve la scie.

A chaque coup de scie, les Scieurs d'enbas la tiennent d'abord perpendiculairement, & à mesure qu'elle descend, ils tirent le bas de la scie vers eux ; celui d'en haut attire en même temps à lui le haut de la scie ; de sorte que le tranchant de cette scie décrit une courbe nécessaire pour dégager de dessus le trait la poussiere que la scie a détachée du bois. Toutes les fois que l'Ouvrier remonte la scie, il la recule un peu, afin que les dents ne frottent point contre le bois, ce qui le fatigueroit beaucoup, parce que ses bras ne sont point en force, quand ils remontent la scie. Pour rendre encore la scie plus coulante, on en frotte de temps en temps le feuillet avec de la graisse, & l'on enfonce un coin dans l'ouverture du trait déja commencée, ce qui, joint à la voie que l'on donne aux dents de la scie, lui donne beaucoup de jeu pour aller & venir. Quand les Scieurs enfoncent trop leurs coins, ils forcent les fibres du bois, ce qui souvent occasionne des éclats qui endommagent les pieces : les Menuisiers rencontrent ces éclats lorsqu'ils travaillent les bois de sciage à la varlope.

Les feuillets pour les scies de long sont de différentes épaisseurs : les uns sont fort épais, & ils résistent plus que les autres ; mais aussi ils font des traits fort larges dans le bois : d'autres sont plus minces & mieux dressés, ceux-ci font des traits plus fins, & ils passent plus aisément dans le bois ; mais il faut bien les ménager, sur-tout quand on travaille du bois rebours & rustique : on s'en sert ordinairement pour refendre les bois dans les chantiers, & les plus épaisses feuilles de scie servent à travailler le bois dans les forêts : on en emploie encore de plus fortes pour les scies qui se meuvent par le moyen de l'eau.

Quoiqu'on refende presque toujours à la scie des bois droits (*Pl. XXXV. fig. 4*), on refend aussi quelquefois des bois courbes, soit dans le sens de leur courbure (*fig. 5*), pour en faire des bordages, soit perpendiculairement à la courbure (*fig. 6*), pour en faire des pieces de tour.

M. le Normand qui a été Intendant de la Marine, a établi à Rochefort une police admirable sur les travaux de la construction des Vaisseaux : il est parvenu à faire lever à la scie presque tout ce qu'on réduisoit autrefois en copeaux avec la cognée, & il en a résulté une assez grande économie, puisque le bois ainsi débité à la scie, dédommage amplement de la main-d'œuvre ; les Charpentiers y trouvent aussi leur compte, parce qu'ils viennent à bout, en variant l'établissement des pieces sur les chevalets, de former si bien avec la scie l'équerrage de leurs pieces, que j'ai vu des membres qui avoient été ainsi refendues en aile de moulin. Comme ces sortes de pratiques ne peuvent avoir leur application que dans des cas particuliers, je ne m'étendrai pas davantage sur cet objet ; mais je vais entrer dans quelques détails sur la façon de débiter les bois droits avec la scie de long.

ARTICLE II. *Différentes méthodes qu'on emploie pour débiter les bois de sciage.*

COMME les gros bois étoient autrefois très-communs, on commençoit par équarrir une piece, comme on le peut voir (*Pl. XXXV. fig. 7*) ; ensuite on la refendoit en quatre *a, b, c, d,* dont on faisoit quatre solives de sciage fort propres, & peu sujettes à se fendre par les raisons que nous avons amplement détaillées dans le Livre précédent. Mais aujourd'hui que les gros bois sont rares, on emploie beaucoup de solives de brin mal équarries, qu'on recouvre de plâtre ou avec du plaque en bourre, pour former des plafonds qui couvrent toutes les défectuosités du bois.

On cartelle encore à la scie les bois dans les forêts éloignées où il se trouve de gros arbres ; mais on destine ceux-ci à faire

des planches; en conséquence on refend ces cartelles en planches, tantôt comme le repréfente la cartelle *A A* (*Pl. XXXVI.
fig. 1*); d'autres fois fuivant les lignes *B B*. En fuivant l'une ou
l'autre méthode , le cœur de l'arbre ne fe trouve point au
milieu des planches , & elles font moins fujettes à fe fendre
que quand on refend par le diametre *C D*, ainfi qu'on le pratique fouvent, fur-tout à l'égard du bois de Sapin , & quand
on cherche à donner plus de largeur aux planches. Mais en
gagnant de ce côté-là, je vais faire voir que l'on perd beaucoup
à d'autres égards.

Pour comprendre qu'il n'eft point indifférent de fcier les
arbres fuivant leur diametre , ni même dans toutes fortes de directions , il faut faire attention, qu'après qu'ils ont été carte-
lés, l'on apperçoit fur certaines planches de Chêne , des taches
brillantes , qui reffemblent affez à la couche intérieure d'un
noyau de pêche. Comme ces taches font brillantes , quelques
perfonnes les ont nommées *Miroirs*; à Paris, on les appelle
plus à propos *Mailles* ; & l'on eftime les bois qui en portent
beaucoup, fur-tout ceux dont on fait les panneaux de menuiferie, parce qu'ils fe retirent moins que les autres , & qu'ils
font peu fujets à fe tourmenter & à fe fendre.

Refte à favoir d'où dépendent ces taches brillantes qu'on
nomme *les mailles*. Si l'on s'adreffe aux Menuifiers , la plupart
diront que c'eft la nature de certains bois ; & en effet il fe
trouve des planches qui ont beaucoup de mailles, & d'autres
qui n'en ont prefque point. Je ne nie pas qu'il y a des bois qui
ont effentiellement plus de mailles que d'autres, mais il eft certain que, fuivant la façon de les refendre, on peut faire paroître
beaucoup ou peu de mailles. Je me fuis affuré de ce fait par des
expériences exactes ; & pour rendre clairement ma penfée ,
je renvoie à la *Figure 1 de la Planche XXXVI*, qui repréfente
l'aire de la coupe d'un rondin de Chêne. On y apperçoit des
cercles concentriques qui fe montrent fur la cartelle *E F*; on
y voit outre cela des rayons qui s'étendent du centre à la circonférence : ces rayons que Grew a nommés *infertions* , font
des prolongements du tiffu cellulaire ou véficulaire. Ce font les

cercles concentriques, qui marquent fur les planches les traces qu'on voit en *B* (*Figure* 2.) ; & ce font les lignes rayonnées qui font les mailles ou marques brillantes qu'on voit en *A*, (*même figure*). Il s'enfuit que quand on refend un arbre par fon diametre, c'eft-à-dire, parallélement à la ligne *C D* (*Fig.* 1), comme on fcie ordinairement les planches de Sapin, on apperçoit fur leur plat des traces femblables à *B* (*Fig.* 2), & que ces traces feront d'autant plus larges, que les planches approcheront plus de la circonférence *F* (*Fig.* 1), principalement, parce que les traits de la fcie font prefque paralleles aux couches annuelles; & que comme elles font coupées très-obliquement, elles fe montrent plus larges.

Il en fera autrement fi l'on refend la cartelle *A* (*Fig.* 1); fuivant la direction *A A*, ou fuivant des rayons qui s'étendroient du centre à la circonférence; car on y appercevra quantité de mailles, comme en *A* (*Fig.* 2), parce qu'alors on divife le bois fuivant la direction des infertions, ainfi que les appelle Grew; & comme par cette méthode on coupe la plupart de ces infertions très-obliquement, les mailles fe montrent fort larges & en grande quantité : on en voit beaucoup fur le merrain qui eft toujours refendu dans le fens du centre à la circonférence, c'eft-à-dire, felon la direction de ces infertions; c'eft ce qu'on appelle refendre les bois à la maille; & c'eft de cette maniere qu'on débite en Hollande les bois pour la Menuiferie.

Si, comme le pratiquent les Scieurs de long dans nos forêts, on fcie les bois fuivant la direction *B B* & *G G* (*Fig.* 1), on appercevra quantité de mailles fur les planches qui feront levées du côté *B B*, & fort peu fur celles qui le feront du côté *G G*; parce que dans celles-ci les traits ont été dirigés prefque perpendiculairement aux infertions, au lieu que pour les planches *B B*, les traits ont coupé les infertions fort obliquement. Et fi l'on refend une cartelle, comme nous l'avons fait à deffein, fuivant la direction *H H* (*Fig.* 1), on n'appercevra point de mailles.

Tout ce que je dis ici, je l'ai très-exactement vérifié : j'ai fait refendre une groffe piece de Chêne dans toutes les directions qui sont marquées sur la *Figure 1*. J'ai apperçu quantité de mailles sur les planches levées, suivant la direction marquée à la cartelle *A A* ; il y en avoit aussi sur les planches *B B*, très-peu & même point sur les planches *G G*, & aucune sur les planches de la cartelle *H H*.

Ces observations qui prouvent que l'abondance des mailles dépend de la direction qu'on donne au trait de la scie, sont dans certains cas fort importantes ; car les planches qui ont beaucoup de mailles ne se gersent & ne se tourmentent presque pas ; au lieu que celles qui n'en ont point, se tourmentent & se couvrent d'une infinité de petites fentes d'un tiers de ligne d'ouverture ; ce qui est très-désagréable pour les ouvrages de menuiserie, & particuliérement dans les bois des panneaux. J'ai vérifié toutes ces choses dans le Chantier de M. Moreau, Marchand de bois, Fauxbourg S. Antoine, qui fait débiter une grande quantité de bois pour la menuiserie.

On porte en Hollande beaucoup de bois de Lorraine & des rives du Rhin, fendus en cartelles, comme pour en faire du bois de fente. Les Hollandois, à l'aide de leurs moulins à scies construits avec beaucoup de précision, refendent ces bois sur la maille, comme en *A A* (*Figure 1*) ; ils savent tirer parti du prisme triangulaire du bois qui se trouve au centre, & mettre tout à profit. Ces bois ainsi refendus sont les meilleurs de tous pour faire les panneaux des belles menuiseries ; au lieu que les bois des Vauges qui ne sont presque jamais refendus sur la maille, ne font pas à beaucoup près d'aussi bon & bel ouvrage, Je ne pense pas cependant qu'il soit également avantageux de débiter toutes sortes de bois sur la maille ; car, en conséquence de ce que j'ai démontré, en parlant, dans le Livre précédent, du travail des Fendeurs, que tous les bois ont une grande disposition à se fendre suivant la direction des insertions, & qu'ils s'éclatent naturellement suivant celle de la maille ; il me paroît clair qu'une mortaise que l'on feroit dans un battant refendu, suivant la direction de la maille du bois, doit être plus exposée à s'éclater, que celle qui seroit faite dans un battant refendu dans un autre sens.

Il

Il n'eſt gueres poſſible de prêter cette attention à l'égard des bois qu'on refend à la ſcie pour les pieces de charpente, telles que les chevrons, les ſolives, &c, non plus que pour celles qui ſont deſtinées aux conſtructions de la Marine, *précintes*, bordages, *vaigres*, &c.

J'ai ſeulement dit, & je le répete, que dans beaucoup de cas il ſeroit très-avantageux de lever dans le milieu des plançons deſtinés pour des bordages, une tranche telle que *A B* (*Pl. XXXIV. fig. 8*), afin que le cœur du bois qui, dans les groſſes pieces, a très-ſouvent contracté un commencement d'altération, ne ſe trouvât pas dans les bordages ou précintes *C C*, *D D*; & qu'il ſeroit ſouvent plus à propos de refendre les pieces preſque rondes & ſans être équarries, comme le repréſente la *Figure 6, Planche XXXIV*, pour y lever de larges planches de *L* en *M*; & pour ſe procurer dans les parties *I* & *K*, des planches & des membrures dont on pourroit tirer un très-bon parti, au lieu qu'en ſuivant l'uſage ordinaire, on paſſe beaucoup de temps à réduire ces parties en copeaux.

Enfin on ſe ſouviendra que j'ai fait voir combien il étoit avantageux, ſi l'on veut prévenir que les bois ne ſe fendent, de refendre dans les forêts mêmes les pieces à la ſcie, long-temps avant qu'elles ſe ſoient deſſéchées.

Article III. *Echantillon du Bois de ſciage, tant pour la Charpenterie, que pour la Menuiſerie.*

Quand on débite les bois dans les forêts, & qu'on les deſtine à quelque ouvrage projetté, on peut, pour éviter la perte du bois, ſe conformer aux états que fourniſſent les Charpentiers ou les Menuiſiers; mais comme on ſe trouve rarement dans ce cas, les Marchands font débiter leurs bois ſuivant les dimenſions conformes aux uſages les plus ordinaires, afin d'aſſortir leurs Chantiers de bois qui puiſſent ſatisfaire aux demandes des uns & des autres. Je crois devoir placer ici des états qui puiſſent mettre les Marchands en état de garnir leurs Chantiers de bois bien aſſortis.

P p p p

§. 1. *Bois de sciage pour la Charpenterie.*

1°, Les *contre - lattes* qu'on met sur les combles d'ardoise entre les chevrons, doivent avoir un demi·pouce d'épaisseur, sur 4 à 5 pouces de largeur.

2°, Les *chanlattes* qui servent à former les égouts, doivent être fendues en biseau (*Pl. XXXV. fig. 8*), c'est-à-dire, suivant la diagonale d'une piece quarrée : elles doivent avoir 5 pouces de largeur, 9 lignes d'épaisseur sur un bord, & venir en tranchant sur l'autre.

3°, Les *chevrons* ordinaires qui servent à la couverture des bâtiments, se débitent de 3 & 4 pouces en quarré ; ils doivent être francs d'aubier, & avoir peu de nœuds : il s'en fait aussi de 4 pouces d'équarrissage qu'on peut employer à plusieurs ouvrages.

4°, Les *poteaux* : ils ont ordinairement 4 & 6 pouces d'équarrissage ; ils servent à faire du colombage aux pans de bois des cloisons , &c.

5°, Les *solives* de sciage ont ordinairement 5 & 7 pouces en quarré : à l'égard des solives de brin, nous en avons parlé plus haut.

6°, Les *limons d'escalier* & les *battants de porte cochere* se débitent de plusieurs largeurs & épaisseurs : savoir de 3 & 6 pouces ; de 4 & 8 ; de 4 & 9 ; de 4 & 10 ; de 5 & 10 ; de 5 & 12, &c, sur 12 jusqu'à 18 pieds de longueur.

7°, On prend les *gouttieres* dans des pieces bien droites de 8 & 9 pouces d'équarrissage que l'on fait scier en deux diagonalement, c'est-à-dire, d'angle en angle ; le sciage fait le dessus de la gouttiere ; on le creuse & on laisse un bon pouce d'épaisseur en tout sens : il faut conserver ces pieces à couvert, si l'on veut qu'elles ne se fendent point.

8°, Les longueurs ordinaires des bois de sciage pour la charpente sont 6, 12, 18 ou 21 pieds.

Quoique les bois que je viens de nommer, soient débités principalement pour les ouvrages de charpente, les Menuisiers ne laiffent pas d'en acheter pour les employer, foit dans leur entier, foit pour les refendre de nouveau; comme il arrive auffi que les Charpentiers emploient quelquefois des bois qui ont *été* débités pour les Menuifiers.

§. 2. *Bois de fciage pour la Menuiferie.*

1°, On débite deux efpeces de *membrures* pour la menuiferie : les unes ont 3 pouces d'épaiffeur fur 6 de largeur ; les autres ont un pouce & un quart d'épaiffeur fur 12 de largeur: la longueur des unes & des autres eft de 6, 9, 12, ou 15 pieds.

2°, Les *planches* font de différente épaiffeur : celles qu'on nomme *entrevoux*, parce qu'elles fervent communément à remplir l'entre-deux des folives, ont 9 lignes d'épaiffeur & 9 pouces de largeur.

3°, Les planches pour les ouvrages courants, ont 13 lignes d'épaiffeur, franc du trait, fur un pied de largeur; & quand elles font feches, elles fervent à faire les planchers.

4°, On débite d'autres planches de 18 lignes d'épaiffeur fur 11 pouces de largeur : on emploie communément celles-ci à faire les bâtis, & des cuves pour la vendange.

5°, On refend encore des planches de 2 pouces d'épaiffeur, & auffi larges que la groffeur d'un arbre peut le permettre : on s'en fert pour les bâtis des lambris à double parement, les dormants des croifées, les trappes, &c.

6°, On refend de la *voliche* de Chêne d'un demi-pouce d'épaiffeur qui s'emploie aux panneaux de menuiferie, & au revêtement des moulins à vent.

La voliche d'Orme s'emploie par les Charrons pour les fonds des charrettes, pour les tombereaux, les brouettes : la voliche de bois blanc fert aux Menuifiers à faire des enfonçures d'armoire: les Layetiers en font des caiffes d'emballage & plufieurs autres menus ouvrages.

7°, On refend encore à la fcie des *plateaux* d'Orme & de Hêtre de 4 ou 5 pouces d'épaiffeur, dont on fait les établis des Menuifiers, les tables de cuifine, les étaux de Bouchers &

de Chandeliers, les coquilles & les *liffoires* des équipages, *&c.*

8°, On débite dans le Noyer, l'Erable, le Hêtre, & même le Chêne, des madriers de 2 pouces & demi à 3 pouces d'épaiffeur, fur 5 à 6 pouces de largeur, pour faire des meubles & des montures de fufil (*Pl. XXXV. fig. 9*). Au refte, le Noyer, le Hêtre, l'Erable fe débitent auffi en planches & en voliches, de différentes épaiffeurs.

On débite pour Paris le bois de Hêtre en poteaux de quatre pouces quarrés, depuis 6 jufqu'à 10 pieds de longueur; en membrures qui ont deux pouces une ligne d'épaiffeur, franc fcié, depuis 6 jufqu'à 8 pouces de largeur, fur 6, 9, 12 pieds de longueur; enfin en planches de 13 lignes d'épaiffeur, franc du trait, 11 à 12 pouces de largeur, fur 6, 9, 12 pieds de longueur.

Il n'eft pas inutile de mettre ici l'état des bois de Menuiferie, tels qu'on les trouve dans les Chantiers de Paris.

§. 3. *Bois de Chêne & de Sapin, de fciage, qu'on trouve le plus ordinairement dans les Chantiers des Marchands de Paris.*

On diftingue à Paris les bois de fciage, en *Bois François* & *Bois étrangers.*

Les *Bois François* fe tirent communément des forêts de Champagne, du Bourbonois & de la Bourgogne : ces bois affez ruftiques, s'emploient ordinairement pour les ouvrages folides & expofés aux injures de l'air.

Les bois de la forêt de Fontainebleau font plus tendres, plus aifés à travailler & plus beaux; on en feroit de très-belle menuiferie, fi on les refendoit fur la maille; mais ils ne durent qu'autant qu'ils ne font point expofés aux injures de l'air.

Les *Bois réputés étrangers*, fe tirent des forêts de Vauge en Lorraine. Si ces bois étoient débités fur la maille, ils feroient excellents pour faire les plus belles menuiferies, car ils font tendres, d'un grain uniforme; ils ont encore moins de nœuds & de malandres que ceux de la forêt de Fontainebleau : ils font prefque toujours francs d'aubier, & ils ne fe déjettent ni ne fe tourmentent point.

Il vient encore à Paris des planches minces, qu'on nomme *Bois de Hollande* : on en fait les panneaux des beaux lambris. Ces bois, comme nous l'avons déja dit, font tirés des forêts voifines du Rhin & de la Lorraine, par les Hollandois qui les refendent avec leurs moulins à fcie : la fupériorité de ces bois fur ceux du pays de Vauge, confifte en ce qu'ils font refendus très-réguliérement, & prefque tous fur la maille. Pour donner une idée de la précifion avec laquelle les moulins à fcie de Hollande refendent les bois, il fuffira de dire que j'ai vu dans le Chantier de M. Moreau, Marchand de bois, des tringles refendues en Hollande pour faire du treillage, dont cent de ces tringles réunies, ne faifoient qu'un folide de 2 pouces un quart de largeur fur 2 pouces & demi d'épaiffeur.

On apporte encore de Lorraine du merrain de fente, qu'on nomme *Courfon*, & qui eft affez grand pour faire les petits panneaux de Menuiferie.

On trouve communément dans les Chantiers, en bois de France : 1°, des battants de portes cocheres, qui ont 3, 4 ou 5 pouces d'épaiffeur fur 6, & jufqu'à 10 pouces de largeur, & depuis 12 jufqu'à 15 pieds de longueur : ce font-là les plus grandes pieces que les Menuifiers emploient ordinairement.

2°, Des membrures, dont les unes ont 6 pouces de largeur fur 3 d'épaiffeur; d'autres 11 pouces de largeur fur 2 pouces & un quart d'épaiffeur.

3°, Des planches qui portent ordinairement 21 lignes d'épaiffeur, mais qui paffent pour un pouce & demi; leur largeur eft de 8 pouces.

4°, Des planches dites d'un pouce d'épaiffeur, & qui portent cependant jufqu'à 15 lignes : elles ont 9 à 10 pouces de largeur.

La longueur de toutes ces planches, eft de 6, 9, 12 ou 15 pieds.

Le prix des bois de France eft, favoir, ceux de Champagne & du Bourbonnois, 110 à 115 livres le cent de toifes courantes, réduites à un pouce d'épaisseur; par conséquent 50 toises courantes de planches de deux pouces d'épaisseur, font un cent de toises; mais il faut cent toises courantes de planches d'un pouce & demi, pour faire le cent ordinaire de toises, à cause de leur peu de largeur.

Le bois de Fontainebleau se vend, depuis 120 jusqu'à 130 livres, le cent de toises.

Le bois que l'on amene de Vauge & de Lorraine est exacte-ment échantillonné : il se vend au cent de toises réduites à 10 pouces de largeur sur un pouce d'épaisseur : il faut 66 toises deux tiers courantes de planches, pour faire le cent de toises, lorsque les planches ont 15 lignes d'épaisseur sur 7 pouces de largeur; de sorte que chaque toise, dont le cent fait ce qu'on nomme le cent de bois de Vauge, est composée de 720 pou-ces-cubes.

Le bois de Hollande n'est pas exactement échantillonné quant à la largeur; mais la longueur est exactement de 9 ou 12 pieds, &c; en conséquence, comme les planches qui pas-sent pour avoir 6 pouces de largeur, en ont quelquefois sept, & d'autres fois cinq seulement, on forme les lots à moitié de planches larges, & moitié de planches étroites, de sorte que ce bois réduit comme celui de Vauge, à 10 pouces de lar-geur sur un pouce d'épaisseur, se vend 170 livres le cent de toises.

Les bois de Sapin qu'on vend à Paris, se tirent ordinairement d'Auvergne & de Lorraine : les premiers sont moins beaux, débités d'inégale épaisseur, percés de trous, & remplis de nœuds.

Les bois de sapin de Lorraine ont moins de nœuds; & ils sont en général mieux travaillés. Ceux-ci sont débités en plan-ches de 12 pieds de longueur sur 9 à 10 pouces de largeur, & un pouce d'épaisseur.

On en trouve aussi de 12 pouces de largeur sur 10 à 11 lignes d'épaisseur; & quoique ces planches n'aient que 10 à 11 pieds de longueur, elles passent pour deux toises à cause de leur largeur : ces deux sortes se vendent 130 livres le cent de planches.

Il y en a encore qui ont 12 pouces de largeur, 15 lignes d'épaisseur, & 12 pieds de longueur : on les vend 200 livres le cent de planches.

Les planches qu'on nomme *Feuillets*, ont 8 pouces de largeur, 7 lignes d'épaisseur, 11 pieds de longueur : elles se vendent 80 livres le cent.

Les planches d'Auvergne ont 12 pieds de longueur, 12 pouces de largeur, 15 lignes d'épaisseur; enfin la voliche a 6 pieds de longueur, 9 pouces de largeur, & 6 lignes d'épaisseur : elle se vend 40 livres le cent.

§.4. *Des Bois de sciage qu'on emploie pour la Marine.*

1°, Les *bordages* qui sont des planches épaisses qu'on cloue sur les membres & sur les ponts pour empêcher l'eau d'entrer dans les vaisseaux, ne peuvent jamais être ni trop larges ni trop longs. Leur épaisseur varie suivant le rang des Vaisseaux, & encore suivant la place où on les met; car dans un même Vaisseau il y a des bordages de plusieurs épaisseurs différentes, depuis 2 pouces jusqu'à 5 : au haut des œuvres-mortes, & sur les ponts, on emploie des bordages de Pin.

2°, Les *vaigres* qui sont les bordages intérieurs qui revêtent le dedans des Vaisseaux : leur épaisseur varie comme celle des bordages; ce sont de vrais bordages placés en dedans des Vaisseaux; mais comme on ne les calfate point, les fentes ou quelques autres défauts ne leur causent aucun préjudice.

3°, Les *précintes* sont de forts bordages plus larges & une fois plus épais que les précédents : cette épaisseur varie depuis 3 pouces jusqu'à 9.

4°, Les *serre-bauquieres*, les *serre-gouttieres*, &c, sont des pieces à peu-près semblables aux précintes; mais on les emploie dans l'intérieur des Bâtiments.

5°, Les *iloirs* sont des pieces pareilles aux précintes; on les place sur les ponts, dans le sens de la longueur du Vaisseau.

6°, Les *épontilles* sont des bois quarrés qui étaient & fortifient les baux & les barrots : celles de la cale sont de brin,

& fimplement équarris ; celles des entre-ponts & du deffous des gaillards, font ordinairement de Pin refendu en chevrons, de 2 pouces & demi, 3 ou 4 pouces d'équarriffage.

7°, Les *planches* pour border les foutes & faire les emména-gements, varient d'épaiffeur depuis 1 pouce jufqu'à 2 pouces & demi : elles font toujours de Sapin.

Je paffe légérement fur tous ces articles, parce qu'on trou-ve les dimenfions exactes de tous les bois de fciage, au com-mencement de mon *Architecture Navale*.

Je ne parle point ici des bois de fciage pour le Charronnage, & pour l'Artillerie. On peut confulter ce que j'en ai dit au Cha-pitre précédent à l'occafion des bois en grume.

Il y a beaucoup d'économie à fe fervir de moulins à fcie pour débiter les bois ; mais comme nos moulins font groffié-rement conftruits, ils confomment beaucoup de bois par la lar-geur du trait, & il n'eft pas poffible de tirer dix planches d'un pouce d'une piece qui porte un pied de largeur : il feroit très-poffible d'en établir d'auffi parfaits que ceux de Hollande.

J'ai dit qu'on faifoit des vifites & des martelages dans les forêts, pour marquer fur pied les arbres propres à être em-ployés pour de grandes conftructions ; mais en faifant le détail des attentions qu'il falloit apporter pour bien faire ces fortes de vifites, j'ai averti qu'il n'étoit pas poffible de porter un ju-gement auffi certain fur les bonnes ou les mauvaifes qualités du bois quand les arbres font fur pied, qu'après qu'ils ont été abattus, débités, & en partie defféchés.

Comme on envoie quelquefois dans les forêts qu'on exploite, des Charpentiers, ou autres gens connoiffeurs pour faire choix, marquer & retenir les bois dont on prévoit avoir befoin pour de grandes entreprifes ; je vais donner en leur faveur le détail de ce qu'il eft néceffaire qu'ils obfervent pour bien faire ces fortes de vifites.

CHAPITRE

CHAPITRE V.

Exposition des défauts les plus considérables qui doivent faire rebuter les Arbres abattus.

LES signes que j'ai indiqués ci-devant (*Livre III*). pour con-noître, à la seule inspection des arbres sur pied, les défauts qui doivent les rendre suspects, ne sont pas aussi certains que ceux par lesquels on les peut découvrir, en examinant le bois même, après que les arbres ont été abattus & en partie débités : les défauts qu'on découvre alors, sont ; 1°, d'être *roulis* ou *roulés* ; 2°, d'être *cadranés* & ouverts dans le cœur ; 3°, d'être *gélifs* ; 4°, d'être *gras & roux* ; 5°, d'avoir un *double aubier*, & le bois de différente couleur, ou *vergeté*. Je vais parler de ces défauts dans autant d'articles particuliers ; mais je dois avertir qu'ils de-viennent plus sensibles à mesure que les arbres sont plus secs , & que plusieurs de ces défauts sont très-difficiles à reconnoître quand les arbres sont récemment abattus , & encore remplis de feve, ou quand on les retire de l'eau.

ARTICLE I. *De la Roulure.*

ON dit qu'un arbre est *roulis* ou *roulé*, quand il se trouve une fente ou une solution de continuité qui suit la direction des couches annuelles (*Pl. XXXV. fig.* 10) ; c'est-à-dire, quand il y a , dans l'intérieur d'un arbre , des cercles concentriques qui ne font pas unis & adhérants les uns aux autres. Quelquefois ces fentes ne sont presque pas apparentes dans les arbres pleins de feve ; mais elles s'ouvrent à mesure que les arbres se desse-chent ; & alors on remarque qu'elles n'ont assez souvent que quelques pouces d'étendue, comme en *a* (*Figure* 10) ; mais souvent elles en ont davantage ; elles s'étendent quelquefois dans toute la circonférence de l'arbre , comme en *b* ; ensorte qu'on est surpris de voir une couronne de bois vif qui entoure un noyau de bois mort qu'on peut faire fortir à coups de maffe, & alors il ne refte plus qu'un tuyau de bois vif : quand la roulure ne s'étend pas dans toute la circonférence, le noyau de bois ainfi renfermé par la roulure, fe trouve être d'un bois vif ; mais quand ce bois eft mort, on le trouve quelquefois pourri, & d'autres fois très-fain & très-dur.

On juge bien, fans qu'il foit néceffaire de le dire, que la roulure endommage d'autant plus une piece de bois qu'elle a plus d'étendue, & qu'elle eft plus ouverte ; mais dans tous les cas elle forme un grand défaut ; non-feulement parce qu'elle augmente à mefure que le bois fe deffeche ; mais encore parce que quand on vient à refendre à la fcie un arbre roulé, les morceaux fe féparent, & il ne refte plus que des éclats. Ce dé-faut tire moins à conféquence quand on emploie les arbres dans leur entier ; mais dans ce cas-là même, la roulure eft un vice effentiel ; car l'eau & la feve qui s'amaffent dans ces fen-tes, y forment un germe de pourriture ; d'ailleurs fi la rou-lure a beaucoup d'étendue, la piece en devient confidérable-ment plus foible.

Quand on veut employer ces arbres à faire de la fente, on peut quelquefois en tirer un parti avantageux ; cela dépend du point où la roulure fe trouve placée, & de l'adreffe du Fen-deur qui faura tirer des lattes, des échalas, & quelquefois du merrain, du bois qui fe trouve, foit dans l'intérieur, foit à l'extérieur de la roulure.

Plufieurs caufes peuvent occafionner la roulure : d'abord il faut fe rappeller que nous avons déja dit que les couches ligneufes fe forment entre l'écorce & le bois, & que dans leur naiffance elles font très-tendres : or, il eft fenfible que lorfque le vent agite & plie en différents fens les jeunes arbres, leur écorce, qui n'eft prefque pas adhérente au bois, peut s'en féparer dans quelques points, fur-tout quand les arbres font en feve & chargés de leurs feuilles : en Hiver le poids du givre peut produire le même effet malgré l'adhérence de l'écorce au bois ; comme il eft prouvé que l'écorce ne fe réunit jamais au bois quand elle en a été une fois détachée, il refte toujours une folution de continuité qui fépare les couches annuelles en tout ou en partie, suivant que la défunion de l'écorce d'avec le bois aura été plus ou moins confidérable. L'écorce peut dans certains cas produire des couches ligneufes; c'eſt pourquoi la féparation de l'écorce d'avec le bois, quand même elle fe feroit dans toute la circonférence, ne feroit pas fuivie de la mort de l'arbre : on obferve qu'alors il fe forme de nouvelles couches ligneufes qui l'aident à fubfiſter; mais ces couches ligneufes reſtent toujours féparées des anciennes, & c'eſt cette folution de continuité qu'on nomme *roulure*. Ce défaut peut encore être produit; 1°, par les voitures dont les moyeux endommagent l'écorce, 2°, par les animaux qui fe frottent contre le tronc des jeunes arbres, ou qui en entament l'écorce avec leurs dents; ces accidents produifent des roulures partielles; 3°, par les copeaux d'écorce que les Officiers des Eaux & Forêts enlevent, pour frapper l'empreinte de leur marteau fur le corps des arbres de réferve : il eſt vrai que ces plaies fe recouvrent par la fuite; mais le bois qui fe forme en ces endroits, ne peut plus s'unir parfaitement avec l'ancien, & il reſte dans l'intérieur de l'arbre une roulure ou une gélivure, qui n'a pas à la vérité beaucoup d'étendue; 4°, par cette même raifon, les chancres guéris & recouverts de nouveau bois & d'écorce, forment un femblable défaut, mais plus préjudiciable à l'arbre, parce qu'ordinairement le bois qui fe recouvre eſt un bois déja carié; 5°, une des plus dangereufes roulures, eſt celle occafionnée par une féparation de l'écorce d'avec le bois, qui eſt produite par une furabondance des fucs qui doivent former les nouvelles couches ligneufes. Quand cet accident ne fait pas périr l'arbre, il fait au moins contraĉter à l'ancien bois un commencement de pourriture qui ne fe répare jamais. J'ai vu des têtards de Saule qui avoient 3, 4 ou 5 roulures (*Pl. XXXV. figure 11*); c'eſt-à-dire, prefque autant que le nombre de fois qu'ils avoient été étêtés. En un mot, tout ce qui peut occafionner la féparation de l'écorce d'avec le bois, ou la défunion des couches ligneufes, produit la roulure; c'eſt pour cela que les arbres ifolés, les baliveaux élevés dans un taillis, & qui fe trouvent par la fuite & après les taillis abattus, expofés aux vents & aux injures de l'air, font plus fujets à être roulés, que ceux qui

Q q q q ij

ont été élevés dans un maffif de bois ; & encore que ceux qui ont toujours refté expofés en plein air.

J'ai occafionné artificiellement des roulures , en détachant l'écorce du tronc d'un arbre , & en la remettant fur le champ en fa place ; ce morceau d'écorce ainfi replacé , s'eft greffé avec *celle* qui étoit reftée adhérente au bois ; il s'eft formé d'épaiffes couches ligneufes ; mais à l'endroit où l'écorce avoit été féparée du bois , il eft refté une folution de continuité , autrement dit une roulure.

Article II. *De la Gélivure.*

On appelle *Gélivure* toute fente qui s'étend du centre du tronc d'un arbre à la circonférence, comme en *a b* (*Pl. XXXV. fig. 1 2*) ; quelle que foit la caufe qui la produife. Cette dénomination vient de ce que les fortes gelées font quelquefois fendre les gros arbres ; ces fentes à la vérité fe recouvrent enfuite par de nouvelles couches ligneufes;mais comme les fibres ligneufes qui ont été féparées par accident les unes des autres, ne fe réuniffent jamais, il refte dans l'arbre une fente, qu'on nomme *gélivure,* parce que, comme je viens de le dire, elle eft ordinairement occafionnée par la gelée.On a enfuite étendu ce terme; & on a nommé *gélivures* , toutes fortes de fentes qui fe trouvent dans le bois ; mais on n'y comprend pas celles qui font une féparation des couches annuelles. Ainfi une plaie recouverte , une groffe branche coupée, dont la fection a été recouverte par un nouveau bois ; les fentes qu'occafionnent les coups de tonnerre , font nommés des *gélivures,* comme fi elles réfultoient de l'effet des fortes gelées : les *revêtures* qui font des plaies recouvertes , font des gélivures quelquefois très-confidérables.

Je foupçonne qu'il y a encore des gélivures formées par une trop grande abondance de la feve. Des perfonnes dignes de foi m'ont affuré avoir vu fortir d'un Tilleul un jet de feve par une fente qui s'étoit faite fubitement à l'écorce du tronc , & avec un bruit auffi éclatant qu'un coup de piftolet, & que cet écoulement avoit duré pendant plufieurs minutes. J'ai occafionné quelques gélivures dans le corps des jeunes arbres , en les ployant , & en les forçant beaucoup, & de la même maniere que pourroit faire un grand vent, ou un poids très-confidérable de givre.

Il eſt ſenſible que ces fentes intérieures qui s'ouvrent quand les arbres ſe deſſéchent, forment des défauts d'autant plus con-fidérables qu'elles ont plus d'étendue ; & qu'elles font bien plus nuiſibles aux pieces qu'on deſtine au ſciage & à certains ouvrages de fente, qu'à celles qu'on doit employer dans toute leur groſſeur, ou qu'on deſtine à être fendues & débitées en petites pieces.

On pourra prendre aiſément l'idée des différentes cauſes de la gélivure, lorſqu'on ſera perſuadé, comme nous l'avons dé-montré dans la *Phyſique des Arbres* (Partie II. pag. 50), que les fibres ligneuſes ne ſe réuniſſent jamais lorſqu'une fois elles ont été ſéparées : c'eſt ainſi qu'en pliant bien fort de jeunes arbres, dont je voulois rompre une partie du corps ligneux, j'occaſionnois dans leur intérieur des roulures & des géli-vures que j'ai retrouvé quelques années après, quoique les plaies extérieures euſſent été parfaitement cicatriſées.

Il arrive aſſez ſouvent que la roulure & la gélivure ſe trou-vent réunies dans un même corps d'arbre.

Article III. *De la Cadranure.*

La cadranure eſt une gélivure dans le cœur d'un arbre ; comme les fentes qu'elle occaſionne, ſe croiſent & ſemblent former les lignes horaires d'un cadran (*Pl. XXXV. fig. 13*); cela lui a fait donner le nom de *Cadranure* : il eſt bon de diſtin-guer cet accident de la gélivure, parce qu'il provient d'une toute autre cauſe. La cadranure ne ſe rencontre que dans les gros & vieux arbres : elle provient de l'altération du bois du cœur dans les arbres qui ſont en retour. Il faut que cette alté-ration ſoit pouſſée à un point extrême, pour que la cadranure ſe manifeſte dans les arbres encore remplis de ſeve : elle ne ſe déclare ordinairement que quand ils ſont en partie deſſéchés ; & aſſez ſouvent un arbre ſe trouve cadrané par le bout qui répondoit aux racines, pendant qu'il ne l'eſt pas au bout op-poſé d'où partoient les branches. Ce défaut eſt plus redouta-

ble que la gélivure, parce qu'il défigne une altération , &
même un commencement de pourriture dans le bois du cœur,
comme nous l'avons prouvé en parlant de l'âge des arbres.
Au refte, il ne faut prêter aucune attention à certaines fentes
qui s'apperçoivent au cœur d'un arbre , quand elles ne font
pas plus confidérables que celles qu'on voit répandues dans le
refte de l'aire de la coupe : la cadranure occafionne des fentes
beaucoup plus ouvertes que celles-là.

On peut fouvent employer en bois de fente les arbres cadranés, parce qu'en retranchant le cœur, on emporte le mauvais bois qui fe trouve toujours au centre.

ARTICLE IV. *Du double Aubier.*

LES arbres venus dans des terreins maigres & fecs, font
auffi fujets à avoir un double aubier ; c'eft-à-dire, une couronne de bois tendre & imparfait *a* (*Fig. 14*), qui environne
le cœur *d*, ou centre d'un arbre. On trouve au-deffus de ce
bois tendre une couronne de bon bois *c*, & enfin l'aubier ordinaire *b*. Ce défaut eft effentiel, & fait qu'un pareil arbre n'eft
pas même bon à être employé en entier; parce que le double
aubier, qui eft fouvent de plus mauvaife qualité que le vrai
aubier, tombe bien-tôt en pourriture; & à plus forte raifon,
les arbres attaqués de cette maladie, ne font point propres à
être débités en bois de fciage ou de fente.

J'ai trouvé des arbres qui avoient deux aubiers féparés l'un
de l'autre par une couronne de bois de bonne qualité, & qui
me paroiffoit à peu-près femblable à celui du centre que l'aubier intérieur recouvroit. J'ai voulu reconnoître de quelle qualité pouvoit être ce faux aubier & le bois des arbres fujets
à ce défaut ; pour cet effet, je fis tailler quatre morceaux de
ce bois en parallélipipedes & d'égale pefanteur; le premier
morceau étoit du bois du centre ; le fecond, du bois qui envi-
ronnoit l'aubier extraordinaire; le troifieme, d'aubier ordinaire;
& le quatrieme de cet aubier accidentel, ou bois blanc qui envi-
ronnoit le bois du centre : les ayant enfuite pefés dans l'eau,
j'ai remarqué que le morceau de bois blanc *a* (*Fig. 14*), étoit

de beaucoup plus léger que les autres *b, c, d*, & même quelquefois plus que l'aubier ordinaire *b*; comme ce morceau avoit été
taillé d'un plus gros volume que les autres, pour pouvoir
égaler leur poids, & comme il avoit de grands pores, il s'é-
toit chargé de beaucoup plus d'eau que les autres morceaux.
Voici la proportion dans laquelle ces morceaux se sont chargés d'eau :

EXPÉRIENCE.

AVRIL le matin.	Le Bois du centre (d) pesoit,	Le Bois (c) au-des-sus de l'aubier ac-cidentel (a) pesoit,	L'Aubier ordinaire (b) pesoit,	L'Aubier accidentel (a) pesoit,
Avant que d'avoir été mis dans l'eau.				
20	749^{grains}	749	749	749
Après avoir été tous plongés au même instant dans l'eau.				
21	763½	763½	819	950
22	779	779	831	974½
23	788½	788½	837	993
24	797	796	833	1001½
25	801½	802½	832	1009
26	808	807½	834½	1011½
27	813½	811½	840	1025
28	818	820½	847	1036
29	820½	822	837½	1032
30	827	826	838	1038
5 MAI	841	837½	847½	1047½
9	847½	844	836½	1046
17	859½	855½	840	1057
25	875½	866	855½	1076
2 JUIN	880	870	840	1070
10	892	877	869	1097
18	893	877½	846	1085
6 JUILLET	907	884½	897	1117
26	919	886	922	1137
26 AOUST	924½	885	888½	1137
26 SEPTEMB.	930	887	880	1127
26 OCTOBRE	935½	892	948½	1168

Cette expérience fait connoître combien la subflance du double aubier eft rare, & combien fes pores font grands par la quantité d'eau qui, après avoir pris la place de l'air, a donné à ce morceau de bois une augmentation confidérable de poids. Si j'avois continué cette expérience jufqu'à la parfaite imbibition, le bois du cœur feroit devenu le plus pefant, comme il arrive en bien des circonftances, proportionnellement néanmoins au volume de l'un & de l'autre ; car ce morceau de double aubier dont la fubftance étoit beaucoup plus légere, avoit été taillé plus gros que celui du centre, afin qu'il pût égaler fon poids.

Le double aubier eft produit par une maladie qui attaque les arbres, & qui fe guérit au bout d'un certain temps ; mais pendant que cette maladie fubfifte, elle caufe une altération confidérable dans toutes les couches ligneufes qui fe forment pendant que la maladie fubfifte ; de forte que cette couronne de bois vicieux dans fon origine, ne peut jamais fe rétablir, quoique cette partie ne foit pas morte. Cette maladie peut être occafionnée par différentes caufes : je fuppofe, par exemple, que les racines aient à traverfer une très-mauvaife veine de terre, ou qu'elles aient été arrêtées dans leur progrès par quelque corps fort dur ; l'arbre reftera languiffant pendant plufieurs années, & tout le bois qui fe fera formé dans ce temps-là, aura fouffert de cette difette : en un mot, toutes les caufes un peu durables qui pourront influer fur la vigueur d'un arbre, & fe réparer enfuite, occafionneront le double aubier.

ARTICLE V. *De la Gélivure entrelardée.*

LA couronne de faux aubier s'étend rarement dans toute la circonférence d'un arbre ; elle n'en occupe quelquefois que le quart ou la cinquieme partie: affez fouvent on trouve cette portion de mauvais bois morte ; quelquefois même elle eft recouverte d'une écorce pareillement morte. C'eft-là ce que les Bûcherons appellent *Gélivure entrelardée* : il feroit plus exacte de la nommer une *Roulure entrelardée*. Comme ce défaut fe rencontre

contre particuliérement dans les bois plantés sur des côteaux exposés au Levant ou au Midi ; il est à présumer qu'il est occasionné, soit par la grande ardeur du soleil, qui a desséché l'écorce & l'aubier seulement du côté tourné à cette exposition, soit par le verglas dans le temps des grands froids de l'Hiver ; ce verglas aura endommagé l'écorce & l'aubier, mais seulement du côté exposé au soleil. Cette écorce & cet aubier morts auront été recouverts comme une plaie ordinaire ; mais quoiqu'enveloppés dans la suite par de bon bois, ils ne formeront pas moins un défaut considérable dans l'intérieur de l'arbre.

On pourroit regarder cette espece de gélivure comme un double aubier partiel, & cela est effectivement vrai, quand la portion viciée n'est pas morte ; mais comme elle est presque toujours défectueuse, j'ai cru devoir en faire une distinction particuliere & un article séparé.

ARTICLE VI. *De la différente couleur du Bois sur l'aire de la coupe.*

On n'est point surpris de voir l'aubier beaucoup plus blanc que le bois, parce qu'on sait que l'aubier est un bois imparfait, dont l'emploi est mauvais, & qu'il faut le retrancher dans les pieces que l'on destine aux ouvrages de quelque conséquence. Ainsi on ne tient compte de la grosseur d'un arbre qu'après avoir fait soustraction de l'aubier ; tout ce qu'on peut exiger, c'est que l'aubier ne soit pas trop épais. Je parle ici de certaines especes d'arbre dont l'aubier est apparent ; car il n'est presque pas sensible dans plusieurs autres especes de bois, au nombre desquels il faut comprendre les bois blancs, quoique dans les arbres de cette espece, le bois de la circonférence soit plus tendre & moins dense que celui du cœur. Mais cette différence de densité passe par des degrés insensibles ; au lieu que dans le Chêne, l'Orme & autres bois durs, il y a un passage subit de l'état d'aubier à celui du bois formé, dont il est difficile de trouver la raison.

En Provence, on estime le bois de Chêne lorsqu'il est de couleur jaune-clair, c'est-à-dire, couleur de paille : en Ponent, on fait cas de celui qui, quand on le travaille avec l'herminette, montre un petit œil couleur de rose, que l'on nomme dans le pays, *couleur de guigne* : je donnerois la préférence à celui couleur de paille : par-tout on augure mal des bois qui ont la couleur jaune foncé & terne, tirant sur le roux.

Dans les arbres bien conditionnés, l'aubier à part, le bois est d'une couleur assez uniforme, qui devient seulement un peu plus foncée à mesure qu'elle approche du cœur. Dans les arbres d'une qualité parfaite, cette différence est peu sensible, & la nuance n'est point interrompue ; mais si l'on y remarque des changements subits de couleur, par exemple, des veines blanchâtres qu'on nomme *blanc de Chapon*, ou des veines rousses, qui semblent plus humides que le reste, on a lieu de soupçonner que ces bois qu'on nomme *vergettés*, ont un commencement de pourriture ou d'autres défauts qui ne tarderont pas à se manifester après qu'ils auront perdu leur seve. Ces défauts seront, ou des gouttieres, ou des gélivures, des roulures, des doubles aubiers, des veines rousses, qui marquent le retour ; en un mot, des parties où le bois a été mal formé, parce qu'il aura pu arriver que les racines qui y portoient la nourriture, seront mortes par quelque accident, ou bien que ces accidents auront été occasionnés par une succession de plusieurs années peu favorables à la végétation.

Ces différences de couleur se manifestent encore davantage quand on vient à débiter les bois en sciage, ou qu'on les quartelle pour en faire des ouvrages de fente : alors on reconnoît trop tard ces défauts, & l'on n'est plus en état d'établir la destination des pieces sur leur bonne ou mauvaise qualité.

Le Chêne qu'on nomme *Chêne noir*, parce que son bois est très-brun, a l'aubier fort épais ; son bois est très-dur ; ses feuilles sont velues. On en trouve rarement qui puissent fournir de grosses pieces, parce qu'il croît très-lentement.

Le plus dur des Chênes de toutes les especes est l'Ilex, qui ne perd point ses feuilles en Hiver ; mais il ne fournit point non plus de grosses pieces. On emploie son bois dans la Marine pour faire les essieux des poulies, & des *anspects* pour l'Artillerie.

Article VII. *De l'inégalité d'épaisseur des couches ligneuses.*

Il n'est pas possible que les couches ligneuses soient exactement d'une même épaisseur, parce qu'il y a des années beaucoup plus favorables que d'autres à la végétation. Si dans une année les arbres croissent avec force, les couches ligneuses de leur bois seront épaisses, pendant que celles qui seront formées dans une année froide & seche, seront très-minces; nous prouverons dans peu que l'épaisseur des couches dépend de la vigueur des arbres; au reste, cet inconvénient est peu de chose; il est inévitable, & il existe dans tous les arbres, parce qu'il est dépendant des saisons. Mais ce défaut mérite attention quand l'inégalité d'épaisseur des couches est trop grande; car dans les terreins maigres & arides, pour peu que l'année soit seche, les arbres n'y font que de foibles productions, & les couches ligneuses qui se forment dans ces circonstances, sont si minces, qu'à peine peut-on les distinguer les unes des autres. Quand l'inégalité d'épaisseur de ces couches est trop considérable, elles font ordinairement mal jointes les unes aux autres; & ce défaut doit rendre suspectes des pieces qui, par leurs dimensions, seroient d'ailleurs jugées propres à des ouvrages de service. Ce défaut dans le bois, est communément accompagné d'autres encore plus considérables, comme d'être *roulis*, *gélifs*, d'avoir un double aubier, ou d'être affecté de *gélivure entrelardée.*

Article VIII. *Des Bois dont les fibres sont trop torses.*

Il y a des arbres qui ont les fibres de leur bois très-droites, & c'est presque toujours une perfection; dans d'autres, les fibres font tellement torses, qu'elles décrivent des hélices autour

de l'arbre, ce qui eſt un défaut, principalement dans le Chêne
que l'on deſtine à des ouvrages de fente : il eſt beaucoup moins
important dans l'Orme qu'on emploie à des ouvrages de Charronnage. Les Ouvriers qui fendent le Hêtre pour en faire des
ouvrages de *raclerie*, ne ſont pas fâchés d'y voir les fibres un
peu contournées. Au reſte, à moins que cette torſion ne ſoit
bien conſidérable, on ne la craint pas beaucoup ; car, par le
moyen du feu, on vient à bout de redreſſer une piece de fente
qui ſe trouve un peu voilée en aile de moulin ; & cette direction des fibres ne fait aucun tort aux arbres qu'on emploie en
entier.

Article IX. *Des Nœuds & des Loupes.*

Comme nous avons ſuffiſamment parlé de ces défauts dans
le Chapitre où il a été queſtion des arbres étant ſur pied, nous
nous bornerons ici à dire que, quand ſur une piece équarrie,
on apperçoit un nœud pourri, il faut le ſonder avec une tar-
riere, ou un ciſeau étroit, pour s'aſſurer ſi ce nœud pénetre
bien avant, ou ſi la pourriture n'eſt que ſuperficielle.

Article X. *Du Bois gras, tendre & roux.*

Les défauts que nous avons détaillés dans les précédents
articles, ne ſont quelquefois pas ſi redoutables que ceux dont
il eſt maintenant queſtion : un vice local occaſionne une perte
de bois, parce qu'on eſt obligé de retrancher la partie qui en
eſt attaquée ; mais celui dont il eſt queſtion dans cet article, ſe
trouve ordinairement répandu dans toute l'habitude de l'arbre :
voici en quoi il conſiſte.

Le bois de bonne qualité doit avoir ſes fibres fortes & ſou-
ples, rapprochées les unes contre les autres, lors même qu'il
eſt devenu ſec : les copeaux qu'on leve avec la cognée, ne
doivent point ſe rompre quand on les plie, ou ſi on les plie
au point de les rompre, ils doivent ſe ſéparer par grandes filandres ; au lieu que les bois que les Ouvriers nomment *bois
gras*, & qu'on devroit plutôt appeller *bois maigres*, ſe rompent

net & fans éclats ; les copeaux qu'on leve avec la varlope,
fe rompent, au lieu de former des rubans ; & quand on les
froiffe entre les doigts, ils fe réduifent en petites parcelles.
Le bon Chêne a les pores petits ; il fe polit fous la varlope,
& il devient brillant ; au lieu que le Chêne gras a les pores
grands & ouverts, & il refte toujours terne. Le bon Chêne,
lorfqu'on le travaille avant qu'il foit fec, eft d'une couleur
rouge-pâle à peu-près comme la rofe fimple ; cette couleur fe
paffe quand il devient fec, & il eft alors couleur de paille ;
au lieu que le Chêne gras eft roux & terne ; on en voit même
où cette couleur rouffe tire fur le fauve. Quand on examine du
bois de bonne qualité, avec une forte loupe & au grand jour,
on apperçoit dans les pores une efpece de vernis, qui, joint
à ce que les fibres font fort ferrées, lui donne du brillant ; au
lieu qu'en examinant de la même façon les bois gras, on les voit
d'une aridité qui n'offre rien de fatisfaifant. J'ai furchargé des
barreaux de bon bois, bien fec, ils ont fupporté un poids confidérable fans plier ; ils ont enfin rompu avec bruit & par grands
éclats, pendant que des barreaux de bois gras ont rompu net
fous une petite charge, fans prefque faire d'éclats ; &, comme
difent les Ouvriers, ils ont rompu comme un navet : voyez
pour la difpofition de cette expérience la Planche II du Livre II.

La grandeur des pores & l'aridité des bois qui font gras,
fait qu'ils font facilement pénétrés par les liqueurs : fi l'on fait
tomber une goutte d'eau fur un morceau de bon bois, elle ne
le pénetre point, elle refte ramaffée en gouttes ; & au contraire
elle entre dans le bois gras & s'étend de toute part. Quand l'air
eft fort humide, on voit les gouttes d'eau couler fur les bons
bois ; au lieu qu'elles pénetrent aifément les bois gras. Une
futaille de bois gras confomme beaucoup de vin ; & les douves qui en font faites, font toujours humides à l'extérieur ; au
lieu que les futailles faites avec un bois de bonne qualité tiennent exactement les liqueurs, même celles qui font fpiritueufes,
telles que l'eau-de-vie ; les douves font toujours feches à l'extérieur.

Il ne faut pas conclure de ce que je viens de dire, que les bois gras ne font bons à être employés à quoi que ce foit. Les belles menuiferies font faites avec le bois que l'on nomme improprement *Bois de Hollande*, & qui eft fort gras. Le bois qui n'eft pas trop gras fe fend affez bien quand il eft verd; & c'eft par cette raifon qu'on en fait de la latte, de la cerche & même du merrain : quand ce défaut eft extrême, il rompt fous les outils des Fendeurs; mais comme le bois gras n'a point de force, tous les ouvrages qu'on en fait ne font pas de longue durée; il ne vaut rien, fur-tout pour être employé en poutres, qui doivent être chargées de poids confidérables, ou quand elles doivent avoir de longues portées. Et comme les fibres des bois de cette nature ont peu d'union entre elles, ils ne doivent point être employés pour en faire des arbres & des roues de moulin, ni d'autres ouvrages où il doit y avoir des affemblages qui fatiguent beaucoup. Il ne faut pas non plus les employer aux ouvrages de menuiferie ou de charpenterie qui font expofés à l'air, particuliérement pour des portes d'éclufes, pour des membres de Vaiffeaux, &c; parce que, comme ces bois font facilement pénétrés par l'eau, ils tombent promptement en pourriture. Comme ces fortes de bois ne peuvent ployer fans fe rompre, ils ne font pas propres à fournir des bordages de vaiffeaux, que l'on eft obligé de forcer pour les ajufter aux différents contours de la carêne. Enfin, pour ne point trop m'étendre fur ce point, comme ces bois fe trouvent en partie ufés, avant que d'avoir été abattus, on ne doit en faire ni gournables ni aucuns membres de Vaiffeaux, parce que ces pieces qui fe trouvent placées dans un lieu néceffairement chaud & humide, tomberoient promptement en pourriture : le meilleur parti qu'on en puiffe tirer, eft de les employer pour les menuiferies de l'intérieur des maifons.

Le bois de tout arbre qui aura crû dans un terrein fabloneux & humide, eft auffi gras que celui des plus vieux arbres : de tous les bois que j'ai vu employer pour la Marine, ceux qu'on avoit tirés de Lorraine, réuniffoient à la fois tous les caractères des bois gras & en retour : leur couleur étoit d'un jaune

foncé & terne ; ils étoient ouverts dans le cœur , & j'en ai vu
où cette ouverture régnoit dans toute l'étendue des pieces , &
dont l'altération étoit fenfible en plufieurs endroits :   auffi la
plus grande partie de ces bois étoit tombée en pourriture ,
avant la fin d'une conftruction.

ARTICLE XI. *D'un autre défaut très-confidérable &*
qu'il eft bien difficile de reconnoître.

J'AI vu des bois dont la fibre étoit fouple & pliante , dont le
grain paroiffoit ferré , & dont les pores fembloient même être
fuffifamment remplis de fubftance gélatineufe , & qui néanmoins pourriffoient promptement : à peine étoient-ils renfer-
més entre les bordages & les vaigres d'un vaiffeau ; que fi on les
examinoit avec une loupe , on appercevoit dans les pores de
ce bois de petites taches jaunes avant-coureurs d'une prompte
pourriture ; cependant au milieu d'un membre pourri, on voyoit
des fibres tellement faines, que quand on les détachoit, elles
pouvoient être pliées fans rompre , & même être tordues
comme de la ficelle. On ne pouvoit pas dire que ces bois
fuffent gras ; mais je penfe qu'un fi prompt dépériffement pouvoit venir d'une difpofition particuliere à la corruption & dont
il ne m'a jamais été poffible de reconnoître la véritable caufe :
ces bois avoient été envoyés du Canada.

ARTICLE XII. *Que la grande épaiffeur des couches*
ligneufes, eft fouvent un figne que le bois eft de
bonne qualité.

QUAND les pores d'une piece de bois font fort ferrés , il eft
toujours avantageux que les couches ligneufes qui indiquent
l'accroiffement d'une année , fe trouvent épaiffes.

1°, L'épaiffeur de ces couches , quand elle ne provient pas
de l'humidité du terrein , eft un figne infaillible que l'arbre ,
lorfqu'il étoit fur pied , étoit vigoureux, & qu'il végétoit avec
grande force. Il eft démontré que ce qui caufe une plus grande

épaiffeur des couches ligneufes, plutôt d'un côté du corps de l'arbre que de l'autre, provient de l'infertion de quelque vigoureufe racine qui y porte beaucoup de nourriture. Dans les arbres de lifiere, les couches ligneufes font ordinairement plus minces du côté qui regarde le plein de la forêt, que du côté de l'air libre, parce qu'ils pouffent de fortes racines dans le terrein du voifinage qui fe trouve libre, & que ces racines y trouvent beaucoup de nourriture, qu'elles portent à la partie du tronc où elles répondent. C'eft pour cette même raifon que les couches annuelles des arbres jeunes & vigoureux, font plus épaiffes que celles des vieux arbres qui commencent à dépérir; & que ces couches deviennent plus épaiffes dans un bon terrein, que dans une terre maigre.

2°, On fait que les couches annuelles dont nous parlons, font féparées par des couches intermédiaires d'un tiffu moins ferré ; celles-ci font tellement poreufes, que fi l'on coupe tranfverfalement une tranche fort mince de Chêne ou d'Orme, on peut voir le jour au travers. Or, toutes chofes fuppofées égales, il faut convenir que ces couches intermédiaires contribuent à affoiblir le bois ; par conféquent, plus il fe trouvera de ces couches dans un même efpace, & moins le bois aura de force ; parce que la force de cohérence des couches les unes aux autres, contribue beaucoup à celle du bois ; ainfi plus les couches ligneufes font épaiffes, moins il y a de couches intermédiaires dans une épaiffeur de bois fixée.

Article XIII. *De plufieurs autres défauts.*

Il faut fonder attentivement les endroits où il y a eu des chancres, des loupes, des nœuds en partie pourris, comme font les gouttieres, les meches & yeux de bœuf, ou les croiffances d'écorce qu'on trouve recouvertes du bois vif, & qui fe rencontrent affez fouvent avec une gélivure entrelardée ; parce que quelque maladie aura affecté une partie du corps d'un arbre, & que le refte du bois qui eft vigoureux, l'aura recouverte. Il arrive affez fouvent que vers le haut du tronc, les branches

prennent

prennent de la grosseur, & qu’en se réunissant, elles enferment entr’elles une portion d’écorce : ces croissances qui sont des marques de la vigueur de l’arbre, ne lui font point de tort. Il faut examiner avec attention si quelque partie d’un arbre n’étoit point morte avant l’abattage ; car quelquefois on peut profiter d’une branche morte pour faire une courbe précieuse ; mais il faut examiner très-attentivement une pareille branche, parce que souvent elle se trouve être de mauvais bois.

ARTICLE XIV. *De la différente pesanteur des Bois.*

ON doit toujours préférer les bois qui, dans une même espece, sont les plus lourds, sur-tout quand ils sont secs.

Bien des causes influent sur la pesanteur des bois ; le terrein & l’exposition où ils ont pris leur croissance ; leur âge, leur degré de sécheresse. Il n’est donc pas aussi facile qu’il le paroît d’abord, de fixer exactement le poids des bois de même espece. Je croyois qu’il suffisoit de peser des madriers de Chêne exactement équarris, & d’en conclure le poids d’un pied-cube ; mais j’en ai trouvé dans un même climat de beaucoup plus pesants les uns que les autres ; & j’étois toujours en doute sur le degré de leur desséchement : je réserve cet article pour une autre occasion ; je me bornerai ici à rapporter, mais comme des à-peu-près, les poids effectifs des bois de Chêne, tirés de différentes Provinces, & abattus depuis 12 ou 18 mois.

Il y a des bois de Chêne qui nouvellement abattus & encore pleins de seve, flottent sur l’eau ; d’autres qui se tiennent entre deux eaux, & quelques autres qui plongent au fond.

La partie ligneuse est toujours plus pesante que l’écorce ; la seve est de fort peu plus légere. Mais la grande quantité d’air qui est contenue dans les pores du bois le fait flotter, jusqu’à ce que ces pores se trouvant remplis d’eau, l’obligent à tomber au fond du fluide. Il faut donc que le tissu du bois soit bien serré pour qu’il puisse être *fondrier* ; c’est ainsi qu’on appelle le bois qui tombe au fond de l’eau : il se trouve néanmoins certains bois qui plongent jusqu’au fond de l’eau, lors même qu'ils ont perdu presque toute leur seve ; d'autres qui nagent pendant quelque temps entre deux eaux & qui bien-tôt tombent au fond, & d'autres qui restent très-long-temps dans l'eau avant de devenir *fondriers*. On pourroit donc se servir de ce moyen pour juger de la densité plus ou moins grande des bois ; cependant, lorsqu'une piece saine à l'extérieur renferme un nœud pourri, ou une gouttiere, ou une roulure, &c, cette piece qui à raison de la densité de son bois, auroit dû devenir promptement *fondriere*, flottera long-temps, à cause du vuide qu'elle renferme dans son intérieur, & qui sera quelquefois long-temps à se remplir d'eau. Voici la différente pesanteur des bois, telle que j'ai pu la recueillir : il s'agira toujours d'un pied-cube.

Le bon Chêne blanc de Provence pese, étant verd, depuis 80 jusqu'à 90 livres ; & le sec, depuis 65 ou 72 jusqu'à 76.

Le Chêne blanc de Champagne pese, étant verd, depuis 68 jusqu'à 70 ; & devenu sec & presque usé, 53 livres : la plupart de ces mêmes bois abattus depuis un an, pesent 60 livres.

Je n'ai pu avoir de Bretagne le poids du pied - cube d'un Chêne nouvellement abattu ; mais dans les bois réputés secs, qu'on employoit aux constructions dans cette Province, il s'en est trouvé qui pesoient 60 livres, d'autres 58 ; un cube pris d'une piece restée depuis 7 ans dans un magasin fort sec, ne pesoit que 52 livres.

On m'a écrit de Québec que les bois nouvellement abattus pesoient aux environs de 80 livres ; mais qu'un an après, ils ne pesoient au plus que 60.

J'ai appris de Bayonne, que le pied-cube du bois de Chêne y pesoit depuis 74 jusqu'à 82 livres ; mais je n'ai pu savoir à quel degré de sécheresse pouvoit être ce bois.

Comme l'on sait que le pied-cube d'eau douce pese 70 livres, & celui d'eau de mer 72 ; on en peut conclure que les bois qui sont fondriers surpassent ce poids, & qu'ils sont d'une excellente qualité.

Article XV. *Conséquences de ce qui précede ;
avec différentes remarques sur la visite & la réception
des Bois dans les forêts.*

1°, Quoique j'aie dit qu'il falloit rebuter les pieces tarées,
j'ajoute qu'il faut excepter celles qui ne le font que par un
vice local, comme, par exemple, un nœud pourri qui procede d'une branche rompue : souvent un pareil défaut n'affecte
pas le reste d'une piece qui peut se trouver de bois de bonne
qualité ; en ce cas il faut retrancher l'endroit vitié ; voir si ce
qui reste, sera de dimension suffisante pour être employé utilement à quelqu'ouvrage, & ne la recevoir que sur ce pied. Mais
si le vice affectoit entiérement la substance de l'arbre , alors il
faudroit le rebuter sans retour, quand bien même le Fournisseur
offriroit de la donner à bas prix, parce que ces sortes de pieces
ne peuvent, en aucun cas, être d'un bon service , & qu'elles
pourroient, lorsqu'elles auroient été mises en œuvre, porter
la corruption aux pieces auxquelles elles toucheroient. Ces
sortes de pieces ne font absolument pas perdues pour le Marchand ; il sait bien en tirer parti & en trouver la destination.

2°, Lorsque les pieces font fort grosses , je ne crois pas
qu'il soit toujours avantageux d'exiger qu'elles soient équarries à vive-arrête. On ne peut à la vérité se relâcher sur ce
point, quand les bois doivent être apparents & placés dans
des endroits qui exigent de la propreté : mais nous avons démontré que l'intérieur des grosses pieces de bois est presque
toujours altéré ; & quand on frappe trop avant une piece, il
arrive qu'on retranche le bon bois , & qu'on ne conserve que
le mauvais. Cette réflexion a son application dans des cas particuliers ; & l'on en doit excepter les bois de sciage. Mais
comme il ne feroit pas juste de payer ces pieces flacheuses
comme celles qui font à vive - arrête , les Marchands ne doivent pas faire difficulté de diminuer quelque chose sur l'équarrissage.

3°, Quoique j'aie dit très - affirmativement que les bois en retour font de mauvaife qualité; fi cependant on fe rendoit trop difficile fur ce point, il ne fe trouveroit aucune groffe piece recevable; car, d'après les expériences que j'ai rapportées, principalement dans l'endroit où il eft queftion de l'âge des arbres, j'ofe affurer qu'il eft impoffible de trouver de groffes & longues poutres, des pieces de quilles, des étembots, des baux de premier pont, &c, dans d'autres arbres que ceux qui font fur le retour : les dimenfions de ces pieces font telles, qu'on ne les peut trouver que dans les plus gros Chênes, & qui font par conféquent très-vieux; car il ne fuffit pas que le pied puiffe fournir l'équarriffage requis, il faut encore que ces pieces foutiennent cette groffeur dans une longueur de 35 à 40 pieds : il eft donc probable que de pareils arbres font âgés de 2 ou 300 ans; & l'on peut conclure que toutes les groffes pieces qu'on en peut tirer, fe trouvent affectées de marques de retour. Il eft bien trifte qu'on foit réduit à une pareille extrémité; mais que gagneroit-on à fe faire illufion? J'en appelle à l'expérience des Ingénieurs qui ont été chargés de l'entretien des grandes éclufes; aux Architectes qui ont fait mettre en place de longues & fortes poutres; & aux Conftructeurs de Vaiffeaux qui font défolés de voir ces bâtiments durer fi peu : en un mot, tous ceux qui ont été chargés d'employer beaucoup de bois, doivent avoir remarqué que c'eft toujours le cœur des pieces qui eft le plus altéré. Après ce que j'ai répété tant de fois dans cet Ouvrage, il eft, je crois, très-bien prouvé que la caufe d'un fi prompt dépériffement vient de ce que les arbres fe trouvoient en retour; & j'ajoute que lorfqu'on eft dans la néceffité d'employer des bois vitiés intérieurement, on n'a que la feule reffource de rebuter ceux où il fe trouve des défauts trop confidérables.

4°, Comme il eft avantageux que les bois de gabari foient bien frappés fur le plat, & qu'ils aient beaucoup de largeur fur le tord, il eft bon qu'ils foient livrés flacheux; pour, qu'à la faveur de ces défournis, on puiffe promener les gabaris, & varier la deftination de ces pieces : en ce cas, comme les Fourniffeurs perdent quelques pieds-cubes, lorfqu'ils les *châtient* beaucoup fur le plat, il feroit jufte de les indemnifer de cette perte, & de recevoir les pieces fur le même pied que fi elles étoient à vive-arrête.

5°, Pour mieux connoître les défauts qui peuvent rendre les pieces fufpeétes, il faut les faire retourner fur toutes leurs faces : fi l'on y apperçoit quelques défauts, on doit faire parer ces endroits avec l'herminette; & lorfqu'ils pénetrent dans la piece, on les fondera, foit avec le cifeau, foit avec une tar-riere, jufqu'à ce qu'on ait atteint le fond de la carie; car quand une plaie n'eft pas bien nettoyée, le vice fait du progrès, & fouvent, quand on vient à travailler ces pieces, on les trouve hors d'état d'être employées. Nonobftant ces attentions, il arrive fouvent qu'en travaillant les pieces, on découvre dans leur intérieur des défauts qu'on n'avoit pu découvrir avant.

6°, Comme il eft important d'examiner les bouts des pieces pour connoître fi elles n'ont pas de roulures, de gélivures, de cadranures, de double aubier; fi la couleur du bois eft uni-forme, fi les couches ligneufes font épaiffes, &c, il faut faire lever à la fcie une tranche, pour nettoyer le bout des pieces ; mais on ne doit donner chaque trait de fcie qu'à une petite épaiffeur, pour ne point déprécier la piece ; car il y a des cas où une fouftraétion de longueur un peu confidérable, feroit beaucoup de tort aux Fourniffeurs.

7°, Quand une piece a été jugée bonne, il faut la rouler fur de gros copeaux ou fur des chantiers, pour qu'elle ne touche point immédiatement à terre : il fera bon auffi de la couvrir de copeaux, pour la garantir du hâle, ralentir fon def-féchement, & empêcher qu'elle ne fe fende.

8°, A mefure qu'une piece de bois a été vifitée & eftimée bonne, celui qui eft chargé de la vifite, la doit marquer de l'empreinte de fon marteau, & numéroter chaque piece avec une rouane : voici comme on a coutume de marquer chaque numéro :

Les dixaines font défignées par des croix ; pour marquer cent, on fait un O ; pour mille, on fait un 9.

9°, Celui qui fait la recette des bois, en dreffe un inven‑taire à peu-près femblable à celui dont j'ai donné la formule dans le Livre troifieme. Il obfervera de marquer, autant qu'il lui fera poffible, la nature du terrein & l'expofition ; fi les ar‑bres étoient ferrés les uns contre les autres, ou ifolés, &c.

10°, Il fera important de prendre une connoiffance parfaite des chemins par lefquels les grandes pieces pourront être voiturées jufqu'aux rivieres navigables les plus prochaines, ou jufqu'à la mer, & de marquer à combien de lieues les bois en font éloignés ; ce qu'il coûtera par pied-cube ou par folive pour les charrois, & fi l'on en peut trouver facilement.

En cas qu'il y ait des difficultés pour les chemins, on propofera les moyens de les réparer, & la dépenfe que cela exigeroit. Enfuite on détaillera les pieces qui ont été mar‑quées, leurs dimenfions, leurs réductions en pieds-cubes ou en folives ; le prix dont on fera convenu avec le Marchand & les Voituriers, fuivant le prix courant du pays. Comme on fuppofe qu'on aura fait un toifé exact des bois, ou une réduc‑tion des pieces, foit en pieds-cubes, foit en folives, fuivant l'ufage des lieux, nous donnerons des méthodes pour faire ces toifés.

11°, La vifite & le martelage qu'on fait dans les forêts, ne font fouvent que des opérations provifionnelles, parce qu'on remet à faire une recette définitive, lorfque les bois auront été rendus à leur deftination. Mais il eft important d'apporter autant d'attention & de févérité à ces recettes provifionnelles qu'aux recettes définitives. Ordinairement les Fourniffeurs demandent de l'indulgence à celui qui fait les premieres re‑cettes ; & ils fe perfuadent avoir fait un bon coup, quand ils ont fait paſſer à cette viſite une piece ſuſpecte; mais ils ſe trompent : les défauts peu ſenſibles d'abord, deviendront très-apparents quand la ſeve ſe ſera évaporée ; & une piece de cette eſpece ſera infailliblement rejettée lors de la recette dé-finitive ; d'où il arrivera que le Fourniſſeur ſe trouvera char-gé de quantité de bois de rebut qui lui auront occaſionné beaucoup de frais inutiles , & dont il ſe trouvera très-embar-raſſé ; au lieu que ſi ces bois avoient été rebutés dans la fo-rêt , il en auroit pu tirer parti , en les faiſant débiter en bois de fente , en bois de ſciage ou autrement. Il eſt donc également-ment avantageux aux Acquéreurs & aux Fourniſſeurs , que les recettes proviſionnelles ſoient faites avec exactitude & avec rigueur : ſi cela eſt ſenſible à l'égard des Fourniſſeurs, il en réſulte auſſi un avantage pour l'Acquéreur, qui ſe fait ſou-vent une peine de refuſer des bois qui lui ſont livrés , & qu'il fait avoir occaſionné beaucoup de perte aux Marchands : d'ailleurs, quand des bois de bonne qualité ſont en trop gran-de quantité d'un même échantillon, on ſe trouve chargé de bois inutiles ; & quand il s'agit de l'approviſionnement des bois pour la Marine , comme le Roi les fait ordinairement voiturer par ſes gabares, ces frais ſont à ſa charge & abſolu-ment inutiles.

12º, Si les Fourniſſeurs entendoient mieux leurs intérêts , ils engageroient ceux qui font les recettes dans les forêts, à ne marquer que les bois les plus parfaits ; & ils ſe chargeroient par leurs marchés de livrer les bois aux Ports où ſe font les conſtructions , & dans leſquels on doit faire la recette définiti-ve, à la charge , par le Roi, de fournir des gabares pour le tranſport par mer, à moins qu'on n'aimât mieux, au nom de Sa Majeſté , ordonner que les recettes définitives fuſſent faites à l'embouchure des grandes rivieres telles qu'Indret, le Havre, Bayonne , &c. Mais dans le cas où les Marchands & les Four-niſſeurs ſeroient tenus de livrer leurs bois dans les Ports où l'on conſtruit, il ſeroit juſte de ſtipuler qu'il y auroit des ga-bares affectées au tranſport des bois , afin que la livraiſon en fût faite le plus diligemment qu'il ſeroit poſſible ; car rien n'eſt

fi important aux Fourniffeurs que de livrer promptement leurs
bois. J'ai toujours vu avec peine qu'on laiffoit au Havre ou fur
l'ifle d'Indret, une prodigieufe quantité de bois, qu'on n'enlevoit pour les Ports du Roi qu'au bout de deux ou trois ans : les
bois expofés pendant un fi long efpace de temps à toutes les injures de l'air, amoncelés en groffes piles dans un lieu prefque
marécageux, continuellement rempli d'exhalaifons & de brouillards, s'altéroient fi prodigieufement, que les Fourniffeurs ne
les reconnoiffoient plus ; ils étoient en partie ruinés par les rebuts qu'on faifoit aux recettes définitives, quoique les Com-
miffaires touchés de l'injuftice qu'on leur faifoit, euffent l'indulgence de recevoir des pieces qu'ils auroient rebutées dans
d'autres circonftances.

Les Fourniffeurs doivent donc porter toute leur attention,
& ne rien épargner pour fe mettre en état de livrer leurs bois
le plus promptement qu'il leur feroit poffible, & de ne les pas
abandonner, comme ils font ordinairement par une économie
mal entendue, pendant un temps confidérable fur le bord des
rivieres.

Comme je dois avoir également en vue le bien du fervice
& les intérêts des bons Fourniffeurs, je confeille pour l'un &
l'autre objet, de livrer & de recevoir les bois le plus promptement qu'il eft poffible, aux Ports où l'on fait des conftructions :
le fervice du Roi y trouvera fon intérêt, parce qu'on ne pré-
fentera pas des bois ufés ; & les Fourniffeurs auront infiniment
moins de pieces de rebut.

CHAPITRE

CHAPITRE VI.
Du Toisé des Bois quarrés.

On toise les bois de différente façon suivant les usages des lieux; mais nous ne ferons ici mention que de deux méthodes: la premiere, celle de faire la réduction des pieces au pied & parties de pied-cube : celle-ci est en usage pour toutes les fournitures des bois de Marine, & pour les bois de charpente dont on fait les toisés dans les Ports de mer.

L'autre méthode, en usage dans plusieurs Provinces pour les fortifications, les bâtiments civils, & particuliérement à Paris, est de réduire tous les bois de charpente à la solive ou à la piece.

ARTICLE I. *Du Toisé en pieds-cubes.*

On mesure en pieds & en partie de pieds les trois dimensions d'une piece ; savoir, la longueur, la largeur & l'épaisseur ; on les multiplie l'une par l'autre, & le produit donne le nombre de pieds & parties de pieds-cubes contenus dans la piece.

Il faut donc multiplier l'épaisseur par la largeur, & le produit par la longueur ; il faut ensuite diviser le second produit par 144, ou bien prendre le douzieme de ce total, & encore le douzieme du douzieme ; les parties restantes du premier douzieme feront des lignes cubes ; & les parties restantes du second douzieme, feront des pouces-cubes.

PREMIER EXEMPLE. Soit une piece de 20 pieds de longueur sur 10 pouces de largeur & 10 pouces d'épaisseur : 20 multiplié par 10 de largeur donne 200, qui multipliés par 10 d'épaisseur donne 2000; en la divisant par 12, il vient 166 $\frac{8}{12}$; divisant ensuite 166 par 12, il vient 13 $\frac{10}{12}$; d'où il suit que la piece en question cube 13 pieds 10 pouces 8 lignes cubes, par-

T t t t

ce que 10 douziemes de pied, eſt autant de pouces, & 8 douziemes de pouces eſt autant de lignes.

SECOND EXEMPLE. Soit une piece de 50 pieds de longueur,
de 15 pouces de largeur, & de pareille épaiſſeur : on multiplie
1 pied 3 pouces largeur, par un pied 3 pouces épaiſſeur ; il
vient pour la ſurface de la baſe 1 pied 6 pouces 9 lignes, qu'il
faut multiplier par 50 pieds, longueur de la piece : il vient 78
pieds 1 pouce 6 lignes cubes, qui eſt le toiſé de la piece.

ARTICLE II. *Du Toiſé en Pieces ou Solives.*

EN fait de toiſé, on appelle *ſolive*, une piece de bois quarré de 6 pouces d'équarriſſage ſur 12 pieds de longueur. Ainſi
ce qu'on nomme une *ſolive*, contient 3 pieds-cubes.

Mais comme dans tous les toiſés ordinaires, la toiſe eſt la
meſure principale, on réduit la ſolive à un parallélipipede d'une
toiſe de longueur ſur 72 pouces quarrés, ou la moitié d'un
pied quarré qui eſt 144 pouces.

En conſidérant ainſi la ſolive, on la diviſe, de même que la
toiſe, en ſix parties égales, qu'on nomme *pieds de ſolive* : ainſi
un pied de ſolive eſt un parallélipipede d'un pied de hauteur ſur
72 pouces quarrés de baſe.

Le pied de ſolive ſe diviſe comme le pied de Roi, d'abord
en 12 pouces, & enſuite en douzieme de pouce, c'eſt-à-dire, en
12 lignes ; enſorte que le pouce & la ligne de ſolive ſont des
parallélipipedes de 72 pouces de baſe ſur un pouce ou ſur une
ligne de hauteur : ceci bien entendu, il y a pluſieurs manieres
de réduire les bois quarrés en ſolives.

§. I. *Premiere Méthode.*

ON meſurera la longueur d'une piece en toiſes, & ſa largeur & ſon épaiſſeur en pouces ; après avoir multiplié le nombre de pouces de la largeur, par le nombre de pouces de l'é-
paiſſeur, on aura le nombre de pouces quarrés contenus dans
la baſe de la piece : on multipliera ce produit par le nombre

de toifes qui fait la longueur de la piece ; enfin on divifera ce produit qui indique combien la piece contient de toifes de barreaux d'un pouce d'équarriffage, ou, pour parler le langage des Toifeurs, des *toifes pouces-pouces* ; on divifera, dis-je, cette fomme par 72, qui eft la bafe ou équarriffage d'une folive ; & comme 72 barreaux d'un pouce quarré & d'une toife de longueur font une folive, le quotient fera le nombre de folives contenues dans la piece : ce qui eft évident, puifque la folive eft un parallélipipede de 72 pouces quarrés de bafe fur 6 pieds de hauteur.

Exemple. Si l'on veut réduire en folives une piece de bois de 50 pieds de longueur, ou de 8 toifes 2 pieds, fur 15 pouces d'équarriffage, on multiplie les deux côtés de la bafe l'un par l'autre : 15 pouces étant multipliés par 15 pouces, produifent 225 pouces quarrés pour la furface de la bafe, qu'on multipliera par 8 toifes 2 pieds qui eft la longueur de la piece. On aura 1875 toifes *pouces-pouces* ou de barreaux d'un pouce quarré de bafe ; en divifant 1875 par 72, qui eft la furface de la bafe de la folive, on aura 26 folives *zéro* pieds 3 pouces, qui eft le toifé de la piece propofée.

§. 2. *Seconde Méthode plus abrégée que la premiere.*

On regarde le nombre de pouces d'une dimenfion, celle de la groffeur ou de la largeur, par exemple, comme des pieds ; le nombre de pouces d'une autre dimenfion, celle de l'épaiffeur, fi l'on veut, comme des demi-pieds ; & après avoir réduit ces pieds & ces demi-pieds en toifes, on multiplie ces deux nouveaux nombres l'un par l'autre, & le produit par le nombre de toifes contenu dans la longueur ; ce qui donne des folives & parties de folives.

La raifon de cette opération eft évidente ; car en confidérant une des dimenfions de la groffeur comme des pieds, on la rend douze fois trop grande ; & l'autre comme des demi-pieds, elle devient fix fois trop grande ; ce qui donne à la furface de la bafe de la piece, une étendue 72 fois trop grande : multipliant enſuite cette étendue par la vraie longueur de la piece, cela produit un cube 72 fois trop grand ; mais en regardant les termes de ce produit comme des ſolives & parties de ſo-lives, au lieu de toiſes-cubes qu'il eſt véritablement, puiſqu'il eſt compoſé de dimenſions exprimées en toiſes multipliées l'une par l'autre, on le diviſe par 72 ; parce que la baſe d'une ſolive eſt 72 fois plus petite que celle de la toiſe-cube ; & par conſéquent ce produit conſidéré comme ſolive, eſt ſa juſte valeur.

Exemple. Quinze pouces de largeur ſuppoſés être autant de pieds, feront deux toiſes trois pieds.

Quinze pouces d'épaiſſeur ſuppoſés être des demi-pieds, feront une toiſe un pied ſix pouces : en multipliant l'un par l'autre, on aura trois toiſes *zéro* pieds, neuf pouces, qu'il faut multiplier par la longueur de la piece, huit toiſes deux pieds ; conſidérant les toiſes-cubes & parties de toiſes-cubes, comme des ſolives & des parties de ſolives, on aura, comme par la premiere méthode, pour le toiſé de la piece, 26 ſolives *zéro* pieds trois pouces : voici encore d'autres exemples.

Exemple. Si une piece de bois a trois toiſes de longueur & douze pouces d'équarriſſage, on multiplie 12 par 12 ; il vient 144 qu'on diviſe par 72, & l'on a deux ſolives par toiſe ; & comme la piece a trois toiſes, elle contient ſix ſolives.

Ou bien, ce qui revient au même, après avoir multiplié 12 par 12 (144), il faut multiplier cette ſomme par la longueur de la piece, trois toiſes, il vient 432, qu'il faut diviſer par 72, on trouvera ſix au quotient, qui eſt le nombre de pieces con-tenues dans la piece de bois. Il eſt évident qu'on doit opérer de même pour les pieces méplates qui ont plus de largeur que d'épaiſſeur.

Exemple. Si une piece a 18 pouces de largeur ſur 6 pouces d'épaiſſeur, il faut multiplier 18 par 6 ; il vient 108 pouces quarrés : en les diviſant par 72, on voit que chaque toiſe de ce bois contient une piece & demie.

Il faut remarquer que ce qui reſte d'une diviſion ſont des pouces quarrés : pour les exprimer par $\frac{1}{4}$ $\frac{1}{3}$ $\frac{1}{2}$ $\frac{2}{3}$ $\frac{3}{4}$ de pieces, il faut favoir que 18 pouces font $\frac{1}{4}$, que 24 pouces font $\frac{1}{3}$, que 36 pouces font $\frac{1}{2}$, que 48 pouces font $\frac{2}{3}$, & que 54 pouces font $\frac{3}{4}$ de piece : le furplus de ces fractions font des pouces, dont il faut 72 pouces pour faire une piece.

ARTICLE III. *Pratiques pour abréger les opérations du toifé, fur-tout à l'égard du Bois de fciage.*

1°, QUAND les folives de fciage pour les bâtiments ont 5 fur 7 pouces d'équarriffage, on a coutume de compter la toife courante pour une demi-piece. Quoique le produit de 5 multiplié par 7, ne foit que 35, & que 35 & 35 ne faffent que 70 au lieu de 72 ; cependant il eft d'un ufage conftant qu'une folive de fciage de 12 pieds de long fur 5 & 7, paffe pour une piece, à caufe que ce bois a été façonné à deffein felon ces dimenfions : il étoit à propos de faire connoître cette exception de la regle générale.

2°, Une piece longue d'une toife, qui a 9 pouces de largeur fur 4 pouces d'épaiffeur, eft réputée une demi-piece.

3°, Une toife de poteau de 4 & 6 pouces d'équarriffage fait une piece.

4°, Quatre toifes de membrure de 3 & 6, font une piece.

5°, Quatre toifes & demi de chevron de 4 & 4 pouces, font une piece.

6°, Six toifes de chevrons de 3 & 4 pouces d'équarriffage, font une piece.

7°, Huit toifes de chevron de 3 & 3 pouces quarrés, font une piece.

8°, Douze toifes de barreaux de 2 & 3 pouces quarrés, font une piece.

9°, Dix-huit toifes de barreaux de 2 & 2 pouces quarrés, font une piece.

10°, Trente-fix toifes de barreaux méplats de 1 & 2 pouces quarrés, font une piece.

11°, Soixante-douze barreaux d'un & un pouce quarré, font une piece.

Les Toiſeurs qui ſavent ces regles de pratique, abregent beaucoup leur travail; car s'ils ont à toiſer, par exemple, une grille formée de barreaux de bois de 2 & 2. pouces quarrés, & de 6 pieds de longueur, ils voient ſur le champ qu'il faut 18 barreaux pour faire une piece : ils ont de ſemblables pratiques pour réduire promptement en pieces les ſolives, les poteaux, les membrures, les chevrons, &c, de différentes groſſeur & longueur, ce qui abrege beaucoup le travail. Mais comme d'après ce que nous venons de dire, il eſt aiſé de ſe former ſoi-même des méthodes lorſqu'on a quantité de pieces de bois d'un même échantillon à réduire en pieces, nous ferons remarquer, en finiſſant cette matiere, que pour s'épargner beaucoup de travail, lorſqu'on toiſe les bois dans les forêts, il faut faire des lots particuliers de tous les bois de pareilles dimenſions; par ce moyen on aura beaucoup de facilité pour les réduire en pieds-cubes ou en ſolives.

Explication *des Planches* & *des Figures relatives au Livre V.*

Planche XXXIII.

La Figure *1* qui fert à indiquer de combien il faut charger la ligne fur un arbre en grume qu'on doit équarrir, fe voit fur la Planche fuivante (*XXXIV*).

La *Figure* 2 repréfente un arbre qui a été paré fur deux faces, & qu'il faut parer fur les deux autres pour l'équarrir ; *a b*, arbre fcié de longueur ; *c c*, trait de ligne qui indiquent la quantité de bois qu'il faut retrancher ; *d d*, premieres entailles qui pénetrent jufqu'à la ligne *c c*, & qui déterminent l'épaiffeur de la tranche de bois *f f*, qui eft à ôter.

Figure 3, piece qui porte deux équarriffages différents, *b a*, *c a*.

Figure 4, piece équarrie à deffein, plus groffe du côté de *b* que du côté de *a*.

Figure 5, une jumelle de preffoir à étau : *A*, culaffe ; *B*, corps de la jumelle ; *C*, tête.

La *Figure 6* qui repréfente une piece équarrie méplat, eft fur la Planche fuivante (*XXXIV*).

Figure 7, piece courbe propre à faire une étrave : les lignes ponctuées qu'on voit fur le bout *a*, marquent l'épaiffeur de bois qu'il faut enlever pour parer cette piece fur le plat.

La *Figure 8* qui repréfente un *plançon* duquel on tire deux bordages, après avoir levé une tranche dans le milieu, eft fur la Planche fuivante (*XXXIV*).

La *Figure 9* repréfente un arbre de belle taille, dont le tronc peut fournir une piece de quille.

Figure 10, bel arbre dont le tronc eft un peu courbe, mais qui peut fournir un *bau B*, & encore une piece de gabari *C*.

Figure 11, arbre bien droit, qui peut fournir une piece d'*étambot*.

Figure 12, Ringeot droit depuis *d* jufqu'à *b*, & depuis *b* jufqu'à *c*, mais qui fait une inflexion en *b*.

La Figure 13, fait voir la maniere de mefurer la courbure d'une piece *a b*, ligne tendue pour avoir la mefure de la fleche *c d*; la ligne ponctuée *g e*, marque ce qu'on doit retrancher du bois, fans en ôter en *f*.

Figure 14, arbre dont le tronc eft un peu courbe, & qui pour cette raifon peut fournir une *Varangue* de fond : B, fourchet du même arbre dont on peut faire une *Varangue* aculée, ou une guirlande de fond.

Figure 15, piece dont la courbure eft principalement vers la partie *a*, ce qui la rend très-propre à s'empatter avec une piece plus courbe, telle qu'un *Genou de fond*.

PLANCHE XXXIV.

LA FIGURE 7 repréfente l'aire de la coupe d'un arbre, fur lequel on trace les lignes pour l'équarrir.

Figure 6, aire de la coupe du même arbre qu'on veut équarrir méplat.

Figure 8, aire de la coupe du même arbre dans lequel on fait une levée *A B*, où le bois eft ufé, & enfuite les deux bordages *C C*, *D D*.

Figure 16, guirlande.

Figure 17, courbe de pont.

Figures 18 & 19, courbes d'arcaffe & courbâtons.

Figures 20, 21 & 22, varangues aculées.

Figures 23, 24 & 25, premieres, fecondes alonges, & alonges de revers.

PLANCHE XXXV.

FIGURE 1, piece de bois établie fur deux treteaux ou chevalets, & les *Scieurs* de long en travail : *A*, Scieur qui releve la fcie : *B*, Scieur qui l'abaiffe ; ordinairement il y a deux Scieurs en bas, fur-tout pour les groffes pieces : *C D*, treteaux ;

teaux ; *E F*, la piece de bois à fcier établie fur les treteaux.

Figure 2, piece de bois quarré montée fur un chevalet, tel qu'on l'établit dans les forêts ; *A*, le Scieur d'en haut ; *B*, un des Scieurs d'enbas ; *C*, le chevalet ; *D*, la piece de bois à fcier; *E F*, liens de corde qui l'affujettiffent aux madriers *G H*.

Figure 3, détail du chevalet : *a b d*, les entailles qui doivent recevoir les pieds ; *c e*, un des pieds du chevalet.

Figure 4, piece de bois quarré fur laquelle on a tracé avec la ligne, les traits que doit fuivre la fcie.

Figure 5, piece courbe fur laquelle les traits ont été pareillement tracés.

Figure 6, piece courbe qui doit être fciée en roue.

Figure 7, aire de la coupe d'un arbre qui doit être équarri pour en tirer une piece *a b c d*, laquelle fera refendue en croix, pour être enfuite cartelée.

Figure 8, piece qui doit être refendue par une ligne diagonale, & deftinée à être débitée en *chanlattes*.

Figure 9, piece débitée pour des affûts de fufil.

Figure 10, coupe d'un arbre *rouli*, ou *roulé* ; *a*, roulure partielle ; *b*, roulure complette.

Figure 11, arbre qui renferme plufieurs roulures.

Figure 12, coupe d'un arbre qui a des gélivures telles que *a*, *b*.

Figure 13, coupe d'un arbre qui eft cadrané dans le cœur.

Figure 14, coupe d'un arbre qui contient un double aubier : *d*, bois du cœur ; *a*, aubier furnuméraire ; *b*, aubier naturel ; *c*, couronne de bon bois.

PLANCHE XXXVI.

LA FIGURE 1 repréfente la coupe d'un gros arbre qui a été d'abord fcié par quartiers : le quartier *A A* eft refendu fur la maille : *B B*, *G G*, quartier refendu dans un autre fens ; les planches jufqu'à *B B*, contiennent de la maille ; celles du côté de *G G* n'en ont prefque point : le quartier *H H* eft refendu encore dans un autre fens, & les planches n'ont

Vuuu

prefque point de maille : on voit dans le quartier *E F*, les couches annuelles, & les rayons ou infertions.

Figure 2, *A*, taches brillantes que l'on voit dans le bois ouvré, & que l'on nomme *mailles* : *B*, traces qui réfultent de la coupe des couches annuelles, lorfqu'un arbre a été fcié fuivant la direction *C D* (*Fig. 1*).

Fin de la feconde Partie.

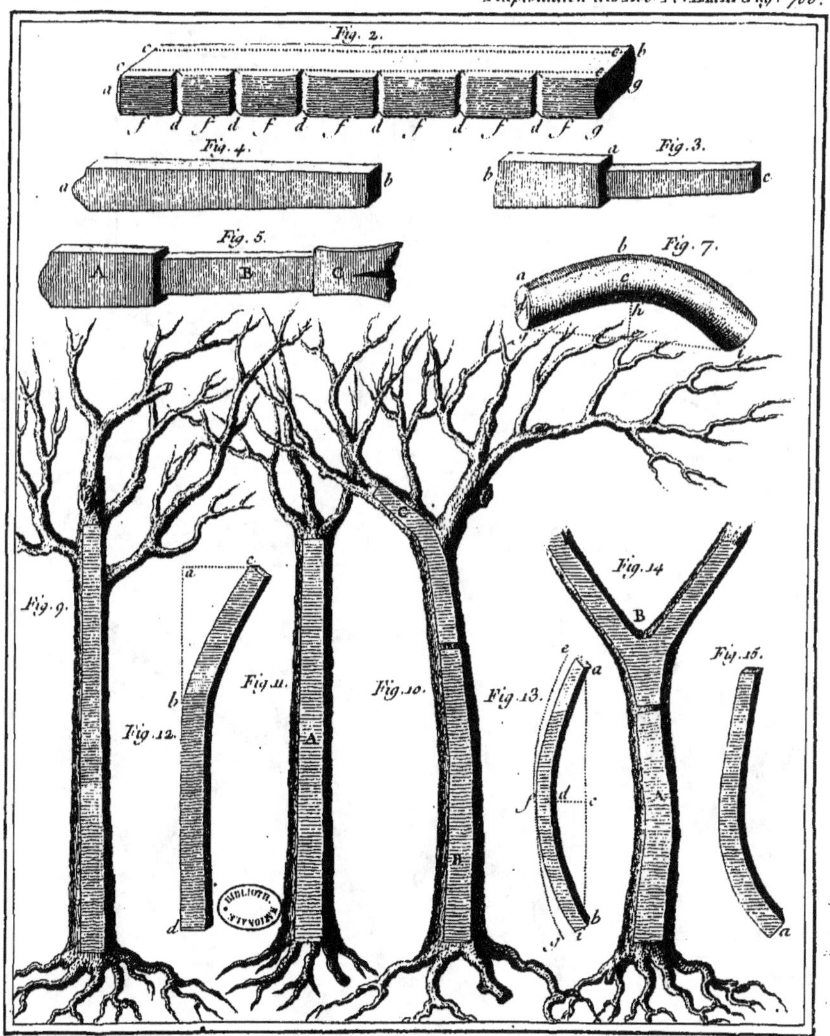
Fig. 2.
Fig. 4.
Fig. 3.
Fig. 5.
Fig. 7.
Fig. 9.
Fig. 11.
Fig. 12.
Fig. 10.
Fig. 13.
Fig. 14.
Fig. 15.

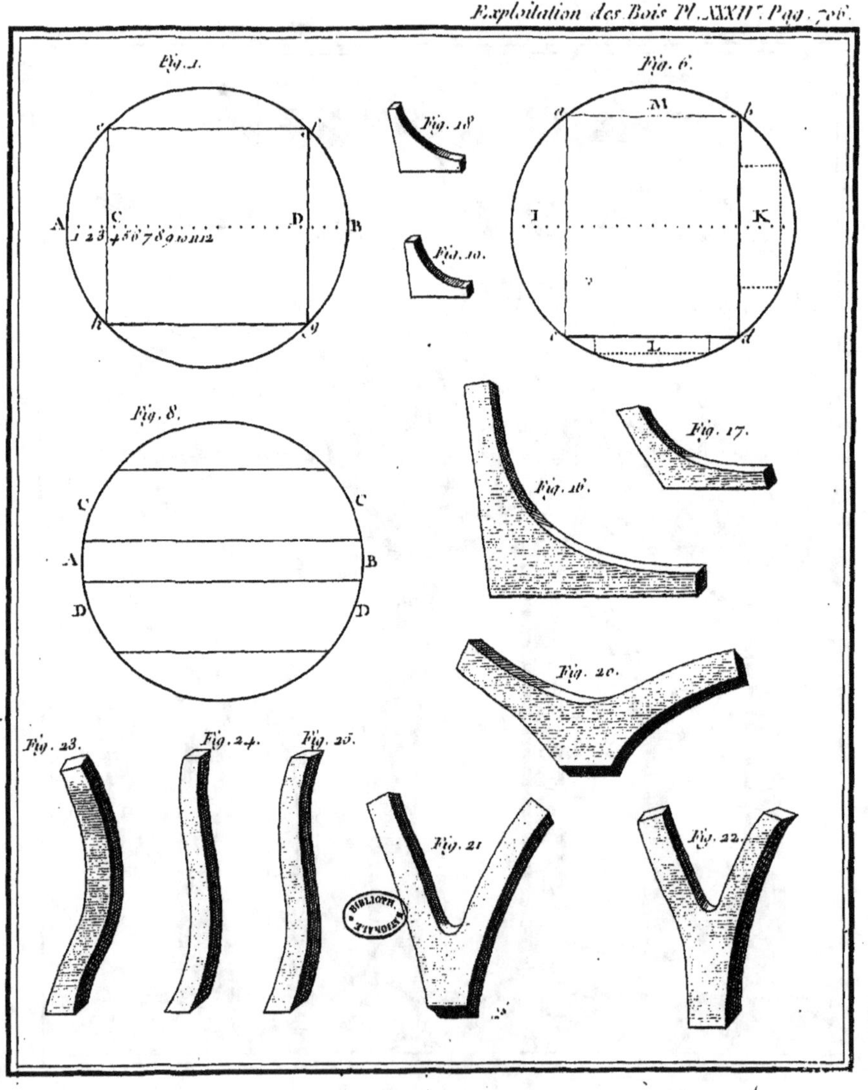
Fig. 1.
Fig. 6.
Fig. 18.
Fig. 19.
Fig. 8.
Fig. 17.
Fig. 16.
Fig. 20.
Fig. 23.
Fig. 24.
Fig. 25.
Fig. 21.
Fig. 22.
A C D B
1 2 3 4 5 6 7 8 9 10 11 12
a M b
I K
C C
A B
D D

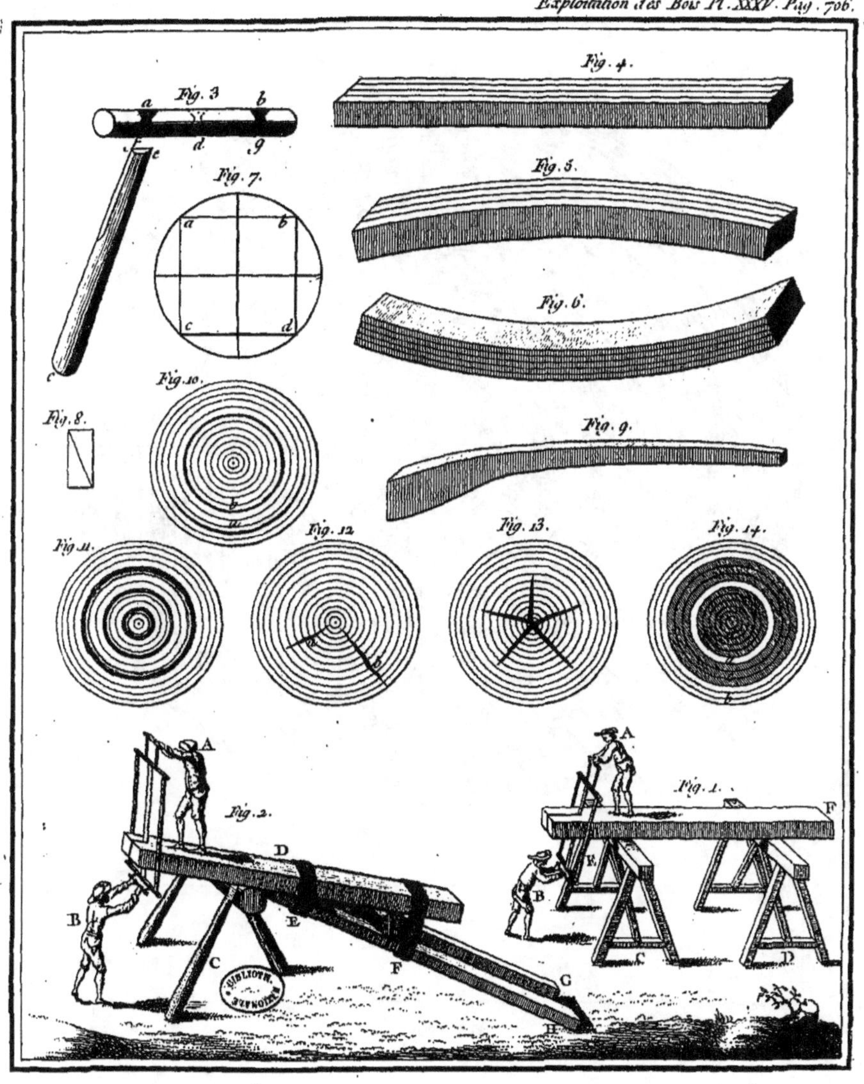
Fig. 3.
a b
d g
c
Fig. 4.
Fig. 5.
Fig. 6.
Fig. 7.
a b
c d
Fig. 9.
Fig. 8.
Fig. 10.
b
a
Fig. 11.
a
Fig. 12.
a
b
Fig. 13.
Fig. 14.
b
Fig. 2.
A
D
E
B
C
F
G
H
Fig. 1.
A
E
F
B
C
D

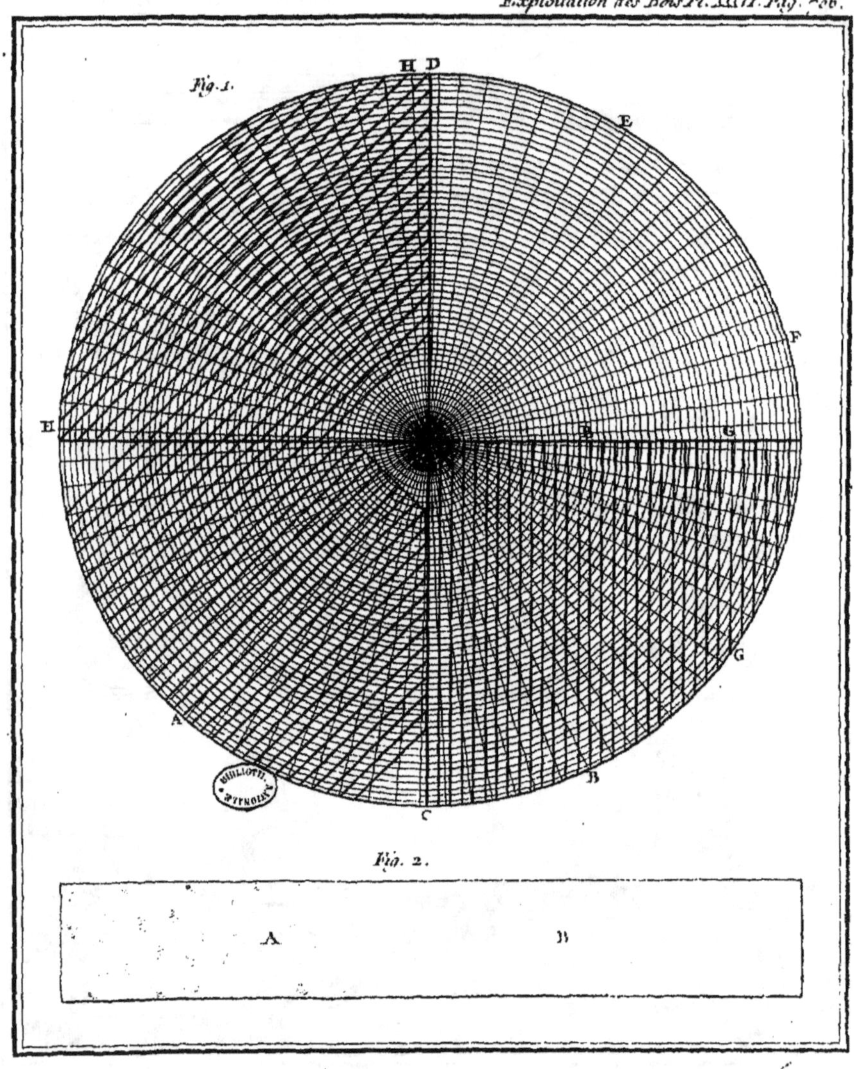
Fig. 1.
H D
E
F
H
B
G
A
G
B
C
Fig. 2.
A
B

Extrait des Regiſtres de l'Académie Royale des Sciences.

Du neuf Mai mil ſept cent ſoixante-quatre.

MEſſieurs DE JUSSIEU, GUETTARD & BEZOUT qui avoient été nommés pour examiner *le Traité de l'Exploitation des Bois*, faiſant partie du Traité complet des Bois & Forêts, par M. DUHAMEL, en ayant fait leur rapport, l'Académie a jugé cet Ouvrage digne de l'impreſſion ; en foi de quoi j'ai donné le préſent Certificat. À Paris le 9 Mai 1764.

GRANDJEAN DE FOUCHY, *Secr. perpét.*
de l'Académie Royale des Sciences.

PRIVILEGE DU ROI.

LOUIS par la grace de Dieu, Roi de France & de Navarre : A nos amés & féaux Conſeillers, les Gens tenant nos Cours de Parlement, Maîtres des Requêtes ordinaires de notre Hôtel, Grand Conſeil, Prevôt de Paris, Baillifs, Sénéchaux, leurs Lieutenans Civils, & autres nos Juſticiers qu'il appartiendra, SALUT. Nos bien-amés LES MEMBRES DE L'ACADEMIE ROYALE DES SCIENCES de notre bonne Ville de Paris, Nous ont fait expoſer qu'ils auroient beſoin de nos Lettres de Privilege pour l'impreſſion de leurs Ouvrages : A CES CAUSES, voulant favorablement traiter les Expoſans, Nous leur avons permis & permettons par ces Préſentes de faire imprimer, par tel Imprimeur qu'ils voudront choiſir, toutes les Recherches ou Obſervations journalieres, ou Relations annuelles de tout ce qui aura été fait dans les Aſſemblées de ladite Académie Royale des Sciences, les *Ouvrages, Mémoires ou Traités de chacun des Particuliers qui la compoſent*, & généralement tout ce que ladite Académie voudra faire paroître, après avoir fait examiner leſdits Ouvrages, & qu'ils ſeront jugés dignes de l'impreſſion, en tels volumes, forme, marge, caractères, conjointement, ou ſéparément & autant de fois que bon leur ſemblera, & de les faire vendre & débiter par tout notre Royaume, pendant le tems de vingt années conſécutives, à compter du jour de la date des Préſentes ; ſans toutefois qu'à l'occaſion des Ouvrages ci-deſſus ſpécifiés, il puiſſe en être imprimé d'autres qui ne ſoient pas de ladite Académie : faiſons défenſes à toutes ſortes de perſonnes, de quelque qualité & condition qu'elles ſoient, d'en introduire d'impreſſion étrangere dans aucun lieu de notre obéiſſance ; comme auſſi à tous Libraires & Imprimeurs d'imprimer ou faire imprimer, vendre, faire vendre & débiter leſdits Ouvrages, en tout ou en partie, & d'en faire aucunes traductions ou extraits, ſous quelque prétexte que ce puiſſe être, ſans la permiſſion expreſſe & par écrit deſdits Expoſans, ou de ceux qui auront droit d'eux, à peine de confiſcation des Exemplaires contrefaits, de trois mille livres d'amende contre chacun des contrevenans; dont un tiers à Nous, un tiers à l'Hôtel-Dieu de Paris, & l'autre tiers auxdits Exposans, ou à celui qui aura droit d'eux, & de tous dépens, dommages & intérêts; à la charge que ces Préfentes feront enregiftrées tout au long fur le Regiftre de la Communauté des Libraires & Imprimeurs de Paris, dans trois mois de la date d'icelles; que l'impreffion defdits Ouvrages fera faite dans notre Royaume, & non ailleurs, en bon papier & beaux caractères, conformément aux Réglemens de la Librairie; qu'avant de les expofer en vente, les Manufcrits ou Imprimés qui auront fervi de copie à l'impreffion defdits Ouvrages, feront remis ès mains de notre très-cher & féal Chevalier le Sieur DAGUESSEAU, Chancelier de France, Commandeur de nos Ordres, & qu'il en fera enfuite remis deux Exemplaires dans notre Bibliothèque publique, un en celle de notre Château du Louvre, & un en celle de notredit très-cher & féal Chevalier le Sieur DAGUESSEAU, Chancelier de France, le tout à peine de nullité defdites Préfentes: du contenu defquelles vous mandons & enjoignons de faire jouir lefdits Exposans & leurs ayans caufe pleinement & paifiblement, fans fouffrir qu'il leur foit fait aucun trouble ou empêchement. Voulons que la copie des Préfentes qui fera imprimée tout au long, au commencement ou à la fin defdits Ouvrages, foit tenue pour dûement fignifiée; & qu'aux copies collationnées par l'un de nos amés & féaux Confeillers & Secretaires, foi foit ajoutée comme à l'original. Commandons au premier notre Huiffier ou Sergent fur ce requis, de faire, pour l'exécution d'icelles, tous actes requis & neceffaires, fans demander autre permiffion, & nonobftant Clameur de Haro, Charte Normande & Lettres à ce contraires; CAR tel eft notre plaifir. DONNÉ à Paris le dix-neuvieme jour du mois de Mars, l'an de grace mil fept cent cinquante, & de notre Regne le trente-cinquieme. Par le Roi en fon Confeil.

Signé, M O L.

Regiftré fur le Regiftre XII. de la Chambre Royale & Syndicale des Libraires & Imprimeurs de Paris, numéro 430, folio 309, conformément au Réglement de 1723, qui fait défenfes, article 4, à toutes perfonnes, de quelque qualité qu'elles foient, autres que les Libraires & Imprimeurs, de vendre, débiter & faire afficher aucuns Livres pour les vendre, foit qu'ils s'en difent les Auteurs ou autrement; à la charge de fournir à la fufdite Chambre huit exemplaires de chacun, prefcrits par l'article 108 du même Réglement. A Paris le 5 Juin 1750.

Signé, LE GRAS, Syndic.

9 782019 165079